无论你身在何方，心理学都是一门让你成就自我的学问

18岁后
闯社会，你必须懂点
心理学

云中轩◎著

直面自己的内心、洞察他人的心理

立信会计 出版社
LIXIN ACCOUNTING PUBLISHING HOUSE

图书在版编目（CIP）数据

18岁后闯社会，你必须懂点心理学 / 云中轩著. ——
上海: 立信会计出版社, 2015.3

（去梯言）

ISBN 978-7-5429-4528-0

Ⅰ.①1… Ⅱ.①云… Ⅲ.①心理学－通俗读物
Ⅳ.①B84-49

中国版本图书馆CIP数据核字（2015）第022416号

策划编辑　蔡伟莉
责任编辑　何颖颖
封面设计　久品轩

18岁后闯社会，你必须懂点心理学

出版发行	立信会计出版社		
地　　址	上海市中山西路2230号	邮政编码	200235
电　　话	（021）64411389	传　　真	（021）64411325
网　　址	www.lixinaph.com	电子邮箱	lxaph@sh163.net
网上书店	www.shlx.net	电　　话	（021）64411071
经　　销	各地新华书店		

印　　刷	固安县保利达印务有限公司	
开　　本	720毫米×1000毫米	1/16
印　　张	18.75	插　页　1
字　　数	248千字	
版　　次	2015年3月第1版	
印　　次	2017年6月第3次	
书　　号	ISBN 978-7-5429-4528-0/B	
定　　价	36.00元	

如有印订差错，请与本社联系调换

前　言
PREFACE

　　是什么出卖了你的性格？是什么暴露了你的隐私？是什么左右着你的行为？

　　朋友？社会道德？法律？

　　答案不是外在的因素，而是你自己！是你的心理在支配着你的行动。

　　不要以为你了解自己或他人的想法，就说自己懂得心理学，很少人能对心理学有一个科学的认识。比如有人说自己在研究心理学，有的人就会问："你是不是在研究精神病？"或者："心理学是不是就是算命的？"

　　其实这些是对心理学的误解。

　　你懂心理学吗？

懂点心理学，18岁以后要过得明白！

　　我们平时的衣食住行都和心理学息息相关，一些细小的行为背后都隐藏着某种无意识心理。当我们按照自己的行为方式生活的时候，我们不会承认自己的心理有什么问题。

　　在竞争激烈的现代社会，我们要面对来自各个方面的压力：工作、结婚、买房，很多人都在亚健康状态下为生活打拼，有人会因此产生一些消极心理：

为什么看上去别人总是一帆风顺，而自己总是倒霉？

为什么有的人在职场上能够左右逢源，呼风唤雨，而你却总是屡屡碰壁？

为什么你喜欢的人宁愿喜欢一个不如你的人，也不喜欢你？

……

生活中有很多种可能性，也有很多预料不到的事，因为每个人都有自己独特的性格、喜好和行为方式，这些都与人的心理有着紧密的联系。

心理学的目的在于，它能让你对自己的心理和处境有一个全新的认识，让你了解一些社会现象背后未知的秘密，甚至会因此而改变自己的某些行为，进而改变你的命运。

18岁以后，你要靠自己掌控自己的命运。改变命运先要改变自身，改变自身首先要敢于剖析自己的心理。试一试扪心自问：究竟什么是我成功路上的绊脚石，是什么使美好生活的上空布满乌云？

无论你身在何处，无论你从事什么职业，无论你在家庭中担任什么角色，无论你处在人生发展的哪个阶段，心理学都会对你有所帮助。

法国作家雨果有一句名言："世界上最广阔的是海洋，比海洋更广阔的是天空，比天空更广阔的是人的心灵。"有人把21世纪称为"心理学的世纪"，不管怎样说，心理学将会在本世纪的生活中发挥巨大的作用。

18岁以后，最优先考虑的应该是学习心理学！

小张与女友均为24岁，本科学历。小张从事建筑监理工作，小张的女友是高校教师，两人恋爱两年尚未结婚。两人都是大都市里的上班一族。

小张与女友存款各为6万元。小张月收入3 000元左右，女友月收入2 500元，目前在城里租房，月租金支出1 500元。另外，其他支出包括衣食住行、人情往来等每月约1 500元。双方月缴保费各500元，为20年期定期寿险，均为刚参加工作时投保。他们准备5年以后买一套100平方米的房子，装修费用预计12万元。

计划赶不上变化，小张感受最深的变化就是房价。看着这两年房价直线飙升，小张和女友在住房的要求上没了底气。

小张再也很难睡一个安稳觉了。

深思熟虑后，小张跳槽到了一个待遇更好的公司，并且和女友搬到一个离市中心远一点的地方住。从此以后，小张每天往返于两个陌生的地方，不仅累，而且也增添了许多新的烦恼，最大的烦恼就是发现自己很难建立新的人际关系，很难适应新工作。

小张感到身上的压力好大，有时感觉到自己快要崩溃了！

在如今的时代，都市里的上班族为了生存得更美好而努力地工作着、打拼着。随着人才的增多，各行各业竞争的压力也在加大。

心理医生说，压力是当我们去适应由周围环境引起的刺激时，我们的身体或者精神上的生理反应。这种反应包括身体成分和精神成分，还可以导致其他的积极或者消极的反应。对于压力消极的反应可以导致愤怒、不信任、迷惘、沮丧等心理问题以及一些严重的身体健康问题。

"最近过得怎么样？"

"嗨，还凑合。"

很多人经常这样说自己的生活状态。

在这样的生活条件下，人们没有一点幸福感。

本书就是专门为像小张那样的年轻朋友们写的，对不分年龄段的门外汉都适用，既可作为心理学相关专业的预科教材，也可作为其他专业的选修课本；它起着开启心理学大门的作用。在这本书里，你能接触到心理学的一些基本概念、原理，也能得到和我们日常生活密切相关的实用性知识。特别是，本书没有深奥的理论或专业性质的分析，它的目的在于让你用心理学的思维方式去思考问题，并对此做出判断。

本书不是那种可以教你成为心理学家的书。其目的在于教会你如何思考，让你更具有智慧，让你看懂很多的社会现象，让你更好地主宰自己的命运，让你的每一天都过得充实、快乐。

虽然心理学是一门深奥的、专业性较强的学科，但本书中的心理学知识都以经典故事和案例为引子，灵活地点出了心理学知识。它通俗易懂，贴近生活，是一本生动活泼的心理学入门读物。

本书将告诉你，18岁以后，你应该如何正确地认识自己、如何处理好人际关系、如何摆脱心理困惑、如何获取成功等。没有抽象的理论，只有鲜活的案例，希望读者在精神享受中获得帮助。

目 录

CONTENTS

1

第三章　你以为你以为的就是你以为的吗
——18岁后要懂点趣味心理学

第四章 左手影响力右手吸引力，瞬间征服人心
——18岁后要懂点社交心理学

第五章 男人需要尊重，女人需要爱
——18岁后要懂点婚恋心理学

第六章　用力只能合格，用心才能优秀
——18岁后要懂点职场心理学

第七章　管好人心带队伍，得人心者得天下
——18岁后懂点管理心理学

第八章　脑袋决定口袋，观念决定贫富
——18岁后要懂点财富心理学

第九章　对自己狠一点，离成功近一点
——18岁后要懂点成功心理学

附　录　心理学十大流派及代表著作

第一章
闯社会先定位，你的青春不迷茫

——18岁后认清自我必知的心理学常识

人格的构成：本我、自我、超我

2008年7月1日，北京籍男子杨佳带着一把20多厘米长的单刃剔骨刀，闯入上海市闸北区政法办公大楼，用刀连续袭击9名警察和1名保安，导致6名警察死亡，3名警察和1名保安受伤，而后被制服。

被擒后，他没说一句话，只是不断喘粗气，喉咙里发出"嗬嗬"的低吼声，双眼通红，手上沾满鲜血，白色T恤的左半部已被鲜血浸湿。脚底下，是那把20多厘米长的单刃剔骨刀，带着血。

在紧急支援的持枪特警出现之前，被多位民警制服的杨佳暂时被反铐在办公室内。一支枪对准了杨佳。他终于开口："你开枪把我打死吧，我已经够本了。"没有任何忏悔的意思。

一位权威人士透露，在一度拒绝配合警方录口供之后，杨佳首度解释犯案动机的第一句话赫然是：有些委屈如果要一辈子背在身上，那我宁愿犯法。任何事情，你要给我一个说法，你不给我一个说法，我就给你一个说法。

看到这则新闻的时候，人们在感到震惊之余，不禁产生疑问：为什么会发生这种事？

根据司法部司法鉴定科学技术研究所的评定，杨佳并不存在精神问题，也不是精神分裂，意识也很清醒。从目前情况看，很有可能是人格上有问题。据此，心理专家分析，杨佳可能是偏执性人格和攻击性人格的结合体。

专家所说的"杨佳可能是偏执性人格和攻击性人格的结合体"，意思是说，他的人格出了问题，有了障碍。人格有障碍的人是一个不完整的人。所以，我们常常听到一些骂人的话也常常与"人格"搭上边，如："你的人格不健全！""人格有缺陷！""你有人格障碍！"

如果我们听到别人对自己这样的评论，我们会不假思索，本能地反击过去——"你的人格才不健全呢！""你的人格才有问题呢！"很显然，他人说我们人格有缺陷，并不是什么好事，也是我们极力否认的；而当我们听到他人赞扬我们有"人格魅力"的时候，我们常常会欣然接受，并高兴不已。

那么，到底什么是人格呢？

人格通常被称为个性。这个概念源于希腊语Persona，原来主要是指演员在舞台上戴的面具，类似于中国京剧中的脸谱。后来心理学借用这个术语来说明：在人生的舞台上，人们也会根据在戏中扮演的角色的不同而戴上不同的面具，这些面具就是人格的外在表现。摘掉面具后才是真实的自我，即真实的人格，它可能和外在的面具截然不同。

在心理学上，由于心理学家各自的研究取向不同，对人格的看法也有很大差异。一般来说，人格是一个人的独特思维、情感和行为模式。每个人都是由独特的才智、价值观、期望、感情、仇恨以及习惯构成的，这就使得我们形成了一个与众不同的自己。人格不仅具有独特性，同时也具有稳定性，

这也决定了你以前是什么样，现在和将来都是什么样。

奥地利心理学家弗洛伊德将人格分为"本我"、"自我"和"超我"三部分。

"本我"是人出生时就有的固着于体内的一切心理积淀，是被压抑的、非理性的、无意识的心理本能，如生命力、内驱力、本能、冲动、欲望等。它就像一个小孩子一样，不考虑其他因素，只想满足自己。

"超我"与"本我"相反，是人格系统中专管道德的"司法部门"。它凌驾于"自我"之上，仿佛是社会道德训条、高尚道德的代表，来监督控制"自我"。它遵守的是一种道德原则。它就像一个执法机关，随时监督你的道德准则和行为。

"自我"则介于"本我"和"超我"之间，是一个人后天学习形成的，是对自身与社会的理智的认识。它正视现实、符合社会需要、按照常识和逻辑行事。它遵照现实原则，压抑"本我"的种种冲动和欲望以进行"自我"保存，另外也尽量使"本我"得以升华，将其盲目的冲动、欲望引入社会认可的渠道。比如，抑制自己的欲望。虽然饿，但知道什么能吃，什么不能吃。这都是"自我"的控制和压制。

然而，"自我"、"本我"和"超我"三者之间是不稳定的，有时候会出现此消彼长的情况。如果把握不好，就容易产生人格问题。

刘薇今年25岁了，至今还没有男朋友。主要是因为她家教比较严，父母亲不让她在外面胡乱认识男人，他们说，碰到合适的会给她介绍。在他们看来，主动地去找男朋友的女孩都比较轻浮。刘薇也认为父母说得有道理。于是刘薇将那些追求者全部打入冷宫，不再来往。

但在生活中，刘薇又很想引起男性的注意。一个偶然的机会，她结识了一个网友，每天他都准时上网。她感觉和这个朋友聊天很放松，生活中遇到的事都与他说，有的时候甚至想打电话。刘薇自己有时候也纳闷：我一面排斥男人一面又想引起他们的注意，是不是我有什么毛病？

当然了，刘薇没有什么毛病。这只是她在人格上的一种冲突。一方面，她觉得应该听父母的话，自己要做个守规矩的女孩，不能在外面瞎谈朋友，不能影响了自己的名誉；另一方面，她希望被异性欣赏与接纳，所以在与男性电话聊天时满足了心理需要，所以她就会出现一方面拒绝男性的追求，一方面又想打电话给他。这就是她的"本我"与"超我"在不断地斗争。

刘薇需要做的是逐步改正自己的观念，毕竟现在不是封建社会，女孩子也可以有正常的男女交往；当然，交往中也要自重，避免轻浮。总之，要协调好"本我"和"超我"之间的关系，掌握好其中的平衡，尤其要避免走向两个极端。

一个真正健康的人格中，"自我"、"本我"、"超我"这三个组成部分必须是均衡、协调的。我们要使自己有一个完善、健康的人格，就应该学会平衡和协调"自我"、"本我"和"超我"这三者的关系。

●●●●心理学家提醒你●●●●

那些对自己要求严格，容不得丝毫错误的人，往往"超我"过于强大，经常对过去的事情懊悔、自责、感到抑郁；而那些随心所欲、无所顾忌的人，往往"本我"过于强大，致使"自我"在现实面前无能为力，动不动就摔东西、发怒。建立一个健全的人格，要在其中把握好平衡，斟酌利害关系，以最现实可行的方式做出行动。

乔韩窗口理论：帮助你认识自我

有一位著名的哲人晚年的时候，很想点化一下学得很不错但却缺乏自信的助手。他把助手叫到床前说：我需要一个最优秀的传承者，他不仅要有相当的智慧，还得有充分的信心，非凡的勇气，来将我的学说传承下去。这样

的人选直到目前我还未见到，你能帮我找找吗？"助手说："好的，我一定竭尽全力寻找，决不辜负您的信任和栽培。"

果然，这位助手一诺千金，他不辞劳苦地寻找着哲人事业的接班人，可是他找来的人都一一被哲人婉言谢绝了。有一天，当那位助手再次无功而返时，已病入膏肓的哲人硬撑着坐起来，抚着那位助手的肩膀点化他说："真是辛苦你了，不过，你找来的那些人都远不如你……"可助手仍然不明白，只是向哲人保证："我一定加倍努力，就是找遍天涯海也角要把最优秀的人给您找出来。"半年后，最优秀的人选还是没有找到。助手非常惭愧，流着泪对哲人说："我真对不起您，让您失望了。"哲人伤心地说："失望的是我，对不起的却是你自己。本来，最优秀的就是你自己，只是你不敢相信自己，才把自己给忽略了……其实，每个人都是优秀的，差别就在于如何认识自己、如何发掘和重用自己……"话未说完，一代哲人就离开了这个世界。

助手始终没有参透哲人的话，他不知道也不敢相信自己就是那个最优秀的人，不禁令人感到惋惜。那么，你们在认识自己的过程中有没有同样的困境呢？

美国心理学家乔（Jone）和韩瑞（Hary）对于"自我认识"进行了多年的研究，提出关于自我认识的窗口理论，被称为乔韩窗口理论。

他们认为，人对自己的认识是一个不断探索的过程。因为每个人的自我都有四部分：公开的自我，这部分自己很了解，别人也很了解；盲目的自我，别人看得很清楚，自己却不了解；秘密的自我是自己了解但别人不了解的部分；未知的自我，别人不了解，自己也不了解的潜在部分，通过一些契机可以激发出来。通过与他人分享秘密的自我，通过他人的反馈减少盲目的自我，人对自己的了解就会更多更客观。

上文中那位哲人临终时说的话，为我们揭示出了一种深层次的人生真谛：人，不能没有自信。因为缺乏自信，助手没能完成哲人的未竟之业，让自己的恩师遗憾而终；这则故事另外一层更重要的意义是：人，更难做到的是认识自己。

有些人能够看到自己的优点和长处，却不能够认识到自己的缺点和不足；有些人则正好相反：能够认识自己的缺点和不足，却看不到自己的优点和长处。而既能认识到自己的长处优点又能清楚自己缺点不足的人，就是最具有智慧的人。

值得注意的是，我们中的大部分人都无法做到像圣贤一样聪明有智慧。我们既不可能时时刻刻反省自己，也不可能总是将自己置于局外人的位置客观地观察自己。我们每个人在认识自我的时候，很容易受到别人的影响，有时会感到迷惑，并把他人的言行作为自己行动的参照。这样在认识自己的过程中，就不可避免地会发生错误。这确实是一个难题，因此智慧的古希腊人就会有这样一句古老的格言：认识你自己。

那么，我们该如何认识自己呢？下面这则故事或许能够给朋友们一些启发：

一个替人割草的孩子打电话给一位陈太太说："您需不需要割草？"陈太太回答说："不需要了，我已有了割草工。"这个孩子又说："我会帮您拔掉花丛中的杂草。"陈太太回答："我的割草工已经做了。"这孩子又说："我会帮您把草与走道的四周打扫干净。"陈太太说："我请的那人也已做了，谢谢你，我不需要新的割草工人。"孩子便挂了电话。孩子的哥哥在一旁问他："你不是就在陈太太那儿割草打工吗？为什么还要打这个电话？"孩子带着得意的笑容说："我只是想知道我做得有多好！"

故事中的孩子十分聪明，因为他学会用旁敲侧击的办法来认识自己，更因为他敢于尝试去认识一个真实的自己。关于认识自我，可以尝试通过以下三种渠道：

1. 从自己与他人的关系中认识自己

与他人的交往，是个人获得自我认识的重要来源。心理学上有一个概念叫"镜中自我"，是根据他人的判断而反映出的自我概念。从幼年到成年，我们从简单的家庭关系扩展到同学间的友爱关系，进入社会又体会到复杂的人际关系。聪明而善于思考的人能从这些关系中用心向别人学习，获得足够的经验，然后按照自己的需要去规划自己的前途。

2. 从"我"与事的关系中认识自我

即从做事的经验中了解自己。我们可以通过自己所做过的事，所取得的成果、成就看到自己身上的缺点和优点。

3. 从"我"与自己的关系中认识自我

这一点看似容易，其实做到是非常困难的。我们可以从以下几个角度去试着认识自己：

第一，自己眼中的我。指个人眼中观察到的客观的我，包括身体、容貌、性别、年龄、职业、性格、气质、能力等；

第二，别人眼中的我。指在与别人交往时，从别人对我们的态度、情感反应而感觉到的我。不同关系的人、不同类型的人对自己的反应和评价是不同的，它是个人从多数人对自己的反应中归纳出的认识；

第三，自己心中的我。也指自己对自己的期待，即理想中的我。

我们可以通过自己眼中的我、别人眼中的我、自己心中的我这三个"我"的比较分析来全面认识自己，进而完善自己。

●●●●心理学家提醒你●●●●

人对自己的认识永远在发展，永远是一个不断求知的过程。一个人不能正确评价自己，就会产生心理障碍，表现出对自我的不满和排斥，因此，我们应学会了解认识自我。"认识你自己"，就是要认清自己的能力，知道自己适合做什么，不适合做什么，长处是什么，短处是什么，从而做到自知，在社会中找到自己恰当的位置。

何谓性格：你是怎样对待生活的

一只公鸡早晨起来报晓，声音嘹亮。天亮后，被主人捉来杀了。

第二天，又有一只公鸡早晨起来报晓。天亮后，又被主人捉来杀了。

邻居感到很疑惑，问道："这些公鸡每天报晓都挺准时的，你为什么要杀他们？"

那人说："早晨我喜欢晚起，它们叫得太早了。"

邻居说："这不是它们的过错，公鸡报晓是天生的，你难道不能用另外一种方式来解决问题吗？"

"这个很难，"那人说，"我曾想割掉它们的嗓子，后来又想扎上它们的嘴，可这样太麻烦，而杀掉它们却很省事。"

"那你为什么不改变一下睡觉的习惯呢？"邻居疑惑地问。

"改变我的生活习惯，这怎么可能呢！我是主人，它们应该按照我的要求做。"那人说。

于是那人一直保持着杀鸡的习惯。

公鸡很可悲，竟然遇到了一个愚蠢的主人；这个主人更可悲，因为他总期待外在事物都能按自己的需求而改变，愚蠢而不自知。

在生活中，我们常会遇到一些挫折与麻烦。如何解决，用什么样的方式去对待，都取决于每一个人的性格。有许多人遇到麻烦就怨天尤人，总是寄希望于外在的事物发生改变来使事情变得顺利。其实，人生不如意事十有八九，幻想一切事情都随自己的心意，这是不现实的。我们要学会从自己开始做出变化，才能使人生变得顺利。

我们常听人说：性格决定命运。生活中的诸多矛盾和冲突皆源于我们的性格。性格直接影响着一个人的行为方式和生活习惯等众多方面，因而我们在决定自己要做什么，和怎样去做的时候，首先要去认识自己的性格。然而，什么是性格？

翻翻心理学教科书，我们会发现这样的定义：性格是人对现实的态度和行为方式中比较稳定而具有核心意义的个性心理特征。

拿一个男人来说，他对信仰忠诚、热爱，对学习工作认真踏实，对志同道合的朋友和蔼可亲，对自己始终谦虚谨慎。像这种对事业、对学习、对朋友和对自己所表现出来的稳定的态度和相应的行为方式，如果经常贯穿在他的行为的全部过程中，这些态度和行为方式就构成了这个男人的性格特征。至于那些偶尔表现出来对某种事物的态度和一时一事的举动，就不能构成他的行为特征。仍以此人为例，他本是一个勇敢的人，但在某些情况下也可能出现一丝犹豫和震惊，但不能因此就说他是个性懦弱者。

反过来说，一个总是畏首畏尾的人，在被激怒的情况下，也可能做出冒失的举动，我们也不能因此就说他是个勇敢的人。

性格与其个性心理特征，如兴趣、能力、气质等方面，是相互影响的，而性格在其中起着核心作用。性格左右着兴趣的发展方向，也制约着能力的发展方向，也制约着能力的发展水准。

性格不是天生的，而是后天获得的，它是在家庭、学校及社会教育的影响下，通过自身的实践逐渐发展起来的。性格一旦形成，就比较稳定，但不是一成不变的。实际上，一个人的性格总是在社会实践中通过自我调整而发展改造的。因此，性格具有可塑性。

晓晶，22岁的漂亮女孩，正在读大三。晓晶最近很苦恼，绝大部分苦恼来自人际关系。

准确地说，晓晶的人际关系问题，恰恰在于几乎没有人际关系。例如，她的宿舍里一共有六个女生，刚来的时候大家互不相识，个个奉行"等距离外交"政策。时过不久，另外的五个女生就扎成了堆儿，晓晶成为孤家寡人。常见的情形是，那五个女生一起去上自习、逛街、看电影，晓晶则一个人待在宿舍里。那五个女生不是有意拒绝晓晶，而是忘记了她、忽略了她，仿佛她是寝室里可有可无的人。

韦老师注意到了这一情况，决定与晓晶进行一次谈话。在谈话的过程中，晓晶眼睛不看韦老师，就那样一字一句地说着，仿佛是对着墙壁说话，也好像她的心理咨询老师如空气似的。由此，韦老师就断定：这个女孩正处在严重的心理危机之中。

韦老师根据掌握的情况，决定对晓晶进行心理引导，以期达到性格塑造的目的。

韦老师给自己定的对晓晶的咨询原则是：不要忽略她、忘记她，而要重视她、记住她。在咨询的过程中尽可能认真地听晓晶说话；在手机上设置闹钟，闹钟在晓晶咨询前一小时响；长假期间保持一周两次电话联系；等等。总之，要让晓晶从骨子里感觉到，这个世界上有一个人重视她、记得她，她也有一个人可以记住和想念。

在最后一次咨询中，晓晶告诉韦老师，她暗恋一个男孩。韦老师听了很高兴，因为，一个人心里能够装着另一个人和已经装了另一个人，那以后的路就会好走多了。她默默地祝福晓晶。

韦老师针对晓晶性格的治疗，也是改变晓晶命运的措施。童年时期家庭关系对人的影响就像是在白纸上描画的底色，要修改真的不容易。好在晓晶、韦老师都做得很好，至少晓晶变得快乐了，而且开始有了一些人际交往。

性格决定命运，命运影响终身。因此，请相信性格的力量：相信性格是可以改变生活和命运的，相信我们的性格决定着我们的事业前程与生活质量，相信培养一个良好的性格将使我们终身受益，相信命运掌握在自己的手中，相信改变性格就能改变命运。

●●●●心理学家提醒你●●●●

戴尔·卡耐基曾说："一个人的成功百分之八十五取决于性格，百分之十五取决于知识。"人的性格是千差万别的，每个人都有自己独特的性格，可以说性格是人与人存在差异的重要标志。心理学家认为，性格会影响人的一生；只有培养优良的性格，才能成就自己，因为没有人能以孤傲的性格获得成功。消除了性格中的缺陷，就改变了自己不顺的命运，同时也就可能改变你的一生。

心理"自尊"：你对自己满意吗

有一次，斯大林牙齿坏了，于是想让克里姆林宫医院的医生给他镶牙。

斯大林对牙医说："我想镶颗牙齿，你看镶金牙好呢，还是镶玉牙好呢？"

牙医脱口而出："镶玉牙好。金牙只是显得高贵与好看，而玉牙让人在感觉上舒服，适用。"

斯大林笑了笑说："我如果想镶颗金牙呢？"

牙医说："还是玉牙用起来方便。"

斯大林严肃了，沉下脸来对牙医强调说："斯大林同志想镶一颗金牙，而不是一颗玉牙！"

牙医有点害怕，嗫嚅着说："那好，那好。"

尽管如此，牙医还是给斯大林准备了两颗牙。牙医先让斯大林戴上金牙，让他体会一下金牙给他的感觉。然后又让他戴上玉牙，让他感觉一下到底两种牙齿哪一种更好。

斯大林试戴之后，笑了笑说："还是玉牙的感觉好，不过我想要的还是金牙而不是玉牙。"

牙医说："金牙与玉牙都放在这里，你试着多戴几次，一周后我再来给你固定下来。"

斯大林回办公室的时候，心情坏到了极点，他怒气冲冲地拨响了电话，让克里姆林宫医院的院长亲自听他的电话。

斯大林说："让那个牙医马上离开克里姆林宫，今天晚上就走，走得越远越好，我永远不想再看到他！"

这是一个关于自尊心的故事。斯大林的自尊心，使他不顾及科学事实的客观存在；而牙医的自尊心，使他在坚持科学事实时忽略了"一国之君"拥有对所有人生杀予夺的权力。结果，牙医就落了个被扫地出门的下场。

自尊，是自我评价的一部分。

心理学上的自尊与平时我们所说的自尊心不同，心理学上的自尊是个人对自我价值和自我能力的情感体验。自尊涉及个人对自己是否有积极的态度，是否感到自己有许多值得骄傲的地方，是否感到自己是成功的，或是有价值的。我们经常说某人自尊心很强，但不代表他有高水平的自尊。

当我们体验成功或者受到表扬时，自尊水平就会上升。高自尊的人总是很自信、自豪和自重，他们的行为动机主要来自对自己的高度关注，总是希望得到别人的认可、欣赏和尊重。与他们相反，低自尊的人则常常感到不安，缺乏自信并且不停地自我批评，因此产生焦虑和不快乐。他们总是担心自己会因做不好事而丢脸，常常使自己变得孤立。

故事中的斯大林，他的自尊中还包含着要求别人服从自己的权威的意愿；牙医的自尊则是希望医学中的科学道理能够被斯大林所认可。

心理学家詹姆士提出了一个关于自尊的经典公式：自尊=成功/抱负。意思是说自尊取决于成功，还取决于获得的成功对一个人的意义。从这个公式中可以看出，我们要提高自尊水平，可以通过增大成功或是减小抱负来实现。

这一点其实很好理解。要是一个人过去的每一次努力，几乎都能获得成功，这样他就会对自己形成一种认识——"只要我做事，一定能够成功"，

所以他变得很自信，自尊水平就会提高。又或是，他在生活中降低自己的成功标准，将目标放低一些，也能达到提高自尊的目的。

当朋友们都在各自的工作岗位上有所成就时，彼得决定要成为最优秀的赛车手。因为他从小就喜欢车，从小就比其他的孩子更懂车。

彼得的目标是冠军。从一开始他就准备造一辆惊人的赛车。他花了数月时间寻找摩擦最小的、最轻便的、空气动力性能最好的车身。他花了一部分钱在发动机、驾驶培训和轮胎上。然后他开始跟最好的赛车手教练学习驾驶课程。但是，尽管他投入了大量的时间和金钱，在赛场上却从来没有赢过一次比赛。彼得很丧气，渐渐觉得自己并不适合这个行业。

彼得的训练师注意到了他的情况，语重心长地对彼得说道："什么在阻止你进步？最大的障碍，就是你的目标给你太大压力。其实，你现在需要定的目标是能够站在领奖台上。"

彼得听从了训练师的建议。这次，他给自己定了进入前八名的目标。结果呢，他完成得相当漂亮。彼得很高兴，认为自己可以发挥出更大的潜力。这也使他相信，自己能够在这一行干出点儿成绩。

不在于目标定得多高，而关键在于这个目标能起到激励作用。当彼得将目标定位在冠军的时候，因为总达不到目标，而变得不安、灰心丧气；当目标为前八时，彼得不仅顺利实现了目标，同时也恢复了自信。

心理学家曾做过一个有趣的投环实验：投掷距离由被试者自己确定，距离越远，投中的得分越高。实验结果表明，凡是抱负水平高的人，多选择在中等距离投掷；而抱负水平较低的人，则多选择很近或很远的距离投掷，即他们或者要求很低，或者孤注一掷。由此可见，真正具有高抱负水平的人，他自己定的目标总是适度的，既要做到有足够的把握，又得是经过一定努力才能够达到目标；他既不会选择毫无把握的冒险，也不会选择不用付出努力就可以轻易达到的目标。

很多时候的半途而废，我们不是因为失败而放弃，而是因为目标设置不当导致倦怠而失败。

把大目标分解成小目标，把远目标分解成近目标，把模糊的目标变成具体的目标。提高自尊心的工作就像赛车，学会分解目标、将目标具体化的人，更容易激发出进取心，增强自己的信心，实现真正意义上的自尊心的提高。

美国积极心理学大师阿兰·科尔认为，我们可以从以下四个方面提高自己的自尊：

（1）技能训练。个人可以通过学习和培养问题的解决、社交、自信心、学业、工作等提高自尊；

（2）环境改变。可以通过居住环境、学习环境、生活环境、工作环境、人际交往环境等的改变来提高自尊。例如，工作培训、变换工作、搬迁地点等；

（3）认知治疗。认知治疗可以从两个方面来理解，第一是利用心理咨询方法；第二是利用积极心理学中的一种自我心理、思维和心态调整的自我身心保健方法，例如目前在世界各地风行的简快心理疗法：NLP，通过自我调适帮助个体提高自尊；

（4）学会从可以提高自尊的生活转折点中获利。只有当个体掌握了可以应对不切实际的过高标准和关注积极反馈这些技能后，个体才会接受积极的自我反馈，才可以认可由新掌握的问题解决技能和社会技能产生的成就价值。

提高个人的心理自尊，最关键的还在于培养自己的积极心理和情绪，以及对幸福的认知和体验。一个对幸福没有理解的人，不可能有积极的情绪和正常的自尊评价。

●●●●**心理学家提醒你**●●●●

适度的目标具有强烈的激励作用。假如一个人的抱负水平低，他固然容易达到目标，但是那种成就并不能给他带来满足感，对于增强他的自信心，提高他的自尊几乎没有什么作用，他的身心潜能没有得到发挥，处于被埋没状态，就会空虚、苦闷；如果抱负过高，超过了自己的能力，虽然他会全力以赴，但仍感力不从心，如果最终未能实现目标，挫败感就会产生，使得他的自尊水平降低。

社会角色：演好自己的角色

陈明在一家外贸公司工作。他能讲一口流利的英语，在与外商谈判中，表现一直都非常出色。相比之下，陈明的主管就显得很逊色，不仅个头比陈明矮，其学历、水准和能力也没有陈明高。

有一次，在与外商谈完业务后的宴会上，陈明得意地跟外商频频碰杯，潇洒倜傥，用英语跟外商海阔天空地聊天，把自己的主管冷落到了一旁。在跟外商告别时，陈明竟然抢在主管前面跟对方握手告别，使得主管心里很不高兴。没过几天，陈明就被调到另外一个不重要的部门。

后来，陈明才听说是这个主管向经理打了自己的小报告，说陈明太浮躁，不适合做业务员。经过朋友提醒陈明才知道自己犯了个重大错误——越位，即没有找对在职场上适合自己的角色。

在社会上，人人都扮演着一定的角色，我们所扮演的角色对我们的社会地位、责任和义务等有着规范作用。

"角色"一词最先是戏剧中的一个专有名词，指戏剧舞台上剧中人物及其行为模式。英国戏剧家莎士比亚说："全世界是一个舞台，所有的男人和女人都是演员，他们各有自己的入口与出口，一个人在一生中扮演许多角色。"

社会学家们在分析社会互动的过程中发现，社会舞台与戏剧舞台具有某些相似之处，于是把戏剧中的"角色"概念借用到社会心理学和社会学中来，产生了"社会角色"概念。社会角色是个体与其社会地位、身份相一致的行为方式及相应的心理状态。它是对特定地位的个体行为的期待，是社会群体得以形成的基础。

当我们刚出生的时候，我们是婴儿，是个受呵护的角色；

我们上学后，扮演着学生的角色，需要做的事情是学习；

当我们工作了，我们扮演着员工的角色，需要做的事情是努力工作，创造社会价值，实现自己的价值；

当我们结婚，我们扮演着爱人的角色，需要做的事情是享受爱情，呵护爱人与家庭；

当我们有了孩子，我们扮演着父母的角色，需要做的事情是培育好下一代……

每一个角色都赋予了我们特定的责任。

并不是每个人每个时候都能清楚并扮演好自己的社会角色的。比如故事中的陈明，只是一个业务员，受主管的领导，在各种场合他应该以主管为中心，凸显主管的领导地位。如果喧宾夺主、旁若无人，在公共场合"抢镜头"，就会置主管于尴尬境地，自己自然也不会有好果子吃。心理学上有一个名词叫作角色失调，并且将角色失调分为角色冲突、角色不清、角色中断以及角色失败。陈明在角色扮演过程中产生的矛盾、障碍、乃至遭遇调换部门，就是因为角色失调。

很多年轻人，由于缺乏对社会的认知，缺乏对自身角色的认识，不能很好地理解人生角色的内涵，不能顺利地进行角色转换。年轻人对社会角色认识得越清晰，越全面，才能越快速、越顺利地实现角色的转换。只有我们的角色越符合社会的期望，才能越好地立足于这个社会。

一次，英国维多利亚女王与丈夫吵架，丈夫赌气回到卧室，闭门不出。

女王回到卧室，见大门紧闭，只好敲门。

丈夫在里边问："谁？"

维多利亚想都没想就回答："我是女王。"

没想到里边既不开门，又无声息。女王生气了，再次敲门。

里边又问："谁？"

女王答道："我是维多利亚。"

里边还是没有动静。女王无奈，只好再次敲门.

里边再问："谁？"

女王这次学乖了，柔声说道："我是你的妻子。"

这一次，丈夫把门打开了。

在整个国家，女王是高高在上的一国之君；但在生活中，对她的丈夫而言，她是丈夫的妻子，和丈夫处在一个平等的地位。如果她把国君的权威带到自己的家里，恐怕无论是谁做她的丈夫都忍受不了。

如果不能在复杂的情景之间自如地转换自己的角色，可能会陷入麻烦、尴尬的境地。有时候，角色转换是有一定困难的。

例如，在既有主管又有下属的场合中，由于无法同时做出下属和主管的角色行为，我们的言行就容易出错。再比如，我们正以一个服务人员的身份接待一个前来咨询的顾客，这时我们的部下来了，但他和这个顾客是好朋友，在这种情况下，我们难免会有些尴尬。

总之，如果我们不能在需要的时候，自如地转换自己的角色，无论在心理上还是在行动上都会感到不自在。为了使日常的人际关系更加融洽，这种能力是不可或缺的，即敏锐地观察出我们在各种情境下，应该扮演什么角色，并做出相应的角色行为。

●●●●心理学家提醒你●●●●

人生如戏，戏如人生。其实，每个人都是一个演员，在社会的大舞台上，各自扮演着各自的角色，做着每个角色应该做的事情。有的时候，需要按照社会规范，扮演一个固定的社会角色；有的时候，一个人要扮演多个社会角色，并且在角色之间转换。一个人如果对自己的角色认识不清，就会导致角色失调，必然对他的生活产生很大的影响。

角色定位：我塑造角色还是角色塑造我

1973年，心理学家津巴多做了一个著名的"监狱模拟实验"。他和助手在美国的斯坦福大学心理学系建了一个模拟的监狱，招募大学生自愿来充当实验者，并且提供一定的报酬。前来报名的大学们自愿通过掷硬币的方式确定自己扮演的角色，有的充当狱警，有的充当犯人。津巴多原本打算用两周的时间来进行实验。在实验期间，被测试的这些学生都穿着和现实生活中的狱警和囚犯相同的衣服，扮演狱警的学生每人还配发了一支警棍。出乎津巴多预料的是，这些学生很快就进入了角色，扮演狱警的学生逐渐变得性格暴戾，并且想出各种办法羞辱和控制"犯人"，而那些扮演囚犯的学生则变得无助，甚至是沉默。

尽管他们所有人都知道，这仅仅是一项心理学实验，但角色的力量是如此强大，以至于所有参与实验的人都被角色所控制，失去了他们原有的面貌。最后，津巴多不得不在第六天就结束了实验，并且在此后的数年跟踪辅导这些学生，以消除实验对他们的心理造成的伤害。

案例中所提到的实验听起来似乎有些毛骨悚然。然而在现实生活中，我们都在被社会、家庭等因素所规定，成为其中的一个角色。所以，与其说人们是作为个体生活在社会中，不如说我们是一个角色的动物，每天我们都在

按照社会文化所规定的角色行事。

美国著名心理学家戴维·迈尔斯曾提到：性别的社会化给了男孩子和女孩子不同的角色。社会赋予女孩子"根"，赋予男孩子"翅膀"。的确如此，尽管不同国家间的文化差异有时会很大，但是在任何一种文化中，女性都承担了更多的家务和养育后代的工作，而男性则更多地在外面的世界中闯荡。对于我们来说，上面所说的这些已经是生活中司空见惯的事情了。事实上，这就是我们的社会为男性和女性规定的性别角色。

安吉是家中最小的孩子，因为在家里有哥哥姐姐，什么都让着她。家里每个人都把她当成小孩子，安吉也一直认为自己是个孩子。从小到大在班里年龄也是比较小的，同学也把她当成小妹妹看，很多方面也都让着她，于是她对别人有了很强的依赖感。平时和家人或者是要好的朋友一起出去的时候通常她只是个陪同，很少开口说话。妈妈常常说她太内向，经常发愁她将来怎么在社会上生存。

长大成人了，安吉找了个疼爱她的男朋友，恋爱、结婚，后来，做了母亲。

刚开始，安吉总也不愿承认这是个现实：原来一切都围着自己转，现在一切都围着这个"小不点"转；原来自己经常看看电影，找好朋友逛街，现在只能趁孩子睡觉时看看影碟。

后来，母亲教会了安吉怎样做一个合格的母亲。渐渐地，在上班时，安吉总是念念不忘孩子的感冒好点了没有；下班后，一刻也不耽误，到商场买袋奶粉就打车回家；在平时和同事们的闲谈中，总是请教孩子不好好吃饭该怎么办……到了晚上，和老公一起规划着孩子的未来。

一段时间过后，安吉适应了自己的角色，成为一个合格的母亲和妻子。

角色的作用是潜移默化的。以前和家人一起，安吉认为自己是个孩子，把什么事情都推给父母、姐姐哥哥，依赖着他们；当有了自己的孩子，于是安吉开始扮演母亲的角色，她要去照顾人，将来也要成为孩子的依靠。每个人在自己不同的角色中都有着不同的表现，甚至是相反的。社会规定了孩子的角色是受父母照顾，赋予父母的角色是照顾孩子。

一个人不可能凭空出现，任何人，只要生活在社会上，就不可避免地受到社会的影响。一个人的人格与个性是受社会诸多条件的影响而形成的，而童年是人格和个性的形成阶段，在人的一生中非常重要，幼年受到的影响将会直接影响到他以后会成为一个怎样的人。

社会角色是人的社会规定性依据，当我们踏入社会的时候，我们就会不由自主地按照社会的规范去行动。身为母亲时，母亲这个角色要求我们去照顾孩子、教育孩子；身为丈夫时，丈夫的定义要求我们去承担照顾妻子和家庭的义务。

人的社会规定性的集中体现就是人的权利和义务。因此，社会角色是人的权利和义务的基础。人在社会中扮演什么角色就有什么样的权利和义务，有什么权利和义务同时又标志着人在社会中扮演什么角色。显然，一个人承担的社会角色越多，他或她的权利或义务也相应地就越多。人的权利越多，自由度就越大，人实现自己利益和价值的机会就越多。

●●●●心理学家提醒你●●●●

在每一种文化中，大家都在自觉地按照社会所规定的角色行事，因为角色包含着社会大众的期待，我们一旦做了违反社会角色的事情，将会遭到社会舆论的谴责。

有时候，我们所扮演的角色正在以潜移默化的方式塑造着我们的行为，无形中我们变成了角色的奴隶，而不再是它的主人。

瓦拉赫效应：发挥自己的优势

诺贝尔化学奖获得者奥托·瓦拉赫的成才经历就像一部童话：

他上初中的时候，父母为他选择了文学道路，和化学没有一点关系。一个学期之后，老师对他的评价是："……难以造就成为文学之才。"

父母一见这条路行不通，又让瓦拉赫改学油画。然而，他的油画成绩在班内名列倒数第一。

面对这样一个笨学生，大部分老师都觉得他成才无望，只有化学老师觉得他做事一丝不苟，具有做好化学实验的素质，于是就建议他改学化学。

这一次，瓦拉赫的智慧之火一下子就被点燃了，这位文学艺术的"不可造就之才"突然成了公认的化学领域"前途无量"的高材生。后来的事实也证明，瓦拉赫取得了巨大的成就，并于1910年获得了诺贝尔化学奖这个至高无上的荣誉。

瓦拉赫的故事告诉我们，每个人都有自己独特的优势，只要我们能够找到发挥自己潜能的方向，辅之以合理有效的学习，就能够取得应有的成绩。后人将这种现象叫作"瓦拉赫效应"。

在家长培养子女方面，瓦拉赫效应启示重大：在孩子们中间不存在所谓的"差等生"，就算他（她）如今表现平平，甚至不尽如人意。任何一个人都是独特的，每个人都是多种智力因素程度不一的组合。在对待孩子的问题上，大家应当知道，评价孩子不是聪明不聪明的问题，而是哪些方面聪明以及该如何发挥其聪明的问题。

大量事实证明，一个人只能从自己的优势而非劣势中获得成功。

曾有一个孩子因考试发挥失常，高考落榜了，他久久不能从失败的阴影中走出来，整日无精打采，对学习与未来丝毫不感兴趣。

有一天，孩子的爸爸拿出了一张白纸与一支笔，让他想想自己的不足与缺点，每想到一处就在纸上画一个黑点。

孩子拿起笔，一直在白纸上画了好久，当他画完之后，爸爸拿起那张白纸，问他看见了什么。

孩子答道："黑点啊，全都是讨厌的缺点！"

爸爸笑了笑，说："除了黑点以外，你没看见那么多空白处吗？"

孩子若有所思地点点头。

爸爸继续问："当你在这张纸上写字时，你是在空白处写还是在黑点上写？"

孩子有些不解地答道："当然是在空白处写了。"

爸爸意味深长地对孩子说："当你在纸上写满字时，可能黑点刚好就被盖住了，就算没盖住，人们看到的也只是上面写的内容，而非黑点。"

这时，孩子才恍然大悟。此后，他开始发奋学习，不再意志消沉了。

故事中爸爸的做法让我们知道，充分发挥自己的优点，就可以弥补自己的缺点和不足，从而树立信心。然而令人担心的是，如今我国大部分教育体制只是教导孩子要认识到自己的不足，然后改正缺点。当孩子成绩不好的时候，家长与老师总是把原因归咎于孩子的缺点，比如责怪孩子上课不认真听讲，不认真记笔记，不用心背课文等。这样做，只会加深孩子们的反感，甚至加重孩子的自卑感。

要想让孩子像瓦拉赫一样，家长们就应当善于发现孩子的闪光点，要先弄清楚孩子"在哪方面聪明"。当孩子的学习成绩不理想时，必须冷静分析原因，观察孩子的兴趣和爱好，从中找到适合其发展的优势方向。与此同时，还要创造一定的学习条件，以便点燃孩子的智慧火花。一旦孩子学有所长，自信心就会大大增加，由此产生强大的学习动力，并带动别的方面学习的积极性。

在美国的一些学校，每逢周末，几乎每个孩子都会得到校长的表彰。就算是功课一塌糊涂、品德行为也令人摇头的少年，也得到过"收集科幻玩具奖"等，因为，那个孩子几乎一无是处，但唯有一大爱好：爱买科幻玩具，

并且科幻玩具的拥有量全班第一，于是便得了这个奖；还有"喜爱运动奖"等。连一向不重视基础教育的美国人都能够如此，我们更应该尽力去挖掘尚未成长的"瓦拉赫"。

每个孩子，都是一本值得好好研读的书；只是书的内容千姿百态，于是每一本书的开启方法也不同。但开启每一本书都有一个核心的思想，那就是让孩子感受到成功，让他们感受到自己的努力是有效的，才能发挥他们的"后劲"。

●●●●●心理学家提醒你●●●●●

教育是一种唤醒，是一种发现；而父母是一支火把。用智慧与爱去点燃智慧和奇迹，用发现去帮助孩子，可能这就是瓦拉赫效应的全部意义之所在，这也是我们经常所说的"总有一条路适合你"。

瓦拉赫的成功，告诉了我们这样一个道理：每个人的智能发展都是不均衡的，特别是在学生时期，每个人都有自己的优势和弱点。而当一个人一旦找到自己的最佳点，使个人才能得到充分的发挥的时候，就能够取得惊人的成绩。

第六感觉：你所不了解的自己

1998年，《检察日报》的《广角镜》栏目曾经刊登过一篇文章。文章的题目是："凭直觉，我断定他无罪。"写的是一个名叫切尔瓦克的人，被一个13岁的"被害人"指控性骚扰。被告也未能通过测谎仪的测验。一位充当本案陪审员的汤姆斯先生，先屈服于其他陪审员的意见和压力，对有罪判决违心地投了赞成票；其后误判的念头萦绕脑海，使他寝食难安，于是走出了令人惊讶的一步：这位生活俭朴的老人自己拿钱，请律师为已被判刑十年的该案被告切尔瓦克提起上诉。最终二审法官否决了原判。而后，所谓的"被害人"也撤回了自己的指控，切尔瓦克无罪释放。

汤姆斯成了当地的英雄，他的良知和勇气为全国称颂。当人们问他为什么要这样做时，他说只是凭他的直觉，他凭直觉感到这像"精心安排的骗局"。事实是，13岁男孩捏造了罪名以避免自己的母亲与被告结婚。

这个事例告诉我们，人类的一些心理活动和现象是如此的神秘，即使科学也没法解释。其中，最重要的一项就是直觉。汤姆斯凭直觉识破骗局，这确实令人感到惊讶。

直觉也被称作第六感。许多人都有过这样的经历：有人走进房间，能自觉感受到哪些地方有问题，有差异；从细小的地方，感受到一些东西，得到一个整体的印象，尽管很难用语言表达出来；或者，准备做什么事情的时候，会预料到有什么事情发生，而在进行的时候，真的发生了！

有的人把这种真实感觉当作个人行动的"私人向导"，将其看作智慧的一部分，于是倾听并相信这种给人引导的直觉。

这种感觉超出了一般的视觉、听觉、触觉等的范围，似乎是神秘的、无法解释的。其实，在这些事情的背后，都有大脑无形的运作。我们得到的直觉，更多的是大脑在生活中进行推演的结果。这个过程是在大脑感知区域进行的，而不是认知区域，所以我们并不能理解为什么是这样，但是我们就会觉得是这样。

17世纪的哲学家兼数学家帕斯卡关于直觉说过这样一句话："心灵活动有其自身的原因，而理性却无从知晓。"经过三个世纪，这一观点得到了证实，并且得到了进一步的确认。要知道，在我们的思维中，自动的那部分要比主动的多很多，这些自动的思维是我们无法把握的；而这些自动思维的外显，在生活中就构成了直觉，而生活又为直觉提供了"土壤"。

所以，当我们面对一些危险事情的时候，大脑就会从那些已经得到的"生活经验"中给我们一些警告。比如，当我们害怕一个人的时候，身体就

会在大脑的支配下，出现一系列不舒适的信号：起鸡皮疙瘩、胸口发冷、恶心、手心出汗等。相反，如果我们面对一个人感到安全的时候，身体就表现得比较舒适，比如肩膀放松、胸口感到温暖，整个身心都会比较轻松。

"二战"时期，美国著名超心理人士塞西（Edga Cayce）曾帮助一些人预知他们的亲人在战场上的安危。他能准确感知当事人在战场上阵亡，这曾使塞西感到十分痛楚。这种现象叫作遥感（telepathy）。英国一项调查显示80%的人曾经有过遥感经历：比如正在想某人时，对方来电话了。一项实验显示，遥感不能用巧合来解释，这是统计学上的"真实"。

另外：1948年，苏联的一位超心理人士迈兴（Wolf Messing）到阿什哈巴德（Ashkhabad）做表演。他刚到这座城市，一种强烈的不安就迫使他马上离开。他便放弃表演离开了，三天后，一场大地震降临阿什哈巴德，造成五万人丧生。

有些人天生敏感，他能够在事件发生之前感觉到异常的现象，于是，直觉也就能够起到避祸的作用。这种传说中的"超能力"，着实让人羡慕。

不过，千万不要以为直觉可以解决一切问题，毕竟所有的直觉都不是偶然获得的，是我们长期积累的结果。这就是为什么象棋大师一眼就可以看到什么是关键的棋子，而新手却要经过很长时间的磨炼，才会有这样的直觉。

另外很重要的一点是，直觉并不总是可靠的。准确地说，人们往往会把一些非理性的判断统统归结为直觉。英国威尔士大学研究员奥利弗·特恩布尔博士说："无论你对直觉的态度如何，当你心烦意乱时，更可能作出非理性的选择，并相信自己的判断是真实的。"说得其实很有道理。

有一则笑话：

有一天，教师早自习的时候去教室，看到两个学生枕着书在睡觉。其中，一个是成绩优秀的学生，另一个是差生。教师把那个差生拉起来骂道："你这个不思上进的家伙，一看书就睡觉，你看人家连睡觉都在看书！"

另外有一个故事：

一个人说："和我同年同月同日出生的那个各方面条件都很不错的女同学今年都三十三岁了，可到现在还没有找到谈恋爱的对象，真替她着急。"另一个人马上接口道："是不是那个女的有什么问题？"

还有：

一日，老公回家比较早。到家后发现门虚掩着。于是不由分说地责怪自己的太太这么不小心，出门时不把门锁好。几日后，老公发现家里连续两天都丢东西，这才明白有小偷光顾，太太没有锁门的不白之冤才得以澄清。

直觉，由于受个人知识、经验、经历所左右，在第一时间形成时往往过于主观。因而在接受直觉时一定要慎重，不然会在问题的处理上出现偏激或是犯下更为严重的错误。

◆◆◆◆ 心理学家提醒你 ◆◆◆◆

直觉类似大自然中的空气，当我们想捉到它的时候它会消失得无影无踪，当我们不在意的时候，它会像神来之笔给予我们意外和惊喜。当我们处于两难之中，无法用知性和理智解决问题时，不妨考虑一下引发自己的直觉。让直觉来帮助自己是一个不错的选择，但是，在运用我们的直觉时，也不要抛弃自己的理性。

归因：我们是如何看待世界的

雨后，一只蜘蛛艰难地向墙上那张已经支离破碎的网爬去。由于墙壁潮湿，每当它爬到一定高度，就会从高高的墙上掉下来。它一次次不停地往上爬，一次次地掉下来……

这时正好有三个人经过这里。

第一个人看到了，他说："这只蜘蛛真蠢，从旁边干燥的地方就能爬上

去，我以后可不能像它那样愚蠢。"于是，他开始变得聪明起来。

第二个人看了，他立刻被蜘蛛这种不屈不挠、屡败屡战的精神打动了，并从中得到启发，对自己说："我要像蜘蛛那样。"于是，他变得顽强起来。

第三个人看见了，他叹了口气，自言自语道："我一生不正如这只蜘蛛吗？忙忙碌碌而一无所得，有什么意思呢？"于是，他变得日渐消沉。

为什么这只蜘蛛会不断地往上爬？为什么三个人对蜘蛛的态度有这么大的差别？

假如我们对人的一生中所说的频率最高的话做一个总结，那么"为什么"一定是其中之一。原因是人类天生就有追求事物发展精确性的需求，这是我们人性中天生的一部分，谁也无法摆脱。

在心理学中，关于"为什么"的问题有一个专业名词，叫作"归因"，也就是我们常说的"找出问题的原因"。听上去仿佛很简单，但实际上，归因的过程是很复杂的，涉及一系列的心理活动。比如上面关于蜘蛛的小故事，面对同样的一种现象，三个人由于各自的心境不同，所以感受也不相同。

在现实生活中，归因是一种十分普遍的心理现象。例如，在约会时，女朋友迟到了，男方就会猜测她迟到的原因，也就是对迟到这一行为进行归因：是故意的呢，还是不得已而为之？是客观上诸如交通堵塞而造成的，还是主观上对约会不重视？还是她一贯有迟到的习惯？

再比如，我们和家人说好了某日来某地会见，但是那天没来。我们自然也会对家人没来会见这一行为进行归因：是家人不关心自己，不想来，还是临时工作太忙，走不开？还是天气不好，车晚点了？或是没买到车票？还是身体不好，生病了？

再如：上司近来不愿和自己说话，是对其他同事也是如此，还是仅对自己一人这样？是心情不好还是有什么事情对自己有意见？这些都是归因的运用。

归因一般分为内部归因和外部归因。内部归因，指存在于个体内部的原因，如人格、品质、动机、态度、情绪、心境以及努力程度等个人特征；外部归因，是指行为或事件发生的外部条件，包括背景、机遇、他人影响、工作任务难度。

试想一下，在某一个交通拥堵的早晨，当你发现一辆小车是造成拥堵的罪魁祸首时，你通常会有什么样的反应？恐怕大部分的人都无法抑制心中的愤怒，都会倾向于认为，小车的司机有问题，因为他的某种不恰当的行为，使得大家忍受着上班迟到而被扣奖金的可能，这个人会在瞬间被我们定义成一个自私的、冷漠的、不为别人考虑的家伙。

心理学家发现，当我们对别人的问题进行归因时，外部的因素很容易被我们忽略。如前面提到的小车中的司机，他很有可能是遇到了紧急情况，不得已才造成了堵塞。

有意思的是，当同样的事情发生在我们自己身上时，情况可能就恰恰相反了。被降薪的人大多会认为公司"过河拆桥"，经济不景气的时候总是拿员工开刀，而很少立刻从自己身上找原因。这是因为当人的自尊受到威胁时，我们会本能地采取自利归因的方式，也就是把降薪的原因归结为外部因素（比如经济不景气），因为承认自己的能力逊于其他的同事，对我们的自尊是一种打击。但是，假如得到的消息是加薪，那我们又会本能地将加薪的原因归结为是自己的能力比别人强。

年终会议总结上，肖辉的业绩最差。不仅全年规定的销售任务没有完成，而且每月的任务按时完成的都很少，经理让他说明原因。肖辉说："今年由于个人的事情比较多，耽误了一段时间。另外，我负责的销售区域经济发展相对比较落后，像我们这种产品大家都觉得有点贵。"

经理说："你的意思是，我应该把你安排在市中心，你才能按时完成任务吗？张琳每天跑城乡接合的乡镇，为什么业绩比你的好？你说的不是主要原因。"

肖辉沉默了半天。终于承认道："是我自己不努力，每天工作缺乏耐心，到下面跑动得也不够。"

经理说："有问题，就要找准原因，对症下药，才会解决问题。"

肖辉先采取一种自利归因的方式，把问题归结为客观因素，而不愿承认自己努力不够，这是肖辉的自尊心在作祟。但是，正像经理说的，不找到根本原因，问题不会很好地得到解决，下次就会犯同样的错误。

一般把行为成败的原因归结为外部的或不可控的因素，会降低个人对以后工作的动力；而把行为结果成败的原因归结为内部的、可控的因素，会增强个体对以后工作的动力。如果把业绩不好归因于自身的因素，就会激发自己更加努力；如果归因于外在不可控制的因素，则不会有很强的动力。

●●●●心·理学家提醒你●●●●

人的行为是由多种原因造成的，其中有外部原因，也有内部原因。但一般情况下，总有一个决定行为的主要原因。那么如何判断这个主要原因呢？心理学家总结出了一个共变原则：如果某个原因在许多情况下总是和某个结果相连，该原因出现，该结果也出现；该原因不存在，该结果也不存在，也就说明了原因和结果存在共变关系。那么，我们就可以认为该结果是由该原因引起的。

罗森塔尔效应：说你行，你就行

远古时候，塞浦路斯国王皮格马利翁性情孤僻，很少与人接触。他喜爱雕塑。有一次，他用象牙精心雕刻了一个美女的形象。久而久之，他对这个美女心生爱慕。他祈求爱神阿芙洛狄忒赐予雕像以生命。阿芙洛狄忒为他的诚心所感动，于是就使这个美女活了。皮格马利翁后又娶她为妻。

人们从皮格马利翁的故事中总结出了"皮格马利翁效应"：期望和赞美能产生奇迹。

这与曾经流行的一种说法"说你行，你就行，不行也行；说你不行，你就不行，行也不行"有异曲同工之处。

从心理学角度而言，这种说法其实是有一定道理的。从某种程度上来讲，当一个人有了天才的感觉，他很有可能就会成为天才；当一个人有了英雄的感觉，他也很有可能就会成为英雄。

对"皮格马利翁效应"做出经典证明并使它广泛运用的是美国心理学家罗森塔尔和他的助手们，因此"皮格马利翁效应"又称"罗森塔尔效应"。

1968年，哈佛大学心理学教授罗森塔尔与助手来到了一所乡村小学，从一到六年级中各选择3个班级，声称要对这18个班级的学生们进行一项"未来发展趋势测验"。罗森塔尔为这些学生做了一些有关语言能力与推理能力的测验以后，就用赞赏的口吻把一份"最有发展前途者"的名单交给了校长与有关老师，并且叮嘱他们一定要保密，避免影响实验的正确性。

罗森塔尔教授在8个月之后又来到了这所小学，对那些参与过测验的学生进行了复试，结果奇迹出现了：名单上的学生成绩都有比较大的进步，而且性格活泼开朗，自信心比较强，更加乐于和他人交往，各个方面都表现得非常优秀。此时，罗森塔尔才说出了真话：名单上的这些学生并不是通过测验挑选出来的，而是随机挑选的，这只不过是罗森塔尔撒的一个"权威性的谎言"而已。不过，谎言怎么会变成真的了呢？

其实，这是"期望"这根魔法棒在其中发挥着非常关键的作用。罗森塔尔是美国著名的心理学家，对于他的话，老师们都深信不疑。罗森塔尔的"谎言"对老师起了暗示性作用，使其相信那些名单上的学生将来有发展前途，于是寄予了很大的期望。此种期望通过老师们的情感、语言以及行为传递给学生，虽然他们可能并没有注意到这些。

人们把像这种由于他人（特别是像老师、家长或领导者这样的"权威人士"）的期望和热爱，而使人们的行为发生与期望趋于一致的变化的情况，统称为"罗森塔尔效应"。

罗森塔尔效应其实体现的就是暗示的力量。暗示作用往往会使别人不自觉地按照一定的方式行动，或者不加批判地接受一定的意见或信念。可见，暗示在本质上，是人的情感和观念，会不同程度地受到别人下意识的影响。

小刘3年前就职于一家广告公司。新闻专业、本科毕业的她在公司一直表现平平。她的顶头上司是个非常傲慢和刻薄的女人，她对小刘的工作经常挑三拣四，没事找事，还时常泼些冷水。一次，小刘针对客户主动地做了一个策划案，但是上司知道了之后，不但不赞赏她的主动工作，反而批评她不专心本职工作。小刘很受打击，所以以后小刘再也不敢关注自己的职责范围之外的工作了。小刘觉得，上司之所以老是找她麻烦，是因为她不像其他同事一样奉承她。但是她扪心自问不是能溜须拍马的人，所以不可能得到上司的青睐，于是她在公司变得沉默寡言，并计划着准备随时跳槽走人。

后来，公司从其他部门新调来一个上司——Sam。新上司新作风，从国外回来的Sam性格开朗，经常把表扬挂在嘴边，对同事的工作也经常赞赏有加。在他的感染下，小刘也开始大胆地发表自己的看法。新上司对小刘的想法表示肯定和表扬。由于Sam的积极鼓励，小刘工作的热情空前高涨，她也不断学会新东西：起草合同、参与谈判、跟客户周旋……小刘非常惊讶，原来自己还有这么多的潜能可以发掘。想不到以前那个沉默害羞的女孩，今天能够跟外国客商为报价争论得面红耳赤。

小刘的变化，就是我们说的罗森塔尔效应起了作用。在不被重视和激励、甚至充满负面评价的环境中，人往往会受到负面信息的影响，对自己做片面的评价；而在充满信任和赞赏的环境中，人则容易受到启发和鼓励，往更好的方向努力。随着心态的改变，行动也越来越积极，最终做出更好的成绩。

●●●●心理学家提醒你●●●●

戴尔·卡耐基说过："当我们想改变别人的时候，为什么不用赞美代替责备呢？纵然员工只有一点点进步，我们也应该赞美他，只有这样才能激励别人，不断地改进自己。"我们不妨借鉴一下，在生活或工作中，多些赞美和鼓励，也许会收获到意想不到的惊喜。

心理测试 〉〉〉

你具备什么样的品格

对下列题目做出最适合你的选择：

1. 你打算卖掉自己的自行车，有人已经付了订金。可你的一位同学愿以高出100元的价格买下，并极力怂恿你回绝前一个人，说自己不打算出售了，并奉还订金，你会这么做吗？

A. 有可能。

B. 是的，卖主是我，想卖给谁是我的自由。

C. 不，我不能对第一个人失信。

2. 为了及时赶上晚宴，你闯红灯，险些撞上转弯后迎面开来的汽车。这将使你的驾驶执照被扣。如果你申辩说当时开车很小心，只是被迎面开来的汽车灯光照得睁不开眼，才造成了这起事故，交警也许会对你宽大处理。你会这么说吗？

A. 是的。　　　　B. 不知道。　　　　C. 不，既然敢做就该敢当。

3. 你自己不小心弄丢了一只金表。不久你家中失窃，由于买过保险，将会得到一定赔偿。那么你会连这只金表一并申报索赔吗？

A. 会的。　　　　B. 可能的。　　　　C. 不，那样做对保险公司是不公平的。

4. 你和同事在饭店小聚，同事付完账后，将收据递给你："告诉公司，你是因业务而邀对方吃午餐，这样就能报销100元钱。"你会接受他的建议吗？

A. 不，账不是我付的，何必再去捞额外的好处呢。

B. 是的，何乐而不为。

C. 看情况。

5. 你住宿的旅馆客房里有一块你十分喜爱又迫切需要的浴室防滑垫，你会在离开时随身带走吗？

A. 不。　　　　B. 是的，反正也不会被发现。　　　　C. 很难说。

6. 你买了一台1 000元的电视机，却收到商店寄来的一张60元的账单。你会按账单付钱吗？

A. 当然，责任并不在于我呀。

B. 不，这太缺德了。

C. 可能会，也可能不会。

7. 你利用业余时间工作获得了一笔收入，由于是现金支付，有人建议你就不必去纳税了，反正是双方私下交易的。你会依此行事吗？

A. 有可能。　　　　B. 为什么不呢。　　　　C. 还是按规定纳税。

8. 你想在自己的住房旁再造一间储藏室，房管员认为这是违章建筑。但同时他又暗示，如果你给一点"好处"，就同意你建房。你会这样做吗？

A. 会的，何必因小失大。　　　　B. 说不准。　　　　C. 绝不。

9. 你捡到一只装有不少现金和证件的皮包，你会把现金取出而将皮包抛在原处吗？

A. 不会的。

B. 也许，如果我当时非常需要钱的话。

C. 会的，如果我不这样做，别人也会这么做的。

10. 你答应家人早些回家，但下班时有朋友力邀你去看一场演出，要很晚才能回家。这时你会托辞说有紧急公事缠身吗？

A. 很可能，否则怎么说呢。

B. 不，告诉家人你的不得已。

C. 见机行事。

分数分配：

根据以下表格，将各题得分相加，统计总分。

题号 \ 选择	A	B	C
1	1	0	2
2	0	1	2
3	0	1	2
4	2	0	1
5	2	0	1
6	0	2	1
7	1	0	2
8	0	1	2
9	2	1	0
10	0	2	1

得分分析：

20分：你是一位品格高尚的志诚君子，你的诚实出自本心的善良。

14～19分：你还是一位值得赞扬的诚实者，你偶尔的扯谎可能是出于不得已的苦衷。

8～13分：你是个在诚实与谎言之间摇摆不定的人，主要看你当时什么念头占上风。

1～7分：对你来说，扯谎是常事，但有时偶尔也会受良心的责备。

0分：你是个不可救药的骗子，但仍希望你改过。诚实是高尚的品德，你应当努力拥有它。

第二章
战胜世界的你，先从内心强大起来

——18岁后要审视你的心理问题

人人都面临心理问题：烦恼是成长的契机

张莉的一个同学是名中学老师，她有一个幸福的小家庭。孩子活泼可爱，丈夫温柔体贴，原来每当谈起那"爷俩"时，她总会情不自禁地流露出自豪和骄傲。然而，最近几次提起她丈夫的时候，她总是向张莉诉苦："他什么都好，最近不知怎么的，就是有时候莫名其妙地朝我们母子俩发火，不久又莫名其妙地与我们亲热起来。反反复复，简直像个精神病。"

这令张莉突然想起她的一位同事。在单位她与张莉的关系特好，但是就是有个"怪毛病"，每月几乎都有那么一两天沉默寡言，一副心事重重的样子。而且这时，就连张莉也遭到她的冷落。出于好心，张莉有时主动找她喝茶，或者散步，都被她婉言谢绝，但随后她又"单独行动"，或饮酒，或喝茶，或漫步，令张莉百思不得其解。

最近张莉与一位做心理医生的朋友偶然聊到这两个人时，朋友说"你知道吗，他们的心理出现了某种异常。"

"什么？你说什么？！"张莉当时脑子一下子没转过弯来。

看到张莉满脸疑惑，医生朋友哈哈大笑起来，接着向她透露了其中的"奥秘"。

就人本身的生物属性来看，人整个身心在不停运转的过程中，不可能一帆风顺。我们会想"只有意志薄弱的人精神上才会有问题，这和自己完全没有关系吧"。确实，大多数的人在精神上总体说来是比较健全的。但是，无论是谁，内心总会有那么一些脆弱的部分、偏激的想法或者是一些无法释怀的芥蒂吧。称自己没有这种情况的人，实际上是没有注意到自己内心存在的这些东西。

"虽说有很多压力、烦恼、不安，但总还过得去。"当今社会有很多人都处于这样的心理亚健康状态。什么是心理健康呢？

麦灵格尔认为："心理健康是指人们对于环境及相互间具有最高效率及快乐的适应情况。不仅是要有效率，也不仅是要有满足之感，或是能愉快地接受生活的规范，而是需要三者具备。心理健康的人应能保持平静的情绪，敏锐的智能，适于社会环境的行为和愉快的气质。"在如今的社会，生活节奏日益加快，压力过大，心理健康问题更应该引起我们的重视。

心理健康有什么标准？

心理健康不仅是指没有心理疾病，而且是指一种持续的积极发展的心理状况，在这种状况下主体能做出良好的适应，能发挥身心潜能。

可见，心理健康包括了两层含义：首先是没有心理疾病，这是心理健康的最起码的要求，就像没有身体疾病是身体健康的最基本条件一样；其次是保持一种积极发展的心理状态，这是心理健康的基本含义，意味着要消除一切不健康的心理倾向，使一个人处于最佳心理状态。

心理健康有七条标准，得到了很多心理学家的认可：

　　第一条，智力状况正常。多数人都属于智力正常的。智商低于70为落后，是弱智的体现。

　　第二条，稳定乐观的情绪、情感。情绪不会大起大落、大喜大悲。昨天还很高兴，今天就不想活了，这都是心理有问题。

　　第三条，健全的意志，协调的行为。

　　第四条，和谐的人际关系。能够和大家友好相处，再具体一点，还可以有这么三种标准：一、乐于与人交往，有知心朋友；二、在交往的过程中，有自知之明，不卑不亢。有的人一跟人交往，就是非常卑贱的心态，老是吹捧别人，溜须拍马。这样的人其实是心理上有问题；三、能够客观地评价别人，友好相处，宽厚待人。有的人嘴跟刀子似的，出口就伤人，专门谈人家的隐私，讲对别人很不利的话，到处挑拨，这就是心理不健康。

　　第五条，具有适度的反应力。该哭能哭，该笑就笑，但笑应该有节制，如果笑过度了对身体也是有害的；有的人为一点儿事情就伤心得没完没了，泪都流不完，怎么劝也不行，这也是反应过度。反应过度也是心理上的不健康。

　　第六条，自我悦纳。你矮也好，高也好，胖也好，瘦也好，自己都能够接纳自己。如果总看着自己不顺眼，矮了不行，高了也不行，胖了不行，瘦了也不行，这就有问题。

　　第七条，心理行为符合年龄特征。

　　对照着这七条标准，看看自己的心理是不是处于一种健康状态。如果感到心理有问题，就需要赶快引起我们的重视，尽早进行调试，以免我们的生活、工作受到影响。

●●●●**心理学家提醒你**●●●●

有很多人觉得"只有自己才这么苦恼"，"只有自己和周围的人不一样，是变态"。其实，大可不必这样。在成长的过程中，谁都会有这样审视自己、深深苦恼的时候。其实，烦恼是一种恩惠。换而言之，一点儿烦恼也没有的状态也不能就说是特别好。最重要的是，要弄清自己为什么烦恼，自己从中收获了什么，得到了什么样的启发。

精神分裂症：回归社会需要很长时间

李小玲，现年24岁，在北京某大学的后勤部工作。她身材苗条、面容姣好，虽未身着名牌服装，因会搭配穿着和修饰，故穿着打扮非常得体，显得贤淑而且端庄秀丽。在上大学时就被同学誉为"校花"，整天被充满爱慕之心的男同学捧着、追着。

20岁大学毕业参加工作后，开始颇受单位的男士们"关注"。但近两年来，同事们渐渐发现小玲不再像以前那样喜欢梳妆打扮，穿着也不再得体，整天是邋邋遢遢的，身上也发出一阵阵浓烈的汗臭味。上班不是迟到就是早退，工作效率明显下降，并且总是出差错，对领导、同事与家人、朋友的关心、询问都不理不睬，对年老多病的父母也漠不关心。不论谁问她问题，她都回答极为简单，常常是问十句话，回答一句。

小玲的姑姑是一个心理医生，来北京出差时，发现小玲种种异常并详细询问了其父母以后，怀疑其可能有心理问题。于是就带小玲到某医科大学附属医院的精神科就诊。经详细的体格检查、实验室检查及精神检查，精神科的专家诊断李小玲患有"精神分裂症"。

什么是精神分裂症？

专家的解释是：精神分裂症又称为"综合失调症"，属于一种精神科疾

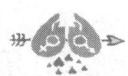

病，是一种持续、通常慢性的重大精神疾病，是精神病里最严重的一种，是以基本个性改变，思维、情感、行为的分裂，精神活动与环境的不协调为主要特征的一类最常见的精神病。

关于"精神分裂"的说法我们在日常生活中听得不少，也许因"分裂"这个词的原因，使一些人对"精神分裂症"产生了不正确的理解，觉得患者"精神分裂"了，"那些人多么危险，真让人害怕呀"。

精神分裂症是比较严重的心理障碍，有突发性和慢性之分，包括积极症状（如幻觉、错觉、联想散漫）和消极症状（情感贫乏、社会技能差）。主要表现是：患者心理活动脱离现实，在知觉、情感、思维及意志行为之间互不协调及互相影响，导致学习、工作、生活、社交等适应能力降低。因此常不能维持原来的学习工作能力，原来的生活习惯也变为异常。

大多数精神分裂症患者在年富力强的青年时期起病，以25岁左右为最多，也有不少在15～40岁之间的少年和壮年时间起病；大多起病缓慢，少数呈急性或亚急性，多数冗长，从数月至数十年不等。

精神分裂症的病因尚不明确。有很多人觉得"窝在家里不愿意出门就是精神分裂的开始"，其实不一定是这样。如果觉得自己有上述症状并怀疑自己得了精神分裂症，一定不要惊慌，要去找专家咨询并检查。

目前精神分裂症的治疗以综合治疗为原则，精神药物治疗为关键性治疗。支持性心理治疗及改善社会心理环境，改善病人的心境也具有重要意义，一般是在病人病情好转时与药物治疗相结合进行。病情缓解期或慢性阶段，除适量药物治疗外，环境、心理治疗和社会支持十分必要，特别是对病人的社会康复，预防病人的衰退，以及提高病人适应社会的生活能力起着重要作用。急性阶段的安全护理及慢性阶段或康复期的家庭监护也很必要。

●●●●● 心理学家提醒你 ●●●●●

"我们没有理由因为他们的感受与现实世界不符而责怪他们，因为这些感受对他们来讲无比真实，我们也没有理由不去帮助他们，因为他们根本无法自我分辨。"我们不仅要像重视躯体健康一样，重视精神健康，尤其重视对精神分裂症疾病的理解和认识；同时，关爱精神病人，努力为精神障碍患者重返社会创造适宜的环境，这也是全社会应尽的义务。

依赖症：想戒也戒不掉的习惯

26岁的张璇是一家对外贸易公司的公关部经理。因为工作关系，她有时半夜也要为客户接机或随时安排应酬，手机24小时开着，使用频率非常高。"手机电池本来能用3天，可我每天得换一次，我把全身心都奉献给了工作，不断打进打出的电话让我感觉生活很充实。"她说。

忙了一段时间后，最近业务量骤减，张璇的电话寥寥，原来暗自庆幸能睡个安稳觉的她却感到极不适应，反倒开始失眠、坐立不安。在别人的手机铃声响起时，她会条件反射地拿起自己的手机。有时候半夜也好像听到手机铃声，反反复复，睡不好觉。最后实在没有办法忍受，只好去找心理诊所的李医生。李医生在了解了她的情况后，认为张璇患上了"手机依赖症"。

依赖症究竟是一种什么样的疾病？

心理学家称：依赖症是指带有强制性的渴求，追求与不间断地使用某种或某些药物或物质，或从事某种活动，以取得特定的心理效应的一种行为障碍。

不仅仅是手机，烟、酒、网络游戏都有可能成为人们所依赖的对象。其中最具有代表性的是酒精依赖症。患者自己无法控制饮酒量和饮酒方式，从

而引起各种各样的问题。

酒精是一种合法的成瘾物质，对人体中枢神经系统有较强的亲和力。有的人在体验饮酒的初期感到心情愉快，酒后变得喜欢交往，能够缓解紧张、焦虑、苦闷、疲劳。这样，渐渐形成每天不断饮酒的习惯。随着饮酒量的增加和饮酒时间的延长，酒就变成了生活中最重要的东西。这种情况一直持续下去的话就有可能转化为酒精依赖症。

酒精依赖症会引发各种问题，包括：身体上的问题，如肝病、脑病等；社会问题，如酒后驾车、迟到、缺勤等；精神问题，如失眠、焦躁、抑郁、丧失了醉酒期间的记忆，甚至出现幻觉等。

很多患者自己不愿意正视问题重重的现实，他们的家人却烦恼得焦头烂额。

成为依赖物的对象有很多，除了酒精还有药物、购物、性爱、赌博等。从这些行为中得到的快乐就跟醉酒时一样，兴奋之下平时所有痛苦的事情都飞到九霄云外去了。可是，现实依旧是那个现实。于是，他们借钱也要赌博、购物，或是和不同的人发生性关系。

依赖症背后其实隐藏着很多问题，如焦虑、抑郁、不自信、人际关系的压力、过去遭受的精神创伤等。他们并不是把喝酒之类的事情当作是适度释放压力的手段或是一种消遣，而是依托它来逃避现实中的种种问题，于是就陷入了依赖症这个无边的沼泽里。

解决依赖症，最需要调整心态，学习应对技能，解决其他不愿意去面对的心理问题。比如，在现实生活中积极与人交谈，多读读书、看看报，通过自我约束逐渐减少对依赖对象的依赖次数，尽量将生活的重心转移到现实生活中来。如果客观条件允许，最好多参加一些有益身心的活动，如：听音乐、外出散步、郊游、健身等。如果依赖症过于严重，就要去看心理医生，以免影响正常的生活和工作。

●●●●心理学家提醒你●●●●

一个人闷闷不乐，找不到解决办法的时候，依赖症往往趁虚而入。要是有个无话不谈的朋友，困扰自己的问题就能迎刃而解。要想从情感依赖症中摆脱出来可以向朋友寻求帮助；另一方面，要学会对自己的生活作出合理规划和安排。此外，还需要培养自己忍受孤独的能力，学会享受一个人的时光，不过分依赖某个人或者某种东西，正确地认识自己，也是改善依赖症的关键一步。

摄食障碍：贪食症和厌食症

案例一：刚进大学时，王璐的体重是96斤。大二的时候，周围的同学都流行减肥，认为越瘦越漂亮，于是，王璐就给自己定了一个目标，体重控制到80斤以内。从那以后，王璐开始有意识地节食，每次吃饭都神经质地计算摄入多少卡路里，这些卡路里是怎么消耗掉的，每天无数次地照镜子，看镜中自己的模样。有的时候和同学们聚餐，回来后就悄悄地呕吐掉。三个月后，体重从96斤下降至70斤，并且出现食欲消失，情绪明显抑郁等症状。

案例二：最近，上高三的晓雅得了一种贪吃而不能控制的古怪毛病。以前她总担心身体发胖，不敢多吃，结果慢慢地出现厌食症状。可是不久后，情况却截然相反，常常不由自主地想吃东西，而且每次非要吃到被撑得难受才罢休。如果想吃的东西没吃，就会没心思上课，晚上连觉都睡不好。由于不断地暴食，晓雅明显发胖，变得越来越臃肿。她常常采用引吐、导泻、增加运动量等方法，以消除暴食引起身体发胖的恐惧心理。为此她苦恼不已，一再发誓再不滥吃了；但她又无法控制自己，尤其是心情不好时就吃得更多，上课无精打采，学习成绩直线下降，常常悄悄地落泪。瞧着痛苦不堪的晓雅，心急如焚的父母带着她到当地医院进行检查，没有发现任何生理上的毛病，最后由朋友介绍来到医院找心理医生咨询。

心理医生的结论是，晓雅是由于学习压力太大得了"神经性贪食症"。

案例中所提到的病例在日常生活中并不少见。尤其是女孩子，在进入大学后开始节食减肥，体重渐渐地降下来可以让自己觉得非常有成就感，周围的朋友说自己变漂亮了也会让自己很高兴，有一种得到大家认可的感觉。在开始减肥的日子里，女孩几乎不怎么吃饭了。但是有一天，却会突然感觉到强烈的食欲，开始大吃特吃起来（贪食），体重反弹到减肥前的重量。虽然女孩子特别担心自己会变成大胖子，但是却无法抑制自己过盛的食欲。

像这样的症状就是摄食障碍。摄食障碍一般分为两种：极度暴饮暴食的贪食症和几乎不吃东西的厌食症。摄食障碍的患者一般都是女性，大部分是由于减肥引起的。减肥计划一般是从"正常的"节食开始的，但慢慢就发展成了十分挑剔和严格的热量限制和剧烈漫长的生理活动。食物限制和身体锻炼形成了强迫性。开始的时候是不敢吃，到疾病后期，食欲极度缺乏，身体消瘦，对食物有强烈的欲望，这样的节食坚持不了几天就会禁不住食物的诱惑，大吃一顿。为了不导致发胖，就采用吃泻药或自我引吐的方法，使吃下去的食物迅速排出体外，然后再继续开始节食，控制不住了再暴吃一顿。如此周而复始，就出现了摄食障碍的症状。

大多数摄食障碍患者小时候是"好孩子"，有些还经历过与父母的分离，或是受到父母的过度保护、过度干涉、虐待等。伴随着摄食障碍，有时还会出现偷窃食品、性出轨、自残等行为。比如，吃了饭以后呕吐出来。在呕吐的时候，大脑内会分泌某种快感物质，有些类似于麻药的功效。由此，患者就会自动寻求下一次的呕吐。

如何治疗这种疾病呢？首先要及早发现病情。患者及家人要认识到这是一种疾病，而不要认为这只是嘴馋或是一种不良的饮食习惯。家长如发现孩子有神经性厌食或贪食迹象，应及时请教医生，到专业机构找精神科或心理科医生诊治。药物治疗有时是必不可少的，抗抑郁药物可以缓解进食障碍的症状。心理治疗中除用支持性心理治疗以外，主要采用认知行为治疗，找出情绪压力的来源，并强调正确的饮食观念。教导患者养成记录饮食的习惯，并且运用食物热量换算技巧，以及适度运动来维持理想体重。

●●●心理学家提醒你●●●

影响进食的心理因素包括：

感官刺激：食物的色、香、味对人们感官的刺激会引起进食的欲望；

个人偏好：人们容易被自己喜欢的食物吸引，引起进食行为；

饮食习惯：长期的饮食习惯会让人们产生固定的进食方式和食物选择；

饮食环境：优雅、舒适的环境会使人们增强进食的动机；

饮食氛围：轻松的环境利于食物的消化，对进食起促进作用；

饮食文化：人们进食是有多重动机的，不仅是为了生理上的满足，有时也是为了好心情。

恋物癖：难以启齿的诱惑

王林，出生在一个并不富裕的农民家庭。父亲嗜酒如命、性格粗鲁、脾气暴躁，常常与王林母亲争吵，动不动就上演家庭暴力。夫妻俩平时很少照顾王林。在这样的环境下，王林自幼养成了胆小畏缩、执拗、内向的性格。

6岁的时候其父母离异，王林跟着母亲一起过。母亲为了生活外出打工，王林就和爷爷奶奶生活在一起。平时王林总是和女孩一起玩耍，并由于其少年老成的关心体贴常博得女孩的好感。12岁时，一次偶然的机会他看到堂姐放在床上的内衣，当时产生了强烈的好奇心和性冲动。此后常回想此情景，并伴有手淫。

15岁时，母亲将他接到自己身边。就是在那一年，王林开始"收集"女

性的内衣，每次"收集"的时候，他都伴有强烈的性兴奋；在夜深人静的时候，还会把"收集"的内衣拿出来反复地抚摸和嗅，觉得很舒服，身体也很放松。一次母亲在整理房间的时候，发现了王林"收集"来的很多内衣，就问王林是哪里来的。在母亲的严厉训斥下，王林承认了错误，并保证以后再也不会有这样的"流氓行为"。但每当欲念发作或看到晾在外面的女性衣物时，又身不由己，不能自制。

案例中的王林，专门热心于异性的贴身物品，通过采取各种手段，甚至不惜牺牲自己的名誉去行窃来获得他想要的物品，并从这些物品上得到性心理满足，这实在是难以启齿的尴尬行为。

心理学家认为，这些专门伸手于妇女日用小物品的人，和一般小偷有很大的区别，他们实质上是一种性心理病态，也就是恋物癖。恋物癖是指对性爱对象的一种象征意义上的迷恋。恋物癖患者通过抚弄、嗅、咬或玩弄某种物品来获取性快感。

患这种心理病症的以男性为多，他们不是通过性接触达到性满足的目的，而是通过与异性穿戴或佩戴的物品相接触而引起性的冲动和获得性的满足。他们偷取女性穿戴的内衣、内裤、乳罩、头巾、丝袜等，加以抚摸，并收藏起来。

有恋物癖的人的表现大体都差不多，基本上是经常反复地收集异性使用过的物品，并将此物品作为性兴奋与满足的唯一手段。他们为了满足自己不正常的心理与习性，会千方百计地收集自己偏爱的异性的物品，并不惜冒着名誉扫地、前途黯淡的危险进行偷窃。若拿不到这些东西，他们就会产生焦虑不安的情绪。

恋物癖患者对异性本身毫无兴趣，只是单纯地把性欲专门指向物品，至于这些物品是什么人的则无关紧要。而正常的恋物心理则与此相反，是一种"爱屋及乌"的心理。

其实，恋物癖只是一种习惯性的行为，恋物癖患者在偷窃恋物的前后心理也是相当复杂、矛盾重重的，没有得手之前，他们往往感到焦虑、紧张和不安，一旦得手，虽然性心理得到了满足，但常常又会因憎恨自己的这种行为而产生自责、悔恨、忧郁、痛苦、自卑等心理冲突。

恋物癖一般起自青少年时期，且大多数患者都是异性恋者，但他们大多对性生活胆怯或者性功能低下，也很少有攻击或暴力行为。恋物成瘾经过专业系统治疗后，一般会得到纠正。但由于恋物成瘾等性偏好障碍乍一看对患者和家庭的危害并不明显，因此往往不会引起家长的重视，被认为是一类不良嗜好，错误地认为等到成年结婚后这些行为自然会消失，这种想法是不正确的。如果任其发展而不及时纠正，最终可能会渐渐取代正常的性爱对象，从而影响他们将来正常的生活。

如果发现孩子有恋物癖的倾向，家长应该抱着平和的心态跟孩子沟通，教给孩子正确的性知识，避免青春期性压抑，也可以到正规心理医院寻求帮助。通常这种状况发现越早，治愈效果越好。

● ● ● ● 心理学家提醒你 ● ● ● ●

"恋物癖"没有被社会大众正确认识，甚至不乏有的医生也缺乏相应的科学的理解。最早的时候被认为是流氓行为，后来被称之为性变态行为，现在医学界认识到这是一类性偏好障碍，与道德水平和意志力无关。有人就建议不再使用"恋物癖"这个名称来称呼这种疾病，因为"癖"这个词包含着歧视，应该换成"成瘾"这个中性词语，即"恋物成瘾"，这样让老百姓知道，这个病同酒瘾、烟瘾、药瘾、毒瘾、网瘾、赌瘾等类似，都是一种成瘾行为，与道德水平和意志力无关，只是一种身心疾病。我们应该以一种宽容的心来看待这类人。

洁癖：对环境的过分苛求

李江，男，28岁，某杂志社的行政助理。最近，他觉得自己得了一种"怪病"，老是觉得自己手上沾上了什么不干净的东西。因此，每天必须多次、长时间地洗手、洗衣服，别人暗地里叫他"变态"，为此他非常痛苦。

不仅如此，李江还不能容忍办公室和家里有不洁之处。每天他上班时，首先就是把办公室里里外外、上上下下、角角落落……打扫三遍以上，然后才能安安心心坐下来办公。而且必须是他亲自擦，清洁工阿姨擦他是不放心的，总觉得别人擦得不干净。他最恨的事情就是：三遍清洁尚未做完，就有人进来和他商讨或请示工作。他认为这样的话就前功尽弃了，他就会重新做三遍清洁。

待到晚上要上床休息了，他的双脚洗完之后是绝对不能让它再落地的。怎么办呢，一般是坐在床上洗，洗完后拭干，然后赶紧钻入被窝睡觉。如果半夜里要上厕所，脚穿拖鞋落地后，那么这一双脚就必须重新洗过。

他任何时候都担心病菌侵袭，而且这种担心逐日加重。在路上远远见到穿孝服戴黑纱的人，就想：他们家中死了人，他们身上必定有病菌，而且已经把病菌传给自己了。他就会赶紧回家，回家后不但反复洗手洗头，还要把外衣扔掉。

渐渐地，他已经发展到不敢出门，不敢听别人谈到癌症或死亡的事，不敢到医院去看病，因为医院有各种病菌。妻子和女儿都不理解他，他们时常为此发生争吵，弄得家庭关系很紧张。几年来，两次住进本市的精神病院治疗，服过中西药物，但都没有什么效果。

你也许遇到过这样一种女人：她总是把房间收拾得一尘不染，床单、桌布不得有一丝褶皱，橱柜玻璃不能沾一星油污，地板、瓷砖上不可见一缕头发，进出门必先换拖鞋……

为了保持这样的整洁，家务劳动是她每天的重头戏，不仅占据了她的大量时间，还要求家庭成员的同心维护。

或许你会说，一个人爱干净、讲究卫生是无可厚非的，于己于人都有好处。但是，如果一个人过分爱干净，过于注重清洁以至于影响了正常的学习、工作和生活……那你还会支持她吗？

过分爱干净又叫"洁癖"，是一种常见而又顽固的心理疾病。

洁癖患者以女性居多，这同女性先天的体质柔弱和比较爱清洁有关。洁癖患者又大多是文化层次较高的人，连具有专业知识的医护人员也不能完全避免。

洁癖者在讲究卫生方面明知道没有必要，可就是控制不住，活得特别紧张，其生活目标就是讲究卫生，整天关注的就是细菌、病毒，而无暇顾及别的。

这样的人好像很卫生，却感受不到幸福，只感到了紧张和痛苦。他们没有时间去享受生活，一生中大部分时间都花在讲究卫生上了。其实，他们也能意识到过分讲究卫生没有必要，但是又从内心涌现出强烈的焦虑和恐惧，不得不采取某些行为来安慰自己，这也是一种强迫观念在作怪，表现为头脑中反复出现一些怀疑和联想，却又无法摆脱。

任由洁癖这种"病"发展，有可能会引起性格变异，变得敏感、固执、任性、狂躁，妨碍睡眠和饮食，严重影响工作、生活、健康和人际关系，一旦因病卧床需要别人照料时，更会处处不适应，甚至失去自控而出现激烈的反常行动。而和严重洁癖的人生活，家人也会忍无可忍。

洁癖可以通过系统脱敏法得到有效的治疗。首先，患者把自己害怕的东西和场景、经常做的事情，从轻度到重度写出来，然后每天从最容易的事情入手控制自己的行为，如逐渐地减少洗手的次数和时间。让患者学会控制自己的行为，教导患者改变思维方式，做事情先顾全重要的事情，一切慢慢来，稳步前进。调整好自己的心态，以开朗的心态对待自己，也许就不会再受洁癖的困扰。

◎◎◎心·理学家提醒你◎◎◎

菌类无处不在，且在不断地滋生，是不可能完全消灭掉的，使用功效最强的沐浴露和消毒剂也无济于事。况且有很大一部分菌类非但无害，对身体代谢还有好处，比如我们经常食用的木耳、蘑菇之类就是看得见的菌类。

自闭症：星星的孩子不想长大

1943年，美国儿童精神病医生Leo Kanner在一次研究报告中说到自己观察到一个5岁的男孩唐纳德的奇特症状：他旁若无人地生活在自己独有的世界里，他记忆力惊人，两岁半时就能流利背诵《圣经》23节以及历届美国正副总统的名字，但却分不清你我，不能与人正常对话；他迷恋旋转的平底锅和其他圆形物体，对周围物体的安放位置记忆清楚，但却对位置的变动和生活中的轻微变化不能容忍。

这一年，他报道了11名唐纳德式的孩子。他引用了"孤独"这个概念，把这些症状称为"情绪交往的孤独性障碍"及"婴儿孤独症"。

案例中的男孩得的是一种特殊的病，之所以特殊，是因为它在被发现后的几十年中，人类一直找不到病因，找不到有效的治疗方法。这些得病的孩子仿佛都经过上帝的遴选一样，一个个都异常的纯洁、漂亮。可是，他们却对这个世界上的一切缺乏应有的反应。

有视力却不愿和你对视，有语言却很难和你交流，有听力却总是充耳不闻，有行为却总与你的安排相违背，人们无从解释，只好把这样的孩子叫作"星星的孩子"。医学上称为"自闭症"，又称儿童孤独症，是一种广泛性发育障碍，这些孩子都有以下特点：

不会对亲人微笑，如当他的母亲要把他抱起时，他不会伸手做被抱的准备，也不会将身子贴近母亲；

社交困难，特别孤独，缺人际交往，缺乏感情联系，即使对父母也毫不依恋，如同陌生人。但与陌生人相处，又不感到畏缩。正常儿童常以凝视对方表达自己的感情与要求，而患儿缺乏与人进行眼对眼的凝视，不会以这种方式表达感情与要求；患儿到5岁左右，常常无朋友，因为他们很少与小朋友一起玩耍，缺乏情感反应，常常做出一些不合社交要求的事情来。

语言发育迟缓，对语言的理解表达能力低下，无法理解稍微复杂一点的句子，不会用手势表示"再见"。不会理解和运用面部表情、动作、姿态及音调等与人交往。缺乏想象力和社会性模拟，不能像正常儿童一样去用玩具"做饭"、"开火车"、"造房子"。

仪式性和强迫性行为。由于缺乏变化与想象力，患儿常常坚持重复刻板的游戏模式，如反复给玩具排队，总是拍手，重复性的蹦跳，对自己房间的任何变化都表示反对和不安，如家具的移位、装饰品的变化等。

此外，有的患儿还可能有感知障碍，对视、听、触等多种感觉迟钝或过敏。有的存在认知障碍，智力低下，抽象思维能力很差，少数患儿可能伴有癫痫发作。

尽管目前孤独症的病因仍不明了，在有关学者开展的极为广泛的研究中，越来越多的证据表明生物学因素（主要是遗传因素）和胎儿宫内环境因素在孤独症的发病中有重要作用，成为目前病因研究的热点。其他因素包括免疫因素、营养因素等。综合有关研究，目前认为孤独症是由于外部环境因素（感染、宫内或围产期损伤等）作用于具有孤独症遗传易感性的个体所导致的神经系统发育障碍性疾病。

有人说，一个孩子一旦被确诊为孤独症，就意味着被社会拒绝和一个家庭痛苦的开始。患孤独症的孩子无法融入社会，势必会给他以后的生存带来不便，家长也会因为孩子而饱受折磨。

孤独症虽然很难诊治，但并非没有治疗的办法。孤独症的主要治疗方法是教育，重点应该教会患儿有用的社会技能，如日常生活的自主能力，与人交往的方式与技巧，与周围环境的协调配合及行为规范，对公共设施的利用等最基本的生存技能。对孤独症患儿的教育训练应以父母为主，通过训练首先对父母与人感兴趣，并且学会交往技能和技巧。教育需长期坚持，因为让患儿掌握一种基本技能和习惯，通常需要半年或更久的时间。早期接受教育对患儿来说是十分重要的。

●●●●心理学家提醒你●●●●

面对孤独症，父母亲需要接受事实，克服心理不平衡状况并妥善处理孩子的教育与自己的工作、生活的关系。化爱心、耐心、恒心为动力，积极投入到孩子的教育、训练和治疗活动中去，给孩子，还有自己努力造就光明的希望。

神经衰弱：心有余而力不足

王刚读完了大一，迎来大学的第一个暑假。由于大学里一般没有暑假作业，所以王刚在暑假里几乎是无所事事，每天都睡到很晚才起来，早饭也不吃。王妈妈白天要上班，就只能嘱咐儿子自己买点吃的。王妈妈心里十分愧疚，所以在作息时间上对儿子有所迁就，没有做严格要求。谁知道王刚竟然每天晚上通宵玩网络游戏，一直到凌晨才睡觉，白天睡到很晚才起床，然后又接着玩。虽然王妈妈管过一两次，但是王刚就是改不掉。

王刚是在大一的时候迷上网络游戏的。刚开始还没什么，后来慢慢迷上了。为了能痛快地玩游戏，他决定晚睡晚起，来躲避爸妈的"督察"。但是，由于长期熬夜，导致生物钟和神经系统功能紊乱，再加上时刻提防父母的检查，精神高度紧张，王刚慢慢出现了失眠、头晕等神经衰弱症状。

等到开学到了学校，王刚才发现自己的这些症状越来越重，简直不能正常上课了。最终，在妈妈的陪同下，王刚去医院做了检查，医生确诊为"神经衰弱"。

很多人都可能听说过神经衰弱这个名称。有的人说睡眠不好是患了神经衰弱；有的人记忆力差就怀疑自己患了神经衰弱；也有的人认为自己精力不足，也是患了神经衰弱……

众说纷纭，让人觉得似是而非。但究竟什么是神经衰弱呢？

我国精神病学家经过长期的调查研究认为，神经衰弱是一种神经症性障碍，主要表现为病人常常"心有余而力不足"，心情紧张难以放松，特别容易烦恼、激动或发脾气，无法安心工作，受一点刺激都难以忍受。早期征兆包括入睡困难、睡眠浅、多噩梦，甚至失眠；食欲不振、消化不良；头昏脑涨，打不起精神，注意力不集中，记忆力下降，甚至浑身疲乏、体力不支等。

神经衰弱是一种轻度的精神病，是神经症的一种，病人无器质性病变。与严重的精神病如精神分裂症患者相比，神经衰弱的病人没有严重的行为紊乱。一般认为，神经衰弱不会发展为精神分裂症，两者是性质完全不同的疾病。

中医认为，神经衰弱的致病病因多种多样，不过比较公认的还是七情，即：喜、怒、忧、思、悲、恐、惊，对于不良情感诱发疾病，古书上有不少记载。如狂喜可致精神病，"范进中举"这个故事，说范进一心想中举，几次考试都落榜，由于勤奋学习，终于实现他多年来的愿望，过分兴奋而患了"癫狂病"。这就说明任何一种不良的心理状态都会引起身体疾患。

在社会生活中，有很多失意之事，如失恋、夫妻关系不合、上下级及同事间关系不好、意外打击、高考落榜等。如不能正确对待，均可引起这种病的发生。如果不及早重视，就会影响到身心健康。

这种"病"是可以治愈的，并不是什么绝症。

首先，要认识到，这是一种信号，它告诉你："大脑太累了，压力太大了，需要休息调整了。"这时，你就需要分析一下，这种情绪紧张和心理压力来自何方。

其次，要注意劳逸结合，脑力劳动和体力劳动结合，坚持锻炼身体，适当参加文娱活动，既要注意消极的休息（睡眠，安静的休息等），又要注意积极的休息（文体活动等）。

再者，要养成良好的睡眠习惯，注意生活有规律。

只要保证你的神经能够得到放松，神经衰弱的症状很快就能得到缓解和治愈。

●●●●心理学家提醒你●●●●

著名病理学家杜博斯教授说过："最健康的人是那些在婚姻、家庭及工作上能胜任，情绪愉快，充满如意和满足情绪的人。那些婚姻波折，在人际关系方面摆脱不了烦恼，觉得自己事业和前途渺茫，包袱沉重的人，将有最大的患病危机。"心理因素是引起神经衰弱的重要因素之一。长期处于心理矛盾和冲突的人，如果本人存在神经衰弱的易患素质，就极有可能致病。

社交焦虑症：害怕别人注视的眼光

钱强，某工厂技术工人。他从小就十分害羞，用其母亲的话说是："投错了胎，上辈子一定是个女孩。"钱强上学时也不太主动跟同学交往。父母根据他的性格，让他干了技工这一行，因为这一工作跟人打交道的机会少。

但是，随着上班以后摆弄机器的时间增多，钱强越来越少跟人交往了。

他有时间就躲在机房里，回家也躲在自己房间看书、听音乐。到了该谈朋友的年龄，父母开始着急，因为他从不主动跟女孩子交往。父母四处找人给他介绍对象，他一见女孩子更是满面通红，人家问什么他就答什么，结果别人嫌他太木。钱强自己也觉得很失败，不应该这样，可越这样觉得就越紧张，到后来，女孩子问他话时，他结结巴巴连话都说不出来了。这样一来二去，他的情况越来越严重，害怕在公共场合被人注意，当众讲话、当众写字、食堂用餐及使用公共厕所时，他都会心情紧张、心慌气短、大汗淋漓，产生一种明知过分却又无法控制的恐惧感。他不敢与别人对视，与人谈话时总避开别人的目光，似乎自己做了什么亏心事；见人就脸红，一脸红就更害怕别人笑话他没出息，紧张得脸更红了。钱强觉得不仅自己浑身不自然，而且也让别人不自在，他总想克制自己的这些情绪表现，可是每次都不奏效，他生怕自己这样下去会变成精神病，于是就逃避这些令人紧张的场合。

随着社交在我们的生活中占有的重要性越来越大，对于内向的人们来说，怎样克服心理的紧张和恐惧，在社交场合游刃有余，确实是一件让人烦恼的事情。然而，在日常生活中，像钱强一样，有社交焦虑症的人并不在少数。

社交焦虑症，也叫社交恐惧症，是一种常见的、能力受损的精神卫生问题，过分害怕别人的凝视是该症一个明显的特征。

一般情况下，大多数人都或多或少地对跟陌生人接触有些害怕。但是，社交焦点症患者不是简单地害怕接触陌生人，他们总是处于一种焦虑状态。他们害怕自己在别人面前出洋相，害怕被别人观察。所以，与陌生人交往，甚至在公共场所出现，对他们来说都是一件极其恐怖的事情。

社交恐惧症主要可以分成两类：

一般社交恐惧症。即在任何地方、任何情境中，患者都会害怕自己成为别人注意的焦点；

特殊社交恐惧症。患者对某些特殊的情境或场合特别恐惧。比如，害怕当

众发言，当众表演。但是在一些不同的社交场合，却并不感到紧张或焦虑。

这两类社交恐惧症都有类似的躯体症状，比如口干、出汗、心跳剧烈、有腹痛的感觉等。周围的人也可能会看到一些表现，像脸红、口吃、轻微发抖等。有时候，患者还会发现自己呼吸急促，手脚冰凉。最糟糕的情况是，患者会进入惊恐状态。

社交恐惧症是非常痛苦的、严重影响患者生活工作的一种心理障碍。许多一般人能够轻而易举办到的事，社交恐惧症患者却望而生畏。患者会认为自己是个乏味的人，并认为别人也会那样想。于是患者就变得过于敏感，更不愿意打搅别人。而这样做，会使得患者感到更加焦虑和抑郁，从而使得恐惧社交的症状进一步恶化。

许多患者为了适应自己的症状，不得不错过许多有意义的活动。他们（和家人）不能去逛商场买东西，不能建立正常的夫妻两性关系，不敢带孩子去公园玩，甚至为了避免和人打交道，不得不放弃一些很好的工作机会。

心理医生经常采用森田疗法来缓解这些症状，其原则是：顺其自然，为所当为。就是说，对于紧张不安的情绪要疏导，让它过去，顺其自然，不要拼命控制，因为情绪像潮水一样，越堵越高，越控制越严重；同时，继续做你应当做的事，一会儿紧张情绪就自然消失了。例如，你在公共场合感到紧张，你可以在心里对自己说："紧张去吧，我不管它了，又能把我怎样？"同时，带着紧张情绪说你该说的话，关注说话内容，不要关注自身的感受。结果你会发现：没什么可怕的事情出现，虽然有些不舒服，但自己还是能战胜自己的，多次实践之后，自信心就逐渐增强了，自己也不再为见人紧张而苦恼了，因为你找到了应对的良策。失眠的人不要控制自己的思想，应放松自己，对自己说："想去吧，大不了我今天不睡觉了。"同时做深呼吸，放松自己的肢体，慢慢地你就会睡着了。

这些做法看似简单，但许多人不相信自己能这样做，总想依赖药物，而不是依靠自己的努力。其实，在心理医生的指导下，你完全可以用森田疗法来治愈社交恐惧症，但重要的是你要下决心去尝试，要相信自己的潜力。

要进行培养自信心方面的训练。人前容易脸红的人，多数对自己缺乏自信，具有自卑感，因而加强自信心的培养，克服自卑感，可起到釜底抽薪的作用。

要改变只看到自己的短处，用自己的短处比别人的长处的思维方式，反过来经常想想自己有哪些长处或优势，以自己的长处去比别人的短处，从而逐渐改变对自己的看法。在改变对自己的看法的同时，再将注意力转移到自己感兴趣、也最能体现自己才能的活动中去，先寻找一件比较容易也很有把握完成的事情去做，一举成功后便会有一份喜悦，做完后再用同样的方法确定下一个目标。这样，每成功一次，便强化一次自信心，逐渐地自信心就会越来越强。

人会自卑，是因为通过比较和自省，发现自己确有不如人处。而处世成功，也需要一定的知识和能力。所以，一个人要想最终克服自卑心理，就必须在建立自信的同时正视自己的不足，通过多学、多干来充实知识，丰富经验，学会与人交往的方法与技巧。

◎◎◎◎ 心理学家提醒你 ◎◎◎◎

手指有长有短，人也不可能十全十美。人的价值主要体现在通过自身的努力尽可能地发挥自己的潜能，把缺点、失败及别人的耻笑等看成是一种常事，当成完善自己的动力；对别人的评价和议论自己心中有主见，做到"有则改之，无则加勉"，不为人言所左右。

微笑型抑郁症：躲在背后偷偷地哭

任峰从开始上班那天起，就像铁人一样不知疲倦地工作。领导夸他能

干，同事都说他能力强，是不可多得的人才。任峰对自己也很自信，有时候甚至有些狂妄。每次完成一项工作，他就会说："这样的工作，对我来说小菜一碟。"在亲人眼里，他是家庭的主心骨，是父母的好儿子。然而，只有妻子知道，他最近情绪越来越不好，常常刚刚还在对别人颐指气使，回到卧室就无端地自卑，唉声叹气，还会哭个不停。

心理学上将任峰这种人前信心十足，背后又无端自卑的情况称为"微笑型抑郁症"。微笑型抑郁症是男性抑郁症患者的典型表现之一。美国心理学会曾指出，与女性抑郁症患者相比，男性抑郁症除了存在失眠、体重下降、情绪低落等共同症状之外，还有其独特的特点——人前狂妄不已、人后偷偷哭泣的微笑型抑郁症隐匿性更强，更不容易被发现。

微笑型抑郁症患者常见于学历高、有相当身份地位的成功人士，特别是高级管理和行政工作人员。在社会生活中，他们往往表现得十分强大，仿佛不知疲倦，不容别人置疑，但内心深处却感到极度痛苦、压抑、忧愁和悲哀。这是因为，男性受传统价值观的束缚，要求扮演坚毅强壮的角色，能扛得住所有的压力。

有心理专家指出，微笑型抑郁症比一般普通的抑郁症危害更大。一般而言，患微笑型抑郁症的人一般都是较优秀的人，他们为了维护自己在别人心目中的美好形象，会刻意掩饰自己的情绪。而当承受的压力大到再也无法承受的时候，他们的反应也是巨大的，可能会从一个极度自信的人变成一个非常自卑的人，甚至会怀疑自己各方面的能力。这时候，人的神经系统可能会受到一定的伤害。

更为严重的是，有些到了重度抑郁症程度的患者，为了实现自己自杀的目的，有意识地掩盖自己的痛苦体验而故意表现出自己强大的一面，以此逃避医生和亲友的注意。他们的行为颇具表演性质，与他们的情感体验缺乏内在的一致。正是因此，这种抑郁症患者更难被发现。

微笑型抑郁症虽然危害很大，但是，因为抑郁症的治疗是一个长期过程，所以，在每个阶段，自己最好能通过各种方式进行调节。最重要的是记住学会给自己减压。如果自己调节成功的话，是有可能规避微笑型抑郁症的。

同时，如果你身边有这类压力大的精英男性，要特别留意他们的举动。

一方面，亲人和朋友要多陪伴他们，少让他们落单；并且要学会倾听和理解，主动让他们说出不快，帮助他们分担内心的苦闷；

另一方面，倘若你身边有男士不幸出现了抑郁症的倾向，就要鼓励他们及时就医。同时，要尊重与维护病人的自尊，帮他们保密，并让他们知道，再强的人也需要休息和放松。

●●●● 心理学家提醒你 ●●●●

微笑型抑郁症无孔不入，男女老少都有患上微笑型抑郁症的可能，如不及早治疗，可能会严重影响患者的身体健康，甚至影响患者与家人及朋友的关系，使他们不能正常工作，甚至有自杀的危险。所以，在生活中，我们要密切留意自己、家人和朋友的情绪，有效掌握抑郁症的资讯，不要让它轻易入侵我们的生活。

多动症：屁股上的"刺儿"

李医生今天接待了一个特殊的病人，叫孙磊，10岁，是由母亲陪伴而来。小磊在幼儿园时就明显表现出多动行为。上小学以后，这种情况有增无减。上课时不遵守纪律，用笔乱写乱画，小动作不断，一会儿玩文具，一会儿咬指甲，一会儿做鬼脸；在老师讲课时也常大喊大叫地打断，甚至在课堂上乱跑，不听管教，喜欢晃椅子，经常惹同桌同学；注意力不集中，东张西望，老师批评或暗示后没有什么效果；课余活动中不大合群，好搞"恶作

剧"，如有时接连用头把几个同学撞倒，自己却满不在乎。

孙磊在家里则表现得任性、冲动，遇到想办的事情父母不能满足，便大喊大叫，甚至在地上打滚；此外精力显得特别充足，对看电视也不很感兴趣，做作业时却少不了边做边玩，注意力难以集中，在生活中几乎做任何事情都杂乱无章，虎头蛇尾。自己房间里的东西乱七八糟，文具课本容易损坏，玩具扔得到处都是等。

据家长和老师反映，小磊脑子并不笨，在学习上，有时比一般同学学得还快，就是因为好动分心。他在课上的表现为：不能专心听讲，开小差，注意力难以集中。导致学习成绩处在中下游。

在咨询过程中，小磊总是坐立不安，身子一直没有停下过，眼睛也一时看东，一时看西，手也是动动这个动动那个。综合以上表现，李医生认为，小磊这是儿童多动症的表现。

多动症是一种常见的儿童心理疾病，这类孩子一般智力正常，但存在与实际年龄不相符的注意力涣散，活动过多，冲动任性，自控能力差的特征，以致影响学习。多动症发病率为3%左右，男孩多于女孩。九种表现可判断儿童多动症：

（1）需要安静的场合，患儿会难以安静，常动个不停。

（2）容易兴奋和冲动。

（3）注意力难以集中，极易转移。

（4）做事常有始无终。

（5）话多，好插话或喧闹，常干扰其他儿童的活动。

（6）难以遵守集体活动的秩序或纪律。

（7）情绪不稳，提出的要求必须立即得到满足，否则就会产生情绪反应。

（8）学习成绩差，但不是因智力障碍引起的。

（9）动作较笨拙，精细运动技能差。

一般来说，孩子在二至三岁时，都会有好动现象发生，但随着年龄增长，好动现象会逐渐减少。但据调查，有5%～10%的孩子有"多动症"倾向，他们的好动问题比一般孩子严重得多，如果不及时正确地引导，可能会带来严重的后果。

半数以上的患儿早在新生儿时期就有兴奋、多动和睡眠障碍（如不易入睡、易惊醒等）；到幼儿时期，往往表现出异乎寻常的活跃，成天不停地活动，但多半无目的性，且其情绪不稳定，常带有冲动性，因而需要大人密切观察与监督。

上小学以后，绝大多数患儿的注意力集中短暂，学习困难，成绩不佳。他们在课堂上常常坐不安宁，不能专心听讲；小动作不断，常发出怪声，挑逗邻位的同学，破坏课堂纪律；不能按时完成课堂和家庭作业，情绪常易冲动，常易与同学争吵，甚至发生斗殴，很少有知心朋友。

到中学阶段（少年时期），一般表征大体同前，但其"多动"症状从12岁开始有逐渐减少趋势。

国内资料表明，在多动症患儿的不良家庭教育方式中，家长中所谓的"严格管教者"占61.7%，放任不管者占3.5%，过分溺爱者占7.05%。国外亦有学者认为，暴力式的管教，会使患儿症状发展，并增加新的症状，如口吃、挤眉、眨眼。而对患儿漠不关心、放任自流和过于溺爱等，常可能促使症状出现，或使已有的症状加重。

对于孩子的多动症，要有一个科学合理的认识，要重视起来，及早治疗。

首先，家长和教师应对这位儿童关心、体谅，不能因其好动而感到厌倦、心烦，也不能因其多动而使儿童产生自卑心理或精神压力；

其次，要从培养良好习惯入手，耐心地矫正这位幼儿的多动行为。矫正中应坚持正面鼓励，积极强化。如，一般的学生有着能接受教师暗示的特点，课堂教学中教师应有意识地利用目光暗示、点头暗示等手段，让教师在

儿童认真听讲时定期给予表扬；

最后，父母对孩子的教育要一致。父亲须纠正急躁、粗暴的缺点，不要动不动就打孩子，须多看一看孩子的优点和长处；母亲则应克服对孩子溺爱、娇惯的弱点，努力做到热爱孩子与严格要求相结合。只要父母教育方式正确，与学校教育保持一致，并加强与学校的联系，在家庭和学校的共同努力下，孩子的多动行为是可以逐步得到改善的。

●●●●心理学家提醒你●●●●

医学界倾向认为，因为儿童心理发育不成熟，家长的动辄打骂或在学校受不当体罚及歧视等都有可能造成精神创伤，导致抽动或多动等行为异常；而管教不当，过度溺爱、百依百顺，会使孩子任性，骄横，不愿或不能自控；对孩子过分苛刻、粗暴，则会造成长期过分心理紧张，情感压抑，出现行为紊乱；家长望子成龙心切，早期智力开发过量，使外界环境的压力远远超过孩子的承受力，也是造成患儿抽动症、多动症发病的原因之一。

强迫症：明知没有意义还是禁不住去想

小宁，19岁，家在农村，父母均为农民。在家排行老大，下有一弟一妹。从小小宁就很懂事，知道父母挣钱养家很不容易，所以对自己要求极为严格，一点儿时间也不许自己浪费。成绩一直名列班上前几名，初一后还任班干部，深得老师喜欢。

初一后半学期，父亲节约开支给小宁买了块表，作为奖励。初二上半学期，一次早操中他把表弄丢了。他深知父母挣钱不容易，内心极度内疚，常常有意识地到寝室和马路边努力寻找，希望能够发现，但始终没找到，也不敢告诉父母，成绩也因此受到影响，开始下降。

后来他们家添置了沙发。平时小宁喜欢坐在沙发上看书，一次母亲说别坐坏了，以后不准坐在沙发上看书，从此他果真再也不敢坐沙发。后来发展为一种病，病到看见椅子也害怕。他勉强读完初中，其后一直待业在家，成天为看病四处奔波，父母为此花去了不少钱，他更觉得不好受。

令小宁最苦恼的恐怕是小便失禁，老想去厕所，但又自觉不该去。越想控制则想去厕所的念头就越强烈。尤其是吃饭之后想去厕所，拼命克制自己不去，结果吃了饭就吐，按胃病治了很久也未奏效。如此持续了很长时间，苦不堪言。近段时间以来，他老是想着自己是否渴了或者饿了，椅子该不该坐，泡在盆里的衣服是现在洗还是过一会儿洗，反复检查电灯开关，出门反复看是否关好锁好门等。上大学的表姐后来将小宁的症状告诉了心理医生，医生告诉她，小宁可能患上了强迫型人格障碍症。

强迫型人格障碍症是强迫症的一种。强迫症又称强迫性神经症，指反复出现的明知是毫无意义的、不必要的，但主观上又无法摆脱的观念、意向的行为。如故事中的小宁反复地找手表，不敢坐沙发等，这就是强迫症的表现。

一般来说，强迫症的表现分为强迫观念和强迫意向及行为两大部分。

所谓强迫观念，是指某种联想、观念、回忆或疑虑等顽固地反复出现，难以控制。例如，反复联想一系列不幸事件会发生，虽明知不可能，却不能克制，并激起情绪紧张和恐惧。有的人一看见黑纱，便联想到死亡或即将大难临头，心情非常紧张；或是反复回忆曾经做过的无关紧要的事，虽明知无任何意义，却不能克制，非反复回忆不可；还有一种情况，就是对自己的行动是否正确，产生不必要的疑虑，要反复核实。如出门后疑虑门窗是否确实关好，反复数次回去检查，不然则感焦虑不安。还有的人反复深究自然现象或日常生活事件发生的原因，如"世界为什么存在"，"树木为什么向上生长"等。他们明知思考这些问题毫无必要，但又控制不住自己要去思考。

所谓强迫意向及行为，是指有些人常为某种与正常相反的意向所纠缠。例如，走到河边或井边，老想往下跳，但又害怕真的会跳下去。有的患者有强迫行为，如书写后反复检查是否写错字。有的患者常怀疑自己的手或衣服被玷污了，虽然反复洗了几次，仍不放心。有的患者每当见到电线杆、台阶、柱子等，便不由自主地依次点数，明知毫无必要，但不数他就会感到心情不安甚至漏掉了又得从头数起。有的患者常重复某种动作，以解除内心的不安，如一个胳膊碰椅子，另一个胳膊也一定要碰一下椅子；进门一定要左脚先迈，否则要退回去再走一遍等。

关于强迫症的发病原因，至今仍没有一个定论，病因未明。一般认为，遗传因素、强迫性性格特征及心理社会因素均在强迫症发病中起作用。

强迫症应该及早得到重视，因为这些不由自主的思想纠缠，或刻板的礼仪或无意义的行为重复，影响患者注意力的集中，严重影响当事人的学习和工作，甚至可能完全丧失学习能力和工作能力，导致精神残疾。

纠正强迫型人格障碍这一病症，主要采用减轻和放松精神压力的方法。最有效的方式是任何事都听其自然，该怎么办就怎么办，做了以后就不再去想它，也不要对做过的事进行评价。经过一段时间的训练和自己意志的努力，症状会缓解。

当一个人过分执著于规矩的限制时，他对活生生的多变的现实就常会感到无所适从。强迫型人格障碍者习惯于按教条办事，总是按"应该如何，必须如何"的准则去做，像个机器人。要改变这种状况，就要砸开锁链、打开牢笼，让曾被囚禁的自由思想主宰自己的行为。

"当头棒喝"是纠正强迫型人格障碍的一个妙法，即通过努力寻找生活中的独特事件，让这些独特事件带来新的观念和解决问题的新思路、新方法，以起到"当头棒喝"的作用，改变墨守成规的习惯。有时发现自己叫停的力量不足，还可以请自己的好朋友、同事甚至上司在必要时"棒喝"一下。

●●●●●●**心理学家提醒你**●●●●●●

　　强迫症多在30岁以前发病，多见于城市白领，中层管理者。某些强烈的精神因素作为起病诱因，强而不均衡型的人易患此病，其性格主观、任性、急躁、好胜、自制能力差，少数患者具有精神薄弱性格，自幼胆小怕事、怕犯错误、对自己的能力缺乏信心，遇事十分谨慎，反复思考，事后不断嘀咕并多次检查，总希望达到尽善尽美。在众人面前十分拘谨，容易发窘，对自己过分克制，要求严格，生活习惯较为呆板，墨守成规，兴趣和爱好不多，对现实生活中的具体事物注意不够，但对可能发生的事情特别关注，甚至早就为之担忧，工作认真负责，但主动性往往不足。

　　在强迫症的发生中，社会心理因素是不可忽视的致病因素之一。躯体健康不佳或长期身心疲劳，也可促进具有强迫性格者出现强迫症。

心理测试 >>>

你有强迫型人格障碍吗

　　在日常生活中，我们会发现一些儿童或成人不由自主地去数钟声、台阶，甚至天上的星星；全神贯注地思考某个名词、韵律或典故；一遍遍认真推敲写就的文稿；废寝忘食地探索某个公式、假说或定理；一丝不苟地按顺序起床、进食、上班和入睡。这种现象就叫强迫现象。这些人难以容忍些微的过错和失误，不允许丝毫的杂乱和污秽。他们讲究整洁和秩序，一切都要仔细检查，反复核实。这实际上成了他们的优点：做事认真可靠，遵时守信，井井有条，只不过灵活性有些逊色而已。这些固定刻板的行为对他们而

言已经习以为常，不会给他们本人带来任何痛苦，并且可以通过注意力的转移或外界的影响而中断，也不会伴有焦虑。

其实，在我们每个正常人身上，都会多多少少地出现一定程度的强迫现象。这些属于正常的心理现象。但如果强迫思考或行为总是纠缠着你，身不由己地操纵着你，使你欲罢不能，无从回避，就有可能演变成为强迫性人格障碍，甚至强迫性神经症。强迫型人格障碍是一种性格障碍，多见于尚属成功的男性，男女比例约为2∶1。主要特征是苛求完美。

对照一下，你最近的思想或行为是否出现以下的情形：

1. 做任何事情都要求完美无缺、按部就班、有条不紊，因而有时会影响工作的效率。

2. 不合理地坚持别人也要严格地按照他的方式做事，否则心里很不痛快，对别人做事很不放心。

3. 犹豫不决，常推迟或避免做出决定。

4. 常有不安全感，穷思竭虑，反复考虑计划是否妥当，反复核对检查，唯恐疏忽和差错。

5. 拘泥细节，甚至生活小节也要"程序化"，不遵照一定的规矩就感到不安或要重做。

6. 完成一件工作之后常缺乏愉快和满足的体验，相反容易悔恨和内疚。

7. 对自己要求严格，过分沉溺于职责义务与道德规范，无业余爱好，拘谨吝啬，缺少友谊往来。

选择分析：

如果你符合以上至少三种情况，那么你很有可能患有强迫型人格障碍。

第三章
你以为你以为的就是你以为的吗

——18岁后要懂点趣味心理学

光明思维术：幸运的人总幸运

有两个穷困潦倒的人，手里只有一元钱了。悲观的一位说："哎，只剩这一元钱了！"

而另一个则乐呵呵地说："嗨，我还有一元钱呢！"

心理状态的乐观与否，导致故事中这两个人看问题有不同的结果。当人生的路遇到障碍时，用什么样的心态看问题，可能会影响到你以后的人生道路。用消极的心态看问题，只能使问题变得更加严重；而用积极的心态看问题，厄运，也有可能转化成一种幸运。

积极心态是光明思维的结果。光明思维可以分为三个等级，分别是：

一级光明思维——看到世界有黑暗也有光明（黑了南方有北方）；二级光明思维——看到黑暗可以转化为光明（塞翁失马）；三级光明思维——无

论黑暗与光明都能充实人生（发生即恩典）。

请牢记：只有正向思维，才能有正向行为。光明思维者，从失败中看机会；黑暗思维者，从机会中看失败。

光明思维的理念是"逆向思维可以改变存在"，我们运用反思维可以改变自己负面的意念和情绪。

例如，在语言对答方面，当别人说你"吃亏"时，你可以说"人生吃亏是福"；当别人说你"长得有点老"，你可以说"成熟是一种美"……

你也可以学会改进语言，将"遇到问题"看成"遇到了挑战"；将"没有机会"变作"机会可以创造"……

你也可以利用引喻切换，把"逆境"比作"学校"；把"家庭"比作"港湾"……

面对不可逆转的困境，也要尽量进行问题化解，如失恋了，十分痛苦的时候，可以这样想——"与感情不专一的人早分手是件好事"。

留意日常生活中的习惯用语，不要说"我不行"，而要说"我很棒"；不要说"我太累了"，而要说"我忙了一天，心情真愉快"；不要说"这事让我碰上了倒霉"，而要说"这事让我碰上对我是个锻炼"……

这就是光明思维，其特点是：亮点思维。即在任何时候任何情况下，都要看到亮点，看到事物的光明面，要用正面的思维方式来看待问题。这是成功者的思维特点。

有一个银行家，在51岁的时候，财富积累到高达数百万美元。而到52岁的时候，他失去了所有的财富，而且背上了一大堆债务。面临巨大的打击，他没有悲观失望，而是决定要从头做起。

经过几年的奋斗，他不仅还清了300个债权人的欠款，而且重新积累了更多的财富。有人问他，是怎么做到的？他回答："这很简单，因为从我早期谋生开始，我就学会要以充满希望的一面来看待事物，不要在阴影的笼罩下生活。我总是有理由让自己相信，我们的社会到处都是财富，只要去工作就一定会发现财富、获得财富。这就是我生活成功的秘密。记住：总是要看到事物阳光灿烂的一面。"

"这个世界应该更加光明、更加美好，如果人们懂得保持快乐是他们的责任，懂得开开心心地完成自己的职责也是他们的责任，那么，这个世界就会美妙多了。每天都快乐地生活，也是让别人幸福的最好保证。"

即使失败了，也要相信这只是暂时的；只要你的心里充满了光明，未来的道路就会豁然开朗。

美国的心理学家艾里斯曾提出一个叫"情绪困扰"的理论。他认为，引起人们情绪结果的因素不是事件本身，而是个人的信念。所以，许多在现实中遭遇挫折的人，往往认为"自己倒霉"，"想不通"，这些其实都是其本人的片面认识和解释，正是这种认识才产生了情绪的困扰。实际情况是，人们的烦恼和不快，常常与自己的情绪有关，同自己看问题的角度有关。能否战胜挫折，关键在于任何情况下都不被一时的失意和不快所左右，永远怀着希望和信心，就能从逆境和灾难中解脱出来。

◎◎◎◎心理学家提醒你◎◎◎◎

林语堂曾说过："面向阳光，阴影总在你身后。"当我们遇到失败，要学会打开自己的心房，让阳光洒进来。要永远保持充沛的活力和乐观的心态，幸运就会常伴你左右！

个人空间：人们乘电梯时为何总向上看

有一天，一个妈妈带着一个不到10岁的小女孩和往常一样乘电梯。乘电梯的人很多，妈妈仰头看着显示的楼层数，突然小女孩问道："妈妈，为什么乘电梯的时候人们都会仰着头往上看呢？"

电梯里的人听到了以后，四周看了一下，发现别人果然和自己一样，也都仰着头看着显示的楼层数。难道显示的楼层数有什么神奇的魔力吗？还是有什么不可思议的心理效应在背后起作用呢？

不只在电梯里面，在地铁里，经常可以看到乘客们选择座位的情景。这时，如果这是一节较空的地铁车厢，有很多座位可以选择，不难发现以下规则：最先上车的人会坐在长椅的两端，随后上车的人会选择中间的座位，接下来的人会坐在前两者之间的座位上。而且，当所有的人都坐好后，乘客之间的间隔是等距离的。这种现象表明，我们总是在尽可能地避免与他人的接触。

我们在自己的身体周围，划分了一个无形的领域，以此来确保自己的私人领域。这个领域就是"个人空间"，人们借此来保持彼此的距离。而且这个领域会随着人的移动放大或者缩小。当这个领域被固定下来时（比如自己的房间等），就形成了"地盘"。我们不会侵入别人的地盘，而且总是维护着先到先得的优先权。

当个人空间或地盘被侵犯时，我们就会产生压力，并会想方设法采取行动消除这种压力。逃避—退避行为就是其中之一，如果地盘受到侵犯，我们一般会躲到个人空间里。比如，我们在拥挤不堪、不能保证个人空间的情况下，也会尽量不和他人发生接触——在拥挤的电梯里，不看他人，而是看显示的楼层数。在这种逃避行为中，我们把他人当作无生命的物体，借此来缓解压力。但有时我们在个人空间被侵犯、无法躲避时，会转为攻击——拥挤车厢内发生的乘客吵架事件就是其中之一。

同样的道理，我们在乘电梯时往上看的行为与我们的"个人空间"也有着很大的关系。一旦有人闯入我们的个人空间，我们就会感觉不舒服、不自在。

个人空间的大小因人而异，但大体上是前后0.6~1.5米，左右1米左右。据调查数据显示，女性的个人空间比男性的大，具有攻击性格的人的个人空间更大。在拥挤的地铁中我们会感觉不自在，就是因为有人进入了自己的个人空间。

电梯是一个非常狭小的空间。在电梯中，人与人的个人空间出现了交集，也就是说互相感觉到对方进入了自己的个人空间，所以会感到不舒服，都想尽早离开电梯这个狭窄的空间，向上看正是想尽快"逃离"这个狭小空间的心理的表现。

此外，盯着显示楼层的数字看，不只是为了确认是否到了自己要去的楼层。当我们急于离开这个狭小空间时，不停变换的数字能让我们感到电梯在移动，让我们感觉到自己是在向"解放"前进，从而缓解焦急的心理。

生活中这样的例子很多，比如：下班后，你感到特别疲倦。在公交车站等车时，你特别盼望上车后能有个位子坐一坐。车来了，幸运的你一上车就看到有空位子，只是都在公交车的最后一排，而且，在第一和第五个位子上已经有两个陌生人坐好了。那么，通常情况下，你会选择坐在哪个位子上呢？是的，你会选择坐在第三个位子上。

你正在图书馆里看书，周围没有什么人，这时突然有一个陌生人坐在了紧靠你身边的位子，你会觉得这个人有点奇怪，明明有那么多的空位子，干吗非要坐在我的身边呢？你一下子觉得别扭起来，不能再像刚才那样专心地看书了，甚至你的防御系统也不由自主地启动了，干脆你就换了一个座位。

当然，对个人空间的需要没有绝对的意义，需要的个人空间大小和我们对侵犯的反应取决于特殊的环境。在马路上，即使行人很多，空间很小，你仍不会在乎别人是否离你太近，觉得这是合情合理的事。如果在一个盛大的宴会上，别人都给你留有很大的空间像是在躲着你，你反而会觉得不安，你希望与人能够亲密地交谈，友好地接触。这样看来，人们确实需要个人空间，但并不是在任何情况下都对这个空间那么敏感。

●●●●心理学家提醒你●●●●

在公园里的长凳上，坐着一位陌生青年女子，你会过去休息吗？通常情况是不去的，因为你去了，那女子也许就离开了。人们都有一定的个人空间，心理学家认为个人空间在一般情况下是不容侵犯的，一旦这一空间遭受侵犯，人就会有危机感。

责任扩散：你是冷漠的旁观者吗

1964年，美国纽约发生了著名的吉诺维斯案件：一位叫吉诺维斯的姑娘在回家途中遭歹徒持刀杀害。凶手行凶持续有三十分钟，在这期间，有38个邻居听到被害者的呼救声，许多人还走到窗前看了很长时间，但没有一个人去救援，甚至没有人行举手之劳，打电话及时报警，致使一件不该发生的惨剧成为现实。

看到这个故事，我们会产生怀疑：人们的正义感不存在了吗？

自从"吉诺维斯案件"之后，美国社会心理学家拉特纳和达利精心设计了一系列实验，以便分析这种状况发生的原因。其中一个实验是这样进行的：

实验员向公众发布一个招聘启事，从应征者中甄选出各方面条件相似的人员参加一次"面试"。

当不知内情的"应聘者"来到"面试"现场时，一位女士（实验员假扮的）安排他们在一间小办公室内填写问卷，告诉他们先稍微等一会儿，自己要去拿一份文件，随即掀开门帘走进隔壁的办公室里。这时候，实验才正式开始，实验员在这间办公室里播放事先录制好的录音。

于是，正在隔壁等候的"应聘者"先是听到那位女士爬到椅子上拿东西的声音，紧接着是她的尖叫、椅子摔倒的声音。随后，又传来女士痛苦的呻吟声："噢，天哪！我的脚……我……我……搬不动它，噢，我的脚脖子……我……没法拿开身上这东西。"

拉特纳和达利想了解，在这种危机情境中，"应聘者"独自一人会作出什么反应；如果还有其他人在场，又会作出什么反应。他们记录了每组"应聘者"实施救助行为的百分率和对突发事件的反应时间，如果"应聘者"在听到录音后4分钟内不作反应，实验就停止。

与"人多力量大"等观点的预测正好相反，实验的结果是：当单独一人时，70%的人会马上离开座位，试图以不同的方式提供帮助；当两个"应聘者"在场时，离开座位的时间就要长得多，其中一人试图提供帮助的比例陡然下降到40%；而如果旁边有人无动于衷（由研究人员假扮），则仅有7%的"应聘者"尝试着提供帮助。

实验证实，旁观者的数量会明显影响到人们的助人行为。这是为什么呢？原因就在于责任扩散。

面对处于困境中等待帮助的人，如果我们身上有责任感存在，我们就会毅然地采取行动。但是，当有许多人在场时，就造成了责任扩散，我们不清楚到底谁该采取行动。帮助人的责任被分散到所有围观者的身上，这样每个人都减少了帮助的责任感，结果就造成了我们常见的这种冷漠旁观的情况。在只有一个人的时候，我们可以毫不犹豫地采取行动，不用担心别人怎么看我们，但是如果有其他人在场，我们会本能地先观察一下别人的反应，以免举止不当而受到嘲笑，这就是为什么在人越多的情况下，我们越容易成为冷漠的看客。

在中国有一个很有名的故事——"三个和尚没水喝"，在国内外引起了广泛的共鸣。原因很简单，责任扩散是普遍存在的心理。所以如果一个极端事件的围观者众多时，目击者往往无所作为。反而只有一个目击者时，被害人是安全的，因为那唯一的人会认为自己是必须提供帮助的人。

假如你是一个正处在紧急状况中的人，你大声地呼救，却发现周围人无动于衷，旁观者效应正在你身上发挥作用，那该怎么办呢？

最好的办法是将求助的目标锁定在旁观者中的某一人身上，并且指出那个人的外表、衣着特征。如："那个穿白衬衫的大哥，请你帮帮我！"

这样就将旁观者中扩散的责任重新集中在一个人的身上，此时这个被"点中"的人在责任感的驱使下，就会采取行动了。

●●●●心·理学家提醒你●●●●

中国古代有句话："天下兴亡，匹夫有责。"作为社会的一分子，我们应该避免"责任扩散效应"在自己身上发生。要避免依赖心理，不能懈怠；要始终满怀着社会道义，勇于承担责任，防止"责任扩散效应"的发生和蔓延。

潜意识思维：延缓衰老的进程

几年前，美国汽车销售大师、连续6年获得吉尼斯汽车销售冠军的乔·吉拉德到广州为3 000听众演讲。

演讲开始了，这位70多岁的美国老人跟着乐曲的节拍，跳着轻快的踢踏舞踏上讲台。观众一片笑声，接着便是掌声和喝彩声。

随后，会议组织者与乔·吉拉德在广州花园酒店就餐时，也通过翻译，向这个快乐的人请教他活得如此年轻潇洒的秘诀。乔·吉拉德说："一个人的生理年龄不可逆转，今天肯定会比昨天老；而心理年龄却可以调节。你想像30岁年轻人那样，你就尽管大胆按照30岁的人的思维模式去改变你的行为模式，他们可以做的你也可以，坚持不懈，你的心理年龄年轻了，你的行为就会改变你实际不年轻的生理年龄。"

乔·吉拉德告诉人们一个事实：心理年龄是可以调节的。

诚然，人到了一定的年龄，就会不自觉地感到"老之将至"。

最近的一项科学研究发现，有的人属于"青年型"，而有的人属于"老年型"。二者的区别在于，前者到了40岁以上时，仍然觉得自己尚且年轻；而后者在此年龄段时，便自觉已登"中年"，青春不在。

你的潜意识思维永远不会老，它无时无刻不在洋溢着活力。同样，人的精神层面的品质力量，人的一切嘉言懿行，人的善良、谦逊、宁静、挚爱、和谐、忍耐等诸多品质，总能使你朝气蓬勃。它们能使你永葆青春活力，一往无前。

美国俄亥俄州立大学医学院的专家们曾撰文说，人的体质与容颜的衰老，并非只是年龄不断增长的原因。对于年龄的恐惧，更容易使身心出现提早衰老的迹象。倘若你阅读过各类名人传记便会发现，那些传主即便在高龄时期，也往往坚持各项运动，并取得了相当大的成就。同样，许多默默无闻的凡夫俗子，也丝毫不因日臻年长而焦虑和痛苦，他们始终热爱运动，有一颗童心以及乐观、开朗的品质。他们的精神总是那样年轻，而他们身心的创造力也似乎不减分毫。

无独有偶，来看看来自中国苏州的一篇报道：

近日，市民政局在对全市32个街道、61个镇、116个村（居委会）和163个养老机构调研后发现，苏州不少老年人的心理年龄正逐渐下降，而有些年轻人的心理年龄却提前进入中老年期。

该局的调研结果在苏州老年大学得到证实。近年来，该校的课程越开越多，书画、保健、音乐舞蹈、园艺、体育健身等100多门课程都受到老年人的青睐，这些上学的老年人大部分年龄都在60岁以上，最大的90岁。他们精神饱满、心情愉快，许多人都认为自己非常年轻。该校教务处的一位老师告诉记者，学校英语班每期都扩招，尤其是奥运会在北京举办后，老人们开始对英语情有独钟。"我们都觉得这些老人就像年轻人一样爱学习、爱思考，充满朝气和活力。"

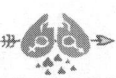
与此相反，一些心理咨询者年龄都只有30多岁，可是显出一副很憔悴的样子。特别是一些年轻女性，她们的服装特别艳丽。她们说，如果穿得不艳丽一点就觉得自己真的老了，只有这么穿才有可能找回一点自信。一些男性咨询者也是无精打采，他们认为，每天顶着巨大的工作压力，无论是精神上还是身体上都很难承受，觉得自己每一天都好像老了好几岁。

从这篇报道我们可以明白，当我们寻求一种快乐的人生时，有一种有效的办法就是保持一颗年轻的心。成年人常常会凸显出未老先衰的疲惫心理，如果要保持一种健康的心态来面对生活中的压力，那么不妨摘掉成年人的面具，我们便能发现那种不可思议的、自发的感觉。看看那些天真烂漫，无忧无虑的孩子，或许我们就会得到启发，原因在于他们保持着一颗顺应自然的质朴之心。

心理学家哈契内克说："我们之所以年老，不是因为年龄，而是因为我们对年龄增长的情感和态度。"他评论说，孀居使某些妇女提前衰老，却不会使那些不断追求幸福组建新家庭或忙于某项事业的妇女提早衰老。因此，尽管她们年龄不小，却仍旧光彩照人。所以，信心、勇气、兴趣，能给人带来新的特征，也是延缓衰老的方法。

●●●心理学家提醒你●●●

其实我们回望童年，并不意味着要放弃做一个成年人。它仅仅要求我们对待现实的心态更自在一些，轻松一些。当我们无需在种种面具后面体验种种冲突的时候，你就能够发自内心地赞叹这个世界及你经历的一切人和事物。

学会拒绝：为何好人难做

阿郎和杰森在公司里是关系比较好的同事，他们在业余的时间常常会一起去打球、旅游，杰森挺喜欢阿郎的洒脱和率真。

阿郎最近新交了一个女朋友，经常要陪着女朋友逛街、看电影，公司里面的很多事都被堆在一边。后来，阿郎提出，要杰森帮忙替他干点活。作为"好哥们"，杰森毫不犹豫就答应了，以便给阿郎更多的时间去"谈朋友"。

一个月下来，阿郎仍然是乐不思蜀。杰森发现自己越来越不快乐，他发现自己已经厌倦了总是替他做事。可是怎么拒绝阿郎呢，他觉得很难说出口。作为好朋友是该相互帮助的，拒绝会不会让他失去这个朋友呢？杰森想了很多。

在生活中，我们中间有很多像杰森这样的"好人"，而杰森的烦恼也经常出现在我们身上。按照心理学上的观点判断，杰森已经陷入了"过度适应型"的陷阱。

虽说"好人"会认真工作，是社会杰出的人才，但这样的人在人际关系方面容易产生压力。事实上，因过度疲劳而自杀，或是在压力性抑郁症患者等最近不断增长的心理不健康人群中，这样的"好人"很多。

"好人"容易花费精力去完成他人的期待；为了被人看作是可以信任的人，会付出更多的努力；为了一句"你是绝对不会违反约定的"，不论多么辛苦也会遵守约定。这样的人，不是顺从自己的欲望行动，而是以周围人的要求为基准行动的。当人们开始按照他人的期待生活时，会渐渐地看淡自己想做的事以及自己真实的心情。

这种"好人"的陷阱在于依赖他人的评价和期待，在自我评价和欲求上缺乏自信。这种情况叫作"过度适应型"，自我评价的基准不在于自己而在外界，为了达到周围的期待，付出过多的努力而疲劳过度。以他人评价为中心的人如果与以自我评价为中心的人做同一件事，结果不好时，没有被他人表扬，情绪会更失落。以自我评价为中心生活的人，没得到他人的赞扬也会失望，但会对自己的表现相对满足。

"好人"虽然是一种自身结构，但要警惕这个陷阱，正视自己的心情和欲望，将评价的标准回归于自我。没有比"生活得快乐些"更重要的了。

深夜十二点，亚菲拖着疲惫的身体打开房门，拧亮台灯，这个星期的最后一个工作日终于以加班到半夜告终。而之前，亚菲已经连续熬了三个通宵。

亚菲站在莲蓬头下淋浴，心里却恨不能立刻扑到床上大睡特睡。还没上床，手机响了。有人通知明天要筹办另一个朋友的生日PARTY，请她这个最要好的死党务必准时到。早在三个月之前亚菲已经答应死党帮她筹备一个别开生面的生日PARTY。可现在，亚菲已经严重睡眠不足，她早就盼望能够有一天睡到自然醒。可是，亚菲又没有拒绝，她害怕朋友说她不仗义，甚至会失去这个朋友。

同开头故事中的杰森一样，亚菲也是"过度适应型"的受害者。面对着身体的压力，亚菲不得不继续"摧残"自己，这必然会给自己的身心健康带来伤害。

我们既要做一个"好人"，同时也要量力而行，面对压力，要学会拒绝。

一方面，要减少不必要的压力源。

重要的是要懂得"量力而为"，也就是不要让自己绷得太紧，不要凡事都揽在自己身上，又不好意思拒绝别人，结果事情愈做愈多，压力也愈来愈大。很多事情并不是非做不可的，我们必须懂得照顾自己，学会说"不"。另外，也要学习肯定自我，自我肯定的人可以适度表达与满足自己的需求，也比较清楚自己的限度，能够给自己减压。反之，无法自我肯定的人，由于自我价值低，常常需要别人肯定，而且也比较容易受别人左右，又怕麻烦别人，因此，遭遇困难时也常常是一个人承担，比较不会求助，导致压力无法缓解。

另一方面，提高自我效能。

相同的情境下，因为个人所持的看法与信念不同。产生的行为结果也将不同。自我效能就是个人对自己能够获得成功所持有的信念，亦即对个人能力的判断，对自己的信心程度。一个高自我效能的人在面对压力时并不会对自我产生太大的威胁，相信自己能够有效应对，即使在挫折失败的情境下、也会归因于情境因素，如自己的努力不够或者策略不当，而不会归因于自己的能力不够，因此仍有信心可以面对压力。

●●●●**心理学家提醒你**●●●●

一个人，如果一味地要求自己做个"好人"，便很容易被他人的看法、观点所左右。一个没有任何主张的人会使自己处于不利的境况。世界上没有十全十美的人，自己也不可能让所有的人满意，所以，学会拒绝也是一种快乐，不要勉强自己去做根本不想做的事情，给自己的心灵一片自由。学会拒绝，既是自我保护的一种方法，也同样是一种与人交往的技巧。

孩子的角色：出生顺序影响性格吗

上大学时，小林和王芸在同一个班级。

小林生活在一个幸福的小康之家，三世同堂。作为家里的"老小"，从小就在爷爷奶奶、爸爸妈妈和哥哥的精心照料下成长。她最喜欢说的一句话就是"我要告诉我哥哥"。

在小林的印象中，哥哥简直无所不能，而且，无论在什么情况下，哥哥都会站在自己这边。6岁那年，小林因为一个玩具和邻居男孩发生口角，后来，哥哥和人家大打出手，虽然挨了家长的批评，但小林还是很自豪，有了这样一个护着她的哥哥，她逐渐养成了任性、敏感而且倔强的性格。

王芸恰恰相反，身为长女，她有两个分别比她小2岁和4岁的妹妹。因为

父母经常外出干活，很小的时候，王芸就承担起家里的大部分家务。王芸记得清清楚楚，无论表扬还是批评，爸爸总会在最后说上这么一句话："你是家里的老大，要懂事，不能任性，凡事要让着妹妹，知道吗？"

爸爸的话，对王芸的成长产生了很大的影响。即便在学校，她也有一种"大姐大"的感觉，乐于帮助别人，替别人分忧。王芸的性格，使她很快得到了大家的信任，很多女生都把她当作闺中密友，跟她说悄悄话，把自己的小秘密跟她一起分享。

这些都是小林后来慢慢发现的。大学期间，小林对王芸有了很深的依赖感，甚至上自习，都喜欢跟着她，同学们都笑她是王芸的一条"尾巴"。小林自己也很苦恼，但心里还是不由自主地想跟着王芸。

小林和王芸性格上的差异使她们的为人处世有所不同，性格的形成和她们各自家庭的生长环境有很大关系。

我们观察日常生活中的家庭，往往会出现这样的一个特点：哥哥不善交际但成绩很好，弟弟朋友很多很受欢迎但成绩不好……像这样，明明是同样的父母同样的家庭培养出来的兄弟，但性格却很不一样，你不觉得不可思议吗？

有人说，在一个家庭中，哥哥或姐姐因为是家中的老大，总要承担一定的责任，容易自强自立，所以总是能够出人头地；而弟弟或妹妹则依赖性强，加上又被父母溺爱，所以很少有出息。就社会整体来看，这样的结论或许过于武断，但这样的一个现象是确实存在的：同样的一个家庭中，即使出生的顺序不同，孩子的性格也会有很大的差异，这种差异会影响到以后的人生轨迹。

不仅在中国，类似的事例在美国同样可以找到：

西奥多·罗斯福是美国军事家、政治家，第26任总统（1901~1909）。他的独特个性和改革主义政策，使他成为美国历史上最伟大的总统之一；而他的弟弟埃利奥特·罗斯福吸毒、酗酒、郁郁寡欢，34岁就死于酒精中毒。

尼克松1968年当选为美国第46届（第37任）总统，1973年1月连任第47届总统；尼克松的弟弟唐纳德·尼克松从亿万富翁霍华德·休斯那儿骗取贷款。

美国前总统卡特1990年7月4日获费城自由勋章，1995年1月10日获得1994年度联合国教科文组织设立的费利克斯·乌弗埃—博瓦尼和平奖，1997年11月，印度英·甘地纪念基金会授予他1997年度英·甘地奖，以奖励他为全球和平、裁军和发展所做的贡献，1998年12月10日，获1998年度联合国人权奖，2002年获诺贝尔和平奖；卡特的弟弟比利·卡特向利比亚政府收取20万美元"公关费"。

克林顿的弟弟罗杰·克林顿因携带可卡因锒铛入狱；小布什的弟弟尼尔·布什则卷入上个世纪80年代一桩储蓄贷款丑闻……

同样的家庭环境下成长的孩子，却走向了两个极端。

布拉德肖（J.Bradshaw）认为在家庭内部有一些必须满足的需求，而孩子也要扮演角色使这些需求得到满足。在家庭里共有四种需求：①想完成什么，想要成功地达成什么的需求；②父母没有意识到的无意识需求；③让家庭联系更紧密的需求；④保证家庭和睦的需求。

第一个孩子是满足①——达成需求；第二个孩子是满足②——无意识的需求……依次类推，孩子按照出生顺序被赋予了一些角色。

将布拉德肖的学说讲得具体一点，那便是：

长子长女因为背负着家庭的成功愿望，所以责任感很强，学习认真，在学校成绩很好；

次子次女自然地感受到了存在于父母无意识中没有被满足的愿望，并将它们实现。次子成为了父亲理想中的男性，次女从事了母亲年轻时梦想的职业；

第三个孩子的角色是让家庭的联系更紧密，所以善于调节夫妻关系和手足关系；

第四个孩子要保持家庭和睦，担任着使全家快乐的责任，所以善于在人多的场合调节气氛。

当然，不同的家庭有着不同的需求，孩子少的话一个孩子就得担起多个职责，也很少出现将职责十分精确地区分的现象。总之，根据不同家庭不同时期的状况，对孩子的角色要求也是不一样的，这也表现出了孩子的性格差异。而这种差异也决定了孩子们的未来。

◎◎◎◎心理学家提醒你◎◎◎◎

一个人的性格和人格发展是由很多方面构成的，哪怕是独生子女也依旧会走上多种不同的发展之路，所以不能太过强调出生顺序的唯一性，儿童性格和人格的发展是处于很多不确定因素之下而形成的。

关于睡眠：怎样才能睡得好

临近考研的一个月里，李英感觉时间越来越紧，许多功课还没复习好。于是，利用这仅剩下的一个月的时间，李英每天从以前的十点钟延长复习到十一二点。舍友们早上早早起床了，李英这时也睡不着了。

这天，李英在图书馆学习了一天，感觉大脑非常疲惫。回到宿舍，和舍友们调侃一会，熄灯了。李英反反复复睡不着觉，疲惫的大脑这时忽然又兴奋起来，很多很多的事都涌入她的脑海。蒙蒙眬眬中，天亮了。李英感觉好像是一夜未睡，却也不觉得困。李英想，也许这只是偶尔一次失眠。

第二天晚上，劳累了一天的李英依然感觉睡不着觉。舍友的鼻息声听着越来越清楚，李英躺在床上，在失眠的痛苦中不知道熬了多长时间才进入梦乡。天刚刚亮，李英醒了。

整整半个月，李英没有一天睡得踏踏实实。可是不管用什么办法就是睡不着，结果整天精神恍惚，学习效率低下。她本是一个很要强的孩子，这样的状态让她有些害怕。她很不甘心。她知道只要自己能睡好有个良好的精神状态，是完全可以把复习进度赶上去的，于是她盼望自己能睡个好觉，关注自己的睡眠质量。可是事与愿违，越关心睡眠越睡不着，现在一提睡眠她就提心吊胆。

现代社会中，在工作、生活等各方面压力下，很多人曾有过失眠的痛苦。李英的失眠，一个原因是学习压力，另外一个主要的因素是作息时间的改变打破了她的睡眠平衡。

很多时候，虽然我们睡眠时间很长，但却不能很快入睡。究其原因，周末的熬夜、假日的懒觉是导火线，因为这些使生活节奏发生了混乱。生活节奏混乱，睡眠的平衡就会被打破。

睡眠中，较浅的睡眠（快速眼动睡眠）和较深的睡眠（慢波睡眠）互相交替。如果这个平衡被打破，我们就睡不安稳，达不到调整身体状态的效果。

快速眼动睡眠的快速眼动（REM）是Rapid Eye Movement的简称，是指眼皮下眼球快速转动的状态。在快速眼动睡眠期，身体虽处于睡眠的状态，但大脑却是半醒的，这时人就会做梦。慢波睡眠的慢波（NREM）是Non Rapid Eye Movement的简称。在慢波睡眠期，身体和大脑同时进入休息状态。在入睡后的3小时，一般为较深的慢波睡眠，这时可以消除疲劳。之后，以90分钟为周期，快速眼动睡眠和慢波睡眠反复交替，而且在快醒的时候，快速眼动睡眠会变多。快速眼动睡眠可以使人从慢波睡眠的状态中醒来。

为了尽快入睡，我们要好好利用这个周期。首先，为了使身体得到休息，消除疲劳，慢波睡眠十分必要。而入睡后的4个半小时后、6个小时后、7个半小时后，快速眼动睡眠会增多，如果在这些时间段里起床，就会相对容易。如果睡眠时间过长，会无法进入慢波睡眠的状态，而一直持续较浅的睡眠，也提高不了睡眠质量。睡前洗个热水澡可以帮助我们调节身体内的节

奏，使我们自然地进入睡眠状态。而且，快速入睡最重要的是，假日也要按时起床、适量运动，以及保持日常的生活节奏。

另外，如果发生了失眠，也不必慌张。失眠是一种最常见的睡眠紊乱，几乎每个人都有过失眠的经历。随着社会的发展，生活节奏的加快，失眠症的发生率有上升趋势。据统计，约有30%的成人患有失眠。睡眠或觉醒是正常的生理过程，但它不是人为能完全自主控制的活动，而是一个被动过程。它不像人体某些活动可按人的意志，说来就来，要止则止。失眠的人常常为难以诱导自己进入睡眠而苦恼。其实早期的轻度失眠，经过自我调理的办法就常可得益，具体归纳如下：

一、要保持一颗平常的心态。失眠了，不必过分担心，越是紧张，越是强行入睡，结果适得其反。有些人对连续多天出现失眠更是紧张不安，认为这样下去大脑得不到休息，不是短寿，也会生病。这类担心所致的过分焦虑，对睡眠本身及其健康的危害更大；

二、要认真分析并消除失眠的原因。造成失眠的因素颇多，只要稍加注意，不难发现。针对原因，想好解决的办法。原因消除，失眠自愈。对因疾病引起的失眠症状，要及时求医。不能认为失眠不过是小问题，算不了病而延误治疗；

三、放松身心，有益睡眠。睡前到户外散步一会儿，放松一下精神，上床前或洗个热水澡，或热水泡脚，然后就寝，对顺利入眠有百利而无一害；

四、睡眠诱导。聆听平淡而有节律的音响，例如：火车运行声、蟋蟀叫、滴水声以及春雨淅沥淅沥声音的磁带，或音乐催眠音带，有助睡眠，还可以此建立诱导睡眠的条件反射。

若因出差在外，不适应环境而致失眠时，应先有思想准备，主动调适，有备无患，不致因紧张而担心睡不好。同时还可采用以上助眠之法，则可避免失眠。采用上述诸法时，做到寝时不言谈，不思索；先睡心，再睡眠，即：睡前不过度用脑，上床后排除一切杂念，保持安静；另外，注意卧室环境清静，空气新鲜，床铺硬软适宜，则能提高睡眠质量。睡得好，起床后精力自然充沛。

●●●●●●**心理学家提醒你**●●●●●

许多失眠者总觉得自己晚上觉没有睡够，一有时间就要补觉。白天睡得越多，晚上就越睡不着，而且也没有心思去参加业余爱好活动。正确的做法应该是多参加户外的体力活动，劳其筋骨才能放松心情，尤其是睡觉前不要让大脑处于兴奋的思考状态，应做一些散步、爬楼梯、跳绳、洗衣服、拖地等简单枯燥乏味的体力活动，感到累了、困了再上床睡觉，然后以顺其自然的放松状态，进入睡眠。

梦的意义：梦都有哪些内容

大学二年级女生小颖，从大一下半学期开始就经常做同一个梦。她梦见自己裸体在火车站等人，周围的人都对她指指点点，她又羞臊又生气，想找地方躲起来，可又怕等的人来了找不到她，只能继续裸体站在那里。每次醒来后，她的心怦怦乱跳，而且会出一身冷汗。这样持续了一年多，她身心都非常疲惫，甚至连觉都不敢睡了。无奈之下，于是小颖去找心理医生咨询。

心理医生对小颖的情况进行了仔细分析：

从生理上分析，小颖体质较弱，易发生轻度惊厥，长期休息不良加上学习紧张，出现了身体虚弱与做噩梦的恶性循环；例假周期不规律，因而同一个梦的出现也不规律；有明显的痛经史，对此既恐惧又无可奈何，只好胆战心惊地等，导致心理上对来例假有深度的惧怕，并产生了周而复始的预兆性压力。

从睡觉姿势上分析，梦见光着身子，说明睡眠时感到寒冷，可能有睡眠

时踢开被子的习惯；出冷汗和心跳，说明她睡眠紧张，应该是睡姿不当压迫心脏而引发血液循环问题。

从心理上分析，她性格内向，习惯性紧张、执拗与自疑并存，与他人交往较为困难，但潜意识中有很强的交往愿望，同时又惧怕交往，害怕别人会看不起自己。因而就出现了上述梦境：在人多的地方（火车站），以一种强加给自己的理由（为等一个重要的人）和一种令自己压力很大的方式（裸体）成为人们的注意力集中点，并混杂着兴奋、尴尬、不知所措、焦急、紧张等复杂的心理体验。

小颖很羞愧，自己的梦竟然透露出这么多的隐私，但又不得不承认，心理医生分析得很准确。

中国古代有周公解梦，近代的弗洛伊德著有《梦的解析》。古今中外，人们都对梦这一神秘的心理现象有浓厚的兴趣。梦，跟现实到底有着怎样的联系？

夜晚，即使是在入睡后，我们的大脑也仍在活动，做梦就是其中的一种活动。如果从愉快的梦中醒来，想回忆一下梦的内容，却发现什么都不记得，这其实是梦的一种特性。在心理学中，梦是"在快速眼动睡眠期经历的，保持鲜明印象和感情的知觉体验"。据某项研究表明，如果在快速眼动睡眠期间受到刺激，梦的内容就会反映出这种刺激。例如，在睡眠状态被淋水的话，那个人就会梦到自己站在雨中。

精神分析的创始人弗洛伊德称，如果知晓了某人的梦，就可以知道他内心深处的矛盾与欲望。这种梦的解析对于精神分析来说是个重要的手段。弗洛伊德称，梦把无意识中被压抑的纠葛和欲望反映到了意识之中。梦的主要内容大多为儿时的经历或不愉快的体验。而且，梦中出场的人物大多是现实人物的变体，比如，分手的恋人成了官吏，法官长着上司的脸等。在分析梦中的人和事时必须注意一点，即为了压抑不快，梦经常将其转化为其他的事物表现出来。

弗洛伊德根据自己的理论，给许多人分析过梦。

有位朋友的妻子梦见来月经，请弗洛伊德释梦。弗洛伊德问她是不是想要孩子，她非常肯定地说："不想。"弗洛伊德告诉她："很不幸，你可能怀孕了。"这位妻子觉得这太荒诞了。于是她去医院检查，果然正如弗洛伊德所说的，她怀孕了。

还有一次，一位夫人梦见上衣沾满了乳汁，弗洛伊德认为她怀孕了，而且她已经有了一个孩子。因为她希望将要出生的孩子比第一个孩子有更多的奶水吃，所以梦见满身乳汁。结果证实，弗洛伊德的推测是比较正确的。

有一位女病人下颌疼痛，医生要求她每天晚上都要对疼痛部位进行冷敷，可到早上她总是发现脸上的那些冷敷用的布袋被扔得远远的。医生就责备她。她解释说，其实她也不想这么做，肯定是做梦弄的。弗洛伊德分析：她白天老是想，如果有人替我得病该多好，到了晚上就梦到自己在一个剧院的包厢里观看演出，突然想起了正在医院里忍受病痛折磨的Ａ先生，就不禁联想到自己的下颌有没有病痛，于是用手去触摸，发现有东西贴在下颌上，便用力扯下来扔掉。她梦里的那位Ａ先生其实是她的一位朋友。显而易见，她在梦里实现了将病痛转嫁到别人身上的愿望。

对于心理疾病患者来说，梦的内容反映了他们精神上痛苦的根源，在心理治疗中深受重视。例如，梦到隧道象征着"想要逃避不安和恐惧，想要回到子宫，表现出对母亲的依赖心理"。此外，坠落的梦象征着"对于道德堕落的恐惧，害怕失去现有的地位或职位"，找寻的梦象征着"担心失去重要的人或东西"。

实际上，把梦完全理解为人心底的矛盾和欲望是不全面的。弗洛伊德之后，很多心理学家做了大量的实验，对他的理论进行了补充和完善。

尽管自古至今有很多的人研究梦境，提出了很多的理论，但梦的奥秘迄今尚未被充分揭示，它仍然在吸引着许多人去探索。

●●●●●**心理学家提醒你**●●●●●

其实，不仅人类会做梦，研究结果表明其他哺乳动物和鸟类也会做梦。养狗的人可能都遇到过爱犬做梦的情况，它们睡觉时嘴里还会发出呜呜的叫声。可能是睡前没有吃饱，睡觉时梦见一大块肉骨头摆在眼前，做这样的梦可以让它的情绪稳定下来。遇到这样的情况时，我们不要大叫吵醒它，让它继续静静地睡就好了。

音乐疗法：用音乐缓解心理问题

春节过后，小咏即将面临高考，功课越来越紧，突然开始失眠了，很长时间得不到缓解。小咏的整个精神状态也越来越差，性情也变得十分烦躁、易怒。父母有时问问他学习的情况，小咏都爱答不理的；再问，小咏就跟吃了枪药似的，对着父母一阵吼。整个家庭于是就像一个火药桶，一句话不对就炸开了。

父母觉得小咏是不是压力太大，有了什么心理问题，于是咨询了心理医生。医生针对小咏的情况，建议小咏的父母试试艺术疗法。在心理治疗领域有广泛应用的艺术治疗法，也就是通过学习美术绘画、音乐舞蹈、黏土雕塑等课程，达到治疗目的。

小咏的父母查阅了大量资料后，决定采用"音乐疗法"。趁小咏生日那天，送给小咏一个MP3。小咏在晚上睡不着的时候，打开了音乐，认真听着歌曲的每一句旋律，不知不觉，居然睡着了！第二天早上醒来的时候，小咏的精神特别好，心情也畅快了许多。

小咏的变化让父母兴奋不已，他们也看到了希望。从那天开始，他做了更多尝试。渐渐地，小咏说，他感觉自己和音乐产生了共鸣，也更能理解音乐所包含的含义了。"只要认真听，你会发现，肯德基、麦当劳里放的音乐跟法式餐厅的肯定不一样。快餐厅的音乐好像在催你快走，让你坐不下去；但法式餐厅的音乐一定是很悠扬的，像在说故事。音乐中包含了很多很多东西！"小咏说。当他爱上音乐之后，不仅不再失眠，还能用听歌来消除紧张、焦虑、忧郁等情绪的影响，"音乐疗法"非常成功。

烦躁的时候、坐立不安的时候、悲伤的时候，听什么样的音乐可以使人的心情平静下来呢？最近，"治愈"这个词很流行，由舒缓的乐曲、悦耳的乐曲集合成的CD，被当作治愈的旋律而大受欢迎。为何人们会感到这些乐曲有治愈的效果呢？

很多医生都会建议病人试试"音乐疗法"，让患者通过听音乐来缓和心情和解决问题。在发怒的时候听雄壮的乐曲，在失落的时候听悲伤的乐曲，"使用与患者的心情合拍的乐曲会使患者更加容易接受乐曲，从而达到治疗的目的"，即利用同质原理的疗法。首先播放与患者心情相合的乐曲，当患者进入倾听状态时，再渐渐改为曲调舒缓的音乐，最终换成平和的曲子，通过这样的方法把患者引导进入放松的状态。"治愈"的乐曲与后半段的音乐特征相同，可以让人的心情变得平和安宁。

音乐疗法有如此奇妙的功效，其中是蕴含有科学道理的。它是通过生理和心理两个方面的途径来治疗疾病。

一方面，音乐声波的频率和声压会引起生理上的反应。音乐的频率、节奏和有规律的声波振动是一种物理能量，能引起人体组织细胞发生和谐共振现象，直接影响人的脑电波、心率、呼吸节奏等。科学家认为，当人处在优美悦耳的音乐环境之中，可以改善神经系统、心血管系统、内分泌系统和消化系统的功能，促使人体分泌一种有利于身体健康的活性物质，调节体内血管的流量和神经传导。

另一方面，音乐声波的频率和声压会引起心理上的反应。良性的音乐能提高大脑皮层的兴奋性，可以改善人们的情绪，激发人们的感情，振奋人们

的精神；同时有助于消除心理、社会因素所造成的紧张、焦虑、忧郁、恐怖等不良心理状态，提高应激能力。

如果我们把平静放松的心情称作舒适感的话，那么我们在测定舒适感时会测定脑波的状态。在闭目养神或打盹时，脑波会显示α波。α波虽然不能说只要一听"治愈"音乐就会出现，但可以确定，它是伴随着身心放松而出现的。所以，在工作或备考疲惫时，我们不妨听听"治愈"音乐。

●●●●●心理学家提醒你●●●●●

忧郁的病人宜听"忧郁感"的音乐，不管是"悲痛"的"圆舞曲"还是其他有忧郁成分的乐曲，都是具有美感的；

性情急躁的病人宜听节奏慢、让人思考的乐曲，这可以调整心绪，克服急躁情绪，如一些古典交响乐曲中的慢板部分为好；

悲观、消极的病人宜多听宏伟、粗犷和令人振奋的音乐，这些乐曲对缺乏自信的病人是有帮助的；

记忆力衰退的病人最好常听熟悉的音乐，熟悉的音乐往往与过去难忘的生活片段紧密缠绕在一起；

原发性高血压的病人最适宜听抒情音乐；

产妇宜多听带有诗情画意、轻松幽雅和抒情性强的古典音乐和轻音乐。

色彩：波利菲尔桥上的自杀之谜

伦敦附近的泰晤士河上，有一座叫波利菲尔的大桥十分著名。它的著名不在于桥的设计和外观，而在于每年都有很多人在这里投河自尽，民间盛传这座桥上总是有幽灵游荡。

由于自杀的数目太惊人，伦敦市议会希望皇家医学院研究人员帮助寻找原因。皇家医学院的普里森博士提出，自杀和桥是黑色的有很大的关系。政府采纳普里森博士的建议，把桥身的黑色换成了绿色。当年，跳桥自杀的人就减少了56%。

为什么当桥的颜色从黑色变成了绿色就引起了这么大的改变呢？这要从色彩对人的心理影响谈起。

心理学家发现，当人看不同颜色的时候，自然就会联想到一些别的东西。比如，看到蓝色我们会想到天空，看到红色会想到血液，看到绿色会想到草地……而这些不同的联想，就造成我们对不同颜色的感觉。当我们看到一种颜色的时候，除了颜色本身，我们还会感受到冷暖、远近和轻重，这就是心理上的错觉。通过联想，色彩也就影响了我们的情绪。

现在我们可以解释为什么黑色的大桥会让人自杀了。黑色本身给我们的感觉就是黑暗、肃静，进而引起心理上的压抑。而这种压抑，正好对那些想自杀的人起到了催化剂的作用，让他们沉浸在绝望之中，在黑暗的暗示下跳下了桥。而当黑色换成了绿色，桥的黑暗和压抑的成分就消失了，绿色代表的生机勃勃和希望，无形中就打消了想自杀的人的压抑和悲观的情绪。

通常，人都有自己所偏爱的颜色，或许是一种，或许是几种，而根据一个人喜欢什么颜色，可以判断出这个人的性格：

白色：象征着纯洁。既无比高尚，又充满幻想。如果你喜欢白色，这说明你一定是个志向高远的人，不论对恋爱还是事业，都抱有很高的理想和追求，而且多半是个完美主义者。喜欢白色的人会向着自己的目标不懈努力；

黑色：与白色相反，喜欢黑色的人往往对生活充满忧郁情绪，感觉事事不顺心，愁绪满怀；

灰色：喜欢这种颜色的人能明辨是非，但疑虑重重，他们往往深思熟虑之后才采取某项决定。喜欢灰色的人做事一般都比较低调；

红色：中国人喜爱的传统颜色。但从心理学角度说，喜欢红色的人也是

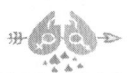

容易激动、做事勇敢、坚强、威严、暴躁的人；

棕色：有稳定生活来源的人喜欢这种颜色，珍惜传统和热爱家庭的人也倾心于棕色，自尊心很强的人对棕色的反应是激动和兴奋；

黄色：喜欢黄色的人为人比较随和，善于交际，另外对任何事都充满着不知疲倦的好奇心，创新能力强；

紫色：喜欢紫色的人代表感情充沛，情趣高尚，态度温和，责任心强，实实在在生活的人不喜欢紫色；

蓝色：他们的性格平静、沉着，喜欢有条不紊，喜欢思考。他们坚毅、平易近人的性格会得到孩子的尊重。他们天生不自私，只要有人请求帮助，他们便会伸出援助之手，而他们自己，哪怕是在最困难的情况下也不愿求助别人；

绿色：天然之色，春天之色，生存之色。喜欢绿色的人害怕别人的影响，情绪很容易发生波动；

粉红色：生命之色。喜欢这种颜色的人们多愁善感，心灵敏感而易受伤害。不过，他们总是努力隐藏委屈。这种人天生是优秀的协调家，他们可以很好地感受到周围人的不满情绪，并能努力改善它。他们也容易抑郁。

●●●●心理学家提醒你●●●●

颜色对人们的脉搏和握力都有一定的影响。实验证明，人们在黄色的房间脉搏正常，在蓝色的房间脉搏慢一些，在红色的房间脉搏增快。

法国的生理学家实验发现，在红色光线的照射下，人们的握力比平常增强一倍，在黄色光线的照射下，人们的握力比平常减弱一半。

由此可见，颜色不但可以影响人们的情绪，而且还会对人们的健康发生影响。

心理测试 >>>

从脱衣习惯看性格

美国佛罗里达州一位心理学博士指出，一个人"脱衣"的方式，可以显露出他们的性格。他指出好几种"脱衣习惯"，来解释各种不同的性格。这套理论十分适用于自我性格的解析。

请回答：你是以下哪种人？

1. 脱衣速度快，有如狂风卷落叶的人。

2. 常常慢条斯理，而且煞有介事的人。

3. 一进门或寝室，便迫不及待地把鞋子踢掉的人。

4. 脱衣服时整齐而有条理，并把衣服叠好或挂起的人。

5. 衣服脱去后，乱扔在屋子的每一个角落，从不收拾的人。

6. 女士们在卸妆时，经常先把佩戴的饰物除下，然后再"宽衣解带"的人。

7. 脱衣的方式并无一定的"模式"或程序，次次都不同的人。

选择分析：

1：你性格开朗、外向而且很友善。

2：你充满自信，而且对自己目前所过的生活感到十分满足。

3：你是个完美主义者，对任何事情都非常认真，绝不苟且。

4：你多半是善解人意的人，容易接受别人的意见。

5：你是自信心和主观欲望都非常强的人，且富于理智及聪颖过人，是所谓的知识分子典型。

6：你多半性格纯良温厚，思想深刻，同时敏感而又罗曼蒂克。

7：你一定是个性独特且风趣的人。

第四章
左手影响力右手吸引力，瞬间征服人心
——18岁后要懂点社交心理学

首因效应：第一印象的重要性

两个人初次见面时，留给对方的第一印象非常重要。也许很多人会说："我不以第一印象来判断别人。"实际上，第一印象或多或少都会对人物的整体评价产生影响。有人曾经做过这样一个实验：

实验人员先是找到一个班级，对全班的学生读以下两个人的简单介绍：

A君，28岁，男性，供职于A商业公司。同事们都对他的勤奋、认真表示赞许。他的缺点是不够耐心，不过深得部下的信任。

B君，28岁，男性，供职于B商业公司。他的缺点是不够耐心。同事们都对他的勤奋、认真表示赞许，而且深得部下的信任。

第二天，实验人员再到这个班级，询问同学们对这两个人的印象。提到A君时，给人留下的印象是勤奋、认真；提到B君时，对他不够耐心的缺点印象更加深刻。

两个人的简介内容基本是一样的，读者也许感觉不到太大的差别。两个人都有不够耐心的缺点，只是"不够耐心"在介绍文中出现的位置不同罢了。放在前面，就更容易让人记住。换句话说，开头出现的内容，将左右一个人的整体评价。

在我们的日常生活中，也会有这样的现象。去相亲，第一次拜访某个客户，或者去面试前，我们总会听到这样的劝告："打扮得漂亮一点，第一次见面要给人留个好印象。"

第一印象真的很重要吗？

在人的心里，初次见面时会形成对一个人的印象。

印象是通过下面四种信息形成的：

身体的特征：长相、体型等；

外观的特征：服装、发型等；

说话的特征：说话方式、声音、语速等；

行为的特征：表情、动作、姿势、态度……

还有，以前听到的关于这个人的信息也会左右自己对他的印象。例如，听到过别人对于甲、乙两人的品论。

甲：好嫉妒、顽固、好批评人、冲动、勤奋、聪明。

乙：聪明、勤奋、冲动、顽固、好批评人、好嫉妒。

你会对谁抱有好感呢？

根据所罗门·阿希（Solomon Asch）的实验，大多数人对乙抱有好感。即使传言的内容相同，但最初听到的信息（甲"好嫉妒"，乙"聪明"）会影响整体印象的方向，还会改变后续信息的意义。像这样，最初的信息对印象的形成会有很大程度的影响，叫作首因效应。

第一印象会影响后来的人际关系。第一印象好对人际关系是十分有利的。如果一个人留给你的第一印象是随和温暖的，那么你自然会无拘无束地

接近那个人。这样对方对你的印象也会很好，会和你融洽地谈话。这时，你就会想"果然，这个人很随和"，从而印证对方留给你的第一印象。如果对方给你的印象傲慢，邋遢，总之，让你的心里很不爽，你也会在心里给对方打上一个叉。

马明赶到海通公司参加最后一轮应聘，主考官正是公司的谢总。临到考试快要结束，马明才满头大汗地赶到了考场。谢总瞟了一眼坐在自己面前的马明，只见他大滴的汗珠子从额头上冒出来，满脸通红；上身一件红格子衬衣，加上满头乱糟糟的头发，给人一种疲疲塌塌的感觉。谢总仔细地打量了他一阵，疑惑地问道："你是研究生毕业？"似乎对他的学历表示怀疑，马明很尴尬地点点头回答："是的。"

接着，心存疑虑的谢总向他提出了几个专业性很强的问题，马明渐渐静下心来，回答得头头是道。最终，谢总经过再三考虑，总算决定录用马明。

第二天，当马明来上班时，谢总把他叫到自己的办公室，对他说："本来，在我第一眼看到你的时候，我就不打算录用你，你知道为什么吗？"马明摇摇头。谢总接着说："当时你的那副样子实在让人不敢恭维，满头冒汗，头发散乱，衣着不整，特别是你那件红格子衬衫，更是显得不伦不类的，不像个研究生，倒像个自由散漫的社会小青年。你给我的第一印象太坏。要不是你后来在回答问题时很出色，你一定会被淘汰。"

马明心里暗自庆幸，不过也给自己提了个醒：以后与陌生人第一次见面，千万要注意自己给别人的第一印象啊！

马明给面试官的第一印象使他差点丢掉了工作。不过，他还比较幸运，自己的才华没有被埋没。遗憾的是，许多人可能就不那么走运了。《三国演义》中有一个故事：大才子庞统，准备效力东吴，于是找到一个机会面见孙权。孙权是一个爱才惜才的人，但见到庞统相貌丑陋，心中先有不快，又见他谈话态度傲慢，目中无人，于是将他拒于门外。

庞统因为给孙权的印象不好，遂使他的才能得不到发挥。后来投奔刘备，刚开始也因为样貌受到冷遇，后来才能逐渐被刘备知晓，才被委以重用。可见对第一印象的重视，自古皆然。

美国前总统林肯曾经说过："一个人过了四十岁，就应该为自己的面孔负责。"天生的容貌我们或许无法改变，但可以通过提高自身修养来整饰自己的形象，为将来的成功奠定基础，搭好台阶。

要切记，第一印象一旦形成，要改变它就不那么容易，即使后来的印象与最初的印象有差距，很多时候我们也会自然地服从于最初的印象。因此，我们应该重视与人交往时留给他人的第一印象。

●●●●●心理学家提醒你●●●●●

心理学家认为，第一印象主要是一个人的性别、年龄、衣着、姿势、面部表情等"外部特征"。一般情况下，一个人的体态、姿势、谈吐、衣着打扮等都在一定程度上反映出这个人的内在素养和其他个性特征。

为了塑造良好的第一印象，一方面，我们应该注意仪表，衣服要整洁，服饰搭配要和谐得体；另一方面，应注意自己的言谈举止，锻炼和提高自己的交谈技巧，掌握适当的社交礼仪。

情商：什么样的人善于交际

1960年著名的心理学家瓦特·米歇尔做了一个长期实验——软糖实验。让老师在斯坦福大学的幼儿园召集了一群四岁的小孩，然后在每个人面前放了一块软糖，并对他们说："小朋友们，老师要出去一会儿。你们面前的软糖不要吃，如果谁吃了它，下次就不给了。如果你控制住自己不吃这块软糖，老师回来会再奖励你一块软糖。"

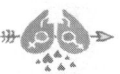
　　老师假装走了，其实在外面窥视。小朋友们目不转睛地盯着软糖，有的小孩过一段时间手伸出去了，缩回来，又伸出去，又缩回来。再过一会儿，有的小朋友抵挡不住诱惑，开始吃了。有的小朋友坚持下来了：在这段难熬的时间，有的小朋友数自己的手指头，尽量不去看软糖；有的把脑袋放在手臂上，努力使自己睡觉；有的数数。

　　老师回来了，就给坚持住没有吃软糖的小朋友，再奖励一块，吃了软糖的则没有给。后来这些小孩上小学、上初中，人们就发现，能控制住自己不去吃软糖的小孩，上了初中以后，大多数表现比较好，成绩也比较好，合作精神也比较好，有毅力；而控制不住自己的，表现不好，成绩一般，与人交往也有问题。

　　这个实验告诉人们，在人生的发展道路上，不单单是智力起着决定作用，还有其他的因素，最重要的一个方面就是情商，俗称EQ。自我控制力，就是情商的一个方面。

　　我们经常看到头脑聪明却不善交际的人。为什么善于解决问题、头脑聪明的人，也就是IQ（Intelligence Quotient智力商数）高的人，在人际关系方面头脑就不灵活了呢？想要回答这个问题，我们不妨看一下科尔曼的EQ（Emotional Quotient情商）学说。

　　EQ又称情绪智商，是近年来心理学家们提出的与智力和智商相对应的概念。它主要是指人在情绪、情感、意志、耐受挫折等方面的品质。

　　考试紧张粗心把题答错了，反映不出学习的成果，我们经常听到这样的事。人际关系的问题也是如此。和人交往会不安、紧张、担心，因意见相左而生气、焦躁，被对方的言语刺伤而不高兴……当被这样负面的感情袭击时，我们会不能冷静地思考，会说不出话来。而妥善处理调节这些负面感情的能力就是EQ。

　　有人认为，情商比智商更重要。三国时候有一个人物，他叫周瑜，周瑜长得很帅，智商高，会领兵打仗，赤壁之战让他一战成名。而在《三国演义》中，周瑜死得很不光彩，竟然被诸葛亮气死了。他心胸狭窄，容不得人，嫉贤妒能。结果，他不但没有取得更大的胜利，反而死得很窝囊。用现在的观点分析，周瑜的情商不够高，最终制约了他在事业上取得更大的成功。

EQ高的人对自己的感情波动很敏感，也很善于察觉他人的感情；而EQ低的人对自己的感情波动很迟钝，一旦头脑被负面的感情所占领，就难以做出正确的判断。

苏菲做完了一天的工作，准备去看一场电影，好好放松一下。开车出停车场的时候，她发现有一个同事的车斜停在两个停车位的中间。

"真自私！"苏菲想。

尽管还有空的停车位，但是苏菲还是感到很愤怒。"需要给这个人上堂课。"她想。苏菲一边抱怨，一边走到停车接待处。没想到，接待员竟然不在。"接待员肯定提前回家了"，这让她更生气，她从服务台上拿起一张大白纸，写了一张条儿，粗鲁地骂了刚才那个没好好停车的司机有多自私；然后，她又写了一张，强烈谴责接待员的失职，竟然没到点儿就离开岗位。苏菲把第一张条儿贴在刚才那辆汽车的挡风玻璃上。

苏菲对刚才发生的事情如此愤怒，以致在电影院都无法集中精力看整场电影。真是个扫兴的夜晚。

到了第二天，苏菲去上班，发现同事间的气氛阴沉沉的。原来昨天晚上苏菲下班后，有个同事停车的时候撞到了停车场的墙，心脏受到冲击，现在正病危在医院；而昨天接待员看到苏菲同事出事，就帮着送医院去了。苏菲心里很懊悔：觉得自己真是缺乏考虑，还没有弄清楚状况就乱发脾气，车之所以横停着可能是发生了什么事。苏菲简直有点不能原谅自己。

苏菲之所以懊悔，是因为她一旦被负面的情绪所控制，就不能够冷静地思考问题。看到车占了两个车位，仅仅将其归结为同事的自私，接待员的不负责任，而没有考虑到事情可能有其他的原因，这是她情商不够发达的表现之一。

为了提高EQ，首先要对自己的感情敏感。比如，当被对方的言行激怒时不要马上发作，应该一边平复自己的怒气一边考虑最好的处置方法。对自己说："怎么向对方传达自己的感情呢？""先听一听对方的观点再反驳也不迟。"为自己赢得观察彼此的余地。当EQ提高时，不仅可以控制情绪，还可以调整自己的感情，采取适当的行为。在人际关系复杂的现代社会，能有这种能力十分可贵。

●●●●心·理·学·家·提·醒·你●●●●

在人际关系复杂的现代社会，不仅要求人们头脑聪明，还要求人们要有察觉对方和自己的情绪并妥善应对的能力，也就是说，要求人们有高情商。所以，我们也要用点心，把自己变得像"情商高手"一样，营造一个有利于自己生存的宽松环境，建立一个属于自己的交际圈，创造一个能更好发挥自己才能的空间。

自我展示：为了与人拉近距离

上了大学之后，周平手机里存储的电话号码翻了倍地增长。刚开始是学长和同班同学的手机号，随着对大学生活越来越熟悉，周平加入了一个学生社团。事情多，认识的人也多，他开始频繁地认识其他班的同学，甚至其他一些学校的同学。

每认识一个人，周平都要记下对方的手机号，逢年过节发些打招呼的短信。当然，像给别人发短信一样，周平自己也时常收到各种名目的短信，有许多根本就不知道是谁发来的，看不看都无所谓。

花了大量的力气做这些，周平有自己的说法。"俗话说'多个朋友多条路，朋友多了路好走'，现在，人脉是重要的社会资源，就在前不久，一位已是某企业总经理的学长还告诫我们，人脉决定成败，早注意早受益。所以，刚上大学我就开始经营人脉了，校友可是以后重要的社会资源。"周平说。

忙碌了一个学期，周平逐渐发现，自己和同学的情谊还是平平常常，没什么热乎劲儿。不要说交心了，即使是坐下来轻轻松松聊天的机会都不多。

"那天，我打开手机的电话簿，想找个朋友说说知心话，一连串的号码，翻来覆去地找，最后还是给一个高中同学打了电话。事后我突然有个疑问：在大学与同学的交往是不是很失败呢？"周平在苦苦思索这个问题。

在熙熙攘攘的社会上，我们也许会像故事中的周平一样，即使拥有很多朋友，但当我们有了烦恼，想找个人诉说的时候，却发现找个知心的朋友是如此得难。

从萍水相逢到变得亲密，直至建立友情，这其中的关系是如何发展的呢？一般情况下，与初次见面的人建立亲密关系要经历以下阶段：

首先，会面的阶段。外在的要素和最初的印象是十分有影响力的；过了这一阶段，了解了对方的价值观，就进入了被称为价值台阶的阶段。这时的人一般会喜欢同自己的价值观相似的人，等变得更亲密时，就会产生分工，我挑选一起去的商店，你来计算钱。

那么，在这样的阶段中，为了和对方变得亲密，我们应该做些什么呢？实际上，向对方坦言自己的私生活或倾诉烦恼等行为可以迅速拉近人与人的距离。这样的行为被阿尔特曼称为自我展示。

和对方谈话时，内容会涉及工作上的事情、家庭的事情、自己的价值观等，我们还会自然地根据对方来选择谈话内容的范围和程度。谈话内容的广度表明了自我展示的广度。比如，如果和工作的同事谈论家庭的话题，因为和这个人仅是工作关系，所以谈话时只是从工作扩展到家庭。还有，即使是同样的话题，谈到何种程度也表明了自我展示的深度。比如，如果从表面的家庭话题挖掘到深处的厨房琐事或烦恼，那么亲密度也会随之加深。人们是通过自我展示来调节人际关系的深度的。

有的人朋友很多，知己很少，其原因之一恐怕在于谈话的内容很宽泛，自我展示的范围很广，但深度不够，所以难以和对方建立亲密的关系。

有些人的知心朋友很多，虽然他们外表看起来并不擅长社交。这是为什么呢？如果我们仔细观察，会发现这样的人都有一个特点，就是为人真诚，渴望情感沟通。他们说的话也许不多，但是都是真诚的。他们有困难的时候，总会有人帮助他们，而且很慷慨。

实际上，人和人情感上多少会有相通之处。如果你愿意向对方适度表露，就会发现彼此的共同之处，就会和对方建立某种感情的联系。对可以信任的人吐露秘密，有时会一下子赢得对方的心，赢得一生的友谊。

心理学家认为，一个人应该至少让一个重要的他人知道和了解真实的自我。这样的人在心理学上是健康的，也是实现自我价值所必需的。

当然，"自我展示"不足不好，但是过度也不好。总是向别人喋喋不休地谈论自己的人，会被他人视为适应不良的自我中心主义者。

●●●●**心理学家提醒你**●●●●

心理学家认为，理想的自我暴露是对少数亲密的朋友做较多的自我暴露，而对一般的朋友和其他人做中等程度的自我暴露。

而且，你不一定要说出你的秘密。在不太了解的人面前，我们可以交流一些并不私密的情感，既给人亲近之感，又不会让自己处于不安全的境地。

曝光效应：遇到面熟的人会有亲切感

20世纪60年代，心理学家荣茨做过实验：先向被试者出示一些照片，有的出现20多次，有的出现10多次，有的只出现一两次，然后请被试者评价对照片的喜爱程度。结果发现：被试者更喜欢那些看过若干次的照片，即看的次数增加了喜欢的程度。

另一位心理学家通过一个实验证实了上述观点：在一所大学的女生宿舍楼里，心理学家随机找了几个寝室，发给她们不同口味的饮料，然后要求这几个寝室的女生，以品尝饮料为理由，在这些寝室间互相走动，但见面的时候不得交谈。一段时间后，心理学家评估她们之间的熟悉和喜欢的程度，结果发现：见面次数越多，互相喜欢的程度越大；见面的次数越少或根本没有的，互相喜欢的程度也较低。

实验中这种对越熟悉的东西越喜欢的现象，心理学上称为"曝光效应"。

为什么有些人我们只是见过几次，就会感觉距离很近呢？

在日常生活中，我们上学、上班的时间基本上是固定的。如果经常在同一个时刻，在同一个汽车站或候车室的话，总会有几个面熟的人。对这些面熟的人，即使没有说过话，也会有一种亲近感，就像对朋友伙伴的感觉一样。看到他们的身影，我们会缓解慌乱的情绪。

我们对人产生好感甚至喜欢上别人，是出于什么原因呢？其实，上下学、上下班时，从不相识到面熟的这一过程，都会成为开始喜欢别人的契机。

当我们被问到为什么会喜欢这个人，是什么魅力吸引了你时，一般我们都会列举这个人的相貌、人品为理由。但是，当我们不太了解一个人时，也可能会对他抱有好感。我们一般不会注意上下学、上下班时那些面熟的人的相貌和衣着，也看不出他们的行动中有什么醒目的特征，只是看着他们沉默站立的身影。但随着每天的重复、看到对方次数的增多，我们对对方的好感也会增强。这就是"曝光效应"，即仅仅因为与对象人或对象物接触次数的增多，对这个人或者这个事物的好感也会增强。

因为懂得了这一道理，一位推销团体险的推销员获得了良好的业绩。

谁都知道，如果想取得一家公司的团体保险，必须先说服公司的领导，不过，这些领导通常都忙得没时间坐下来与人闲聊。因此，一般的推销员，只要遇到某领导有一点空闲时间，便抓住不放。结果，虽然是长谈了，却引起了对方的反感，导致推销失败。

而这位成功的推销员则不同，他不求与客户一次见面时间长，只求见面次数多。只要见到对方很忙碌，他便迅速地离去。对方心存感谢，对他产生了好感。如此三番五次后，对方被感动了，最终答应投保。

推销员的故事就是说明了这样一个道理：如果想缩短与对方的距离，增加对方喜欢自己的程度，不妨多制造见面机会。

另外，我们对离自己距离近的人更容易产生好感。心理学称之为"接近性因素"。在单位或者教室里，我们更容易去亲近那些座位离自己近的人。同时，如果对方离自己越近，见面的几率就会越大。因此，曝光效应和接近性因素之间也是存在一定关系的。这二者都可以起到缩小心理距离的作用。

美国的心理学家康恩曾经做过这样一个实验，实验的目的是测试与异性谈话时，一般人会对多大距离的男女产生好感。

在这项实验中，如果被测试的对象是男性的话，就叫两名女性去跟这名男性进行谈话，其中一名女性坐在距离他五十厘米的沙发上，而另一名女性则坐在距离他两厘米的椅子上。谈话时，这两名女性的态度完全相同。

实验结果表明，男性对坐得离自己较近的女性，更容易产生好感。

同样，实验的对象换成女性时，也是对身旁距离近的男性更易产生好感。

这就是所谓的"接近性因素"的功效。因为，彼此距离缩短的同时，双方的戒备心理也开始放松，而且有产生亲密感的心理倾向。因此，要想缩短与某人的心理距离，可先缩短彼此的空间距离。

●●●● **心·理·学家提醒你** ●●●●

消除对方的警戒心，缩小彼此的心理距离并不难，只要你善于利用"接近性因素"。找个理由接近对方，与他（她）肩并肩坐着，你会发现，这会产生意想不到的效果。

仪表效应：诚心、自信

娜娜长得天生丽质，走在大街上，往往能赢得很高的回头率。娜娜有很多的追求者，但娜娜一直暗恋着的是同事小徐。

一次，长得很帅的小徐主动提出与她约会，娜娜简直是心花怒放。在约会前一天就开始琢磨着怎样打扮自己，穿什么衣服，化什么妆，还有是穿有蝴蝶结的鞋子还是穿性感一点的靴子……后来，娜娜听说男人们都喜欢性感"V"字露背装，以及走T台的美眉才穿的狂野高跟鞋，于是，娜娜决定浓妆艳抹，让自己彻底改变一下形象。

一路上，娜娜觉得旁人看自己就像看怪物。准时到了约会的地方，娜娜满脸喜悦地走到小徐的面前时，这位心目中的王子一脸无辜和懵懂，且略带羞涩地冲她说："sorry，我不需要服务。"

看着王子头也不回地离开，娜娜又生气，又觉得很没面子："他把我当成什么了？难道他真的没认出我来？"

事后，娜娜总结了经验，她知道小徐对她的爱是纯洁无瑕的，自己也应该以本色对待。在这种场合，越是浓妆艳抹，越表现出自己的不自信，越无法给别人带来好感，更谈不上打动心上人的心了。

很多人会说：我不会以貌取人。但几乎所有的人都无法做到这一点。我们的服饰、发型、手势、声调和语言等自我表达方式时刻都在影响着人们对我们的判断，也许这种判断我们根本没有意识到。无论承认与否，我们都在留给别人一个关于我们自己的印象，这个印象影响着我们的人际关系和个人感情生活，甚至对我们的将来都有着深远的影响。

英国心理学家米谢尔·阿盖依儿等人曾做过一个实验，证明当信号和非言语信号所代表的意义不一致时，人们相信的是非言语信号所代表的意义，而且非言语交际对交际的影响是语言的43倍。还有一些心理学家也发现，表情所传递的信息在一次交往所传递的信息中，占到55%，而言语仅占7%。

仪表是个人、组织外在形象与内在素质的集中体现。对于个人来说，适当的仪表既尊重别人，也尊重自己，在个人事业发展中起着决定性作用。它提升人的涵养，增进了解沟通，细微之处显真情。对内可融洽关系，对外可树立形象，是营造和谐的工作和生活环境的重要因素。

在现实生活中，仪表，尤其是服装和表情，不仅关系着别人对你的认识，而且对你本身的性格及心理状况也起到了很明显的作用。比如，在服装上，蓝色的衣服能对人起到一个平静心理的作用，有效地削弱烦乱的情绪；红色的衣服能煽动人的热烈情绪；黄色衣服显得高贵有气质；黑色衣服则显庄重……

心理学家指出，对于不善交际者而言，一般都是在非言语交际上存在着障碍：一是对非言语信号的译码差，即不能灵敏地感受到或了解对方非言语信号所代表的意义；二是对非言语信号的编码差，即不能用非言语信号（如眼神、躯体语言等）来很好地表达自己的感受，不会用非言语信号来辅助言语交际。

阿成是一个很诚恳的人，熟悉他的人都夸他老实、直肠子、好心眼。他与朋友合伙做生意，从来不会因为钱的事跟朋友闹矛盾。

不过，阿成也有苦恼的时候。前些天，他和朋友一起到外地旅游。途经某地时，朋友约他去见一个重要人物，据说这个人物对他们的生意很有帮助。

朋友知道阿成不修边幅，见面之前，特意嘱咐阿成，注意一下自己的行头。不说西装革履，至少穿着得体大方。可是见面时，阿成的装束让朋友大跌眼镜：依然穿着一条不知从哪里淘来的蜡笔小新大裤衩，一件黑色的T恤，脚上穿了一双运动鞋，还有那刚在旅途中被风沙"骚扰"过的头发……朋友赶紧要求他换一身行头，至少把头发洗洗吹吹，再把那蜡笔小新的大裤衩给换了。可阿成就是不在意。

结果那个传说中的重要人物是一个很注重仪表的人，见阿成第一眼，他就没有了谈下去的欲望，他认为阿成很不重视这次谈话。

本来就对阿成没好感，可阿成仿佛没觉察似的，开门见山就直奔谈话的主题。整个谈话，简直就是阿成一个人的独白。幸好朋友在一边偶尔插上几句，尽力挽回了点面子。对方看看时间，推说临时有事，就把他们俩送出来了。

这次糟糕透顶的谈话让俩人很丧气。阿成不明白，为什么以前和别人谈话的时候没有像今天这样无厘头呢？

场合不同，对象不同，我们对自己打扮的要求也不相同。当和朋友们在一起的时候，可能不会太注重仪表；当见面的对象是陌生的重要人物时，仪表当然应该注意一点，至少要穿着得体，看上去干净利落，这表示对一个人起码的尊重。

我们通常认为，自己受到别人的言谈比受到别人的外表的影响要大得多，其实并不尽然。我们会不自觉地以衣冠取人。曾有心理学家通过实验证明，穿着打扮不同的人，寻求路人的帮助，那些仪表堂堂、有吸引力的人要比那些不修边幅的人有更多的成功可能。

●●●●心理学家提醒你●●●●

　　许多人认为有实力就够了，只要能力强、工作表现好，升迁机会绝对少不了，其实并不是这样。一旦你与他人能力相当、表现也都出色时，你的整体形象就显得格外重要。尤其是在社会上打拼的年轻人，在加强各方面能力的培养和锻炼时，千万不要忽视了自身形象的管理。

适度原则：对朋友也要把握分寸

作为美国的开国元勋和杰出的科学家、政治家，本杰明·富兰克林深受世人敬仰。并且他还是一个颇具智慧的人。

一天，富兰克林和一名年轻的助手一道外出办事，看到前面不远处正走着一位妙龄女郎。富兰克林认出她是政府的一位职员，平时很注重自己的外在形象，总是修饰得大方得体、光彩照人。突然，那位女郎脚下一个趔趄，身体失去平衡，一下子跌坐在地上。助手要大步上前去扶她，富兰克林却示意他暂时回避。于是，两人暂时躲避在一拐角处，悄悄地注视着那位女职员。只见那位女职员站起来，环顾四周，掸去身上的尘土，很快恢复了常态，若无其事地继续前行。等那位女职员渐行渐远，助手迷惑地问他为什么这样做。富兰克林淡淡一笑，反问道："年轻人，你难道就愿意让人看到自己摔跤时的窘迫样子？"助手恍然大悟。

在人生的旅途上，谁没有"摔跤"的时候呢？摔跤时，人们会倍感尴尬、狼狈、脆弱和痛楚。此时，人们最需要拥有一个抚平创伤、恢复自尊的时间和空间。

朋友有困难时，我们为朋友会两肋插刀，会义不容辞地帮忙。总之，我们对朋友有着无尽的关爱。但是，这种关爱有时会成为朋友的一种负担。

对于朋友，我们只能建议，只能提供我们的想法让他参考，但无权替他作出任何决定。凡事皆有度，过分强为，是不明智的。客观地来讲，我们只是朋友生活的旁观者而不是感同身受者，所以，我们劝告的出发点并不一定适合他，或是并不符合他实际的生活状况，他的生活只能由他自主选择。

心理学家告诉我们与人交往要把握"适度原则"，"适度"就是指跟某个人交往不过于亲密也不过于疏远。"适度原则"不仅适用于同普通人的接触，也适用于朋友。不要认为是好朋友就可以"随便"，朋友之间也是要把握分寸的。

小李刚毕业没多久，怀着十二万分的感恩之心到新单位报到。当她的很多同学还在为工作发愁的时候，她已经安然坐在这家跨国公司的某个小方格里开始她的职业生涯，这让她有一种受宠若惊的感觉，也让她对自己的顶头上司王女士的力荐心存感激。小李对自己说："一定要好好干。"

小李工作很认真，对同事很热情，相应地，大家对她的评价也不错。渐渐地，小李把大家当成了亲人和朋友。小李心里想：外企并不像他们说得那么复杂呀，起码我在的这个部门人情味还挺重的。因为觉得同事们都很好，小李也尽力帮助别人，比如说帮张姐复印资料，每次可都是一大沓，起码半小时；帮王女士修改计划书，她总能在其中发现不少的语法错误，王女士总是懒得自己动手去改。每当别人说"谢谢"的时候，小李心里都很美。

到后来，因为顺路，小李主动提出帮王女士买早餐。"王女士对自己挺不错的，作为一个朋友，偶尔买次早餐也是应该的。"小李这样对自己说。直到有一天，小李无意中听到别的部门的人说到自己："那个新来的小李呀，一看就比较小家子气，做个助手应该还不错，成不了大事。""你觉不觉得她挺爱巴结人的？"听完这些闲言闲语，小李感到自己很委屈。

别人有困难，作为一个朋友帮忙是应该的，但平时也主动地献殷勤，这就会让人认为有些谄媚的成分。小李的错误就在于没有把握好和朋友相处的这个"度"。

朋友之交在于信、在于义，但是之所以为朋友，在于保持适度的距离，不要以为自己的看法和意见就是唯一的。我们有义务为朋友提供帮助，但是，我们没有权力要求朋友一定得服从我们的意见而强人所难，这是谁也不愿接受的。适可而止，是维系友谊以至于一切社会关系的艺术。凡事总有一定限度，朋友之谊、同事之道，取决于我们的真诚胸襟。

人们都有自己的计划和目标，都知道自己该如何去做，都有自己的主

见。朋友只是相互勉励，坚定其志向，并不是相互依从与服从的关系。

任何人都有自己的思想和行为方式，谁也不能代替别人思考，谁也不能代替别人选择什么！我们只要将我们自己的经验和想法委婉地告诉朋友，至于是否听取，取决于他自己，应当由他自主决定。不要凌驾于他人之上，替他人设计。任何人都是独立的，都具有独立的人格，都有自己选择生活的权利，其对生活的感受都是独特的。

●●●●心理学家提醒你●●●●

朋友之间保持一定的距离才能走向真正的和谐。所谓"远香近臭"，所谓"君子之交淡如水，小人之交甘若醴"，其实都包含有这层意思在里边。

竞争优势效应：我＋我们＝完整的我

一只河蚌正张开壳晒太阳，不料，飞来了一只鹬鸟，伸嘴去啄它的肉，河蚌急忙合起两张壳，紧紧地钳住鹬鸟的嘴巴。

鹬鸟说："今天不下雨，明天不下雨，就会有死蚌肉。"

河蚌说："今天不放你，明天不放你，就会有死鹬鸟。"

两个谁也不肯松口。这时，一个渔夫看见了这种情景，便走过来，不费吹灰之力就把它们一起捉走了。

还有这样一个笑话：上帝向一个人允诺说："我可以满足你的三个愿望，但有一个条件：你在得到你所想要的东西的时候，你的邻居将得到你所得到的两倍。"

于是这人开始提出自己的愿望。

前两个愿望都是一大笔财产，上帝满足了他，然后询问他第三个愿望。

这个人想了想说："请你把我打个半死吧！"

鹬蚌相争而渔翁得利的事情，常常会发生。它形象地说明了人们的竞争意识有多么强烈，不惜害己，也要损人；拼着自己与对手同归于尽，也不想给对方让步。

第二类故事经常发生在我们生活的周围：有一个妻子因为丈夫出轨提出离婚。根据法官的判决，妻子应该把自己财产的一半转让给丈夫，因此，妻子开始出售自己的车、房，甚至将自己价值几百万美元的车子和房子以十美元的"天价"贱价出售，目的就是为了不让丈夫得到这笔财产。

在现实社会中，人人都希望自己比别人强，没有人愿意承认自己是弱者。当涉及自身的利益时，人们必然会奋力争取，就算两败俱伤也在所不惜；即便是在双方拥有共同的利益时，人们也往往因为优先权而竞争，而非选择有利于双方的"双赢合作"。心理学家称这种现象为"竞争优势效应"。

曾有心理学家做过这样一个经典的心理实验：让参加实验的学生两两结合，但不能商量，分别在纸上写下自己想得到的钱数。要是两人的钱数之和恰好等于或小于100，那他们就可以得到自己写在纸上的钱数；若两人的钱数之和大于100，例如120，那两人就要给心理学家60元。结果怎么样呢？基本上没有一组学生所写下的钱数之和小于100，当然他们就都要付钱给心理学家。

心理学家指出，因为缺乏沟通，人们在有共同利益的情况下，依旧会选择竞争。不过，要是双方事先已商讨过利益分配问题，达成了共识，双赢合作的可能性就会大大增加。在该实验中，倘若允许参与实验的两个人互相商量的话，那么结果是不言自明的。

如果想消除"竞争优势效应"的消极作用，就一定要推崇"双赢理论"。著名心理学家荣格有这样一个公式：我+我们=完整的我。世上不存在绝对的我，唯有融入"我们"的"我"才是"完整的我"。

下面的故事说的就是这个道理：

从前，有两个饥饿的赶路人恳求得到上帝的恩赐，上帝发了善心，给了他们一根鱼竿和一篓鲜活硕大的鱼。其中，一个人要了一篓鱼，另一个人聪明一点，懂得"授人以鱼不如授人以渔"的道理，于是要了一根鱼竿。两人分道扬镳了。得到鱼的人，很长一段时间就靠着这一篓鱼使自己保持体力。不久，鱼吃完了，他便饿死在空空的鱼篓旁。另一个人则提着鱼竿继续忍饥挨饿，一步步艰难地向海边走去，可当他已经看到不远处那片蔚蓝色的海洋时，他浑身的最后一点力气也使完了，他也只能眼巴巴地带着无尽的遗憾倒在半路上。

有另外两个饥饿的人，他们同样从上帝那里得到了一根鱼竿和一篓鱼。他们并没有各奔东西，而是商定共同去找寻大海。他俩共同分享这一篓鱼。经过长途的跋涉，终于来到了海边，用这根鱼竿，两个人各自过着幸福的生活。

任何一个人，要想实现自身价值，就必须与周围的人友好相处，精诚合作，实现优势互补，在竞争中共同发展，这就是当今时代所推崇的"双赢"。某种意义上来说，只有"双赢"，才是真正的赢。

林肯就深谙此道，他对政敌的友好态度曾经使一位官员非常不满。他不明白为什么林肯要试图跟那些人交朋友，而不是消灭他们。林肯却非常老到地说："我这样做不正是在消灭我的敌人吗？"其实林肯是在化敌为友，实现双方共同利益上的"双赢"。

●●●●心理学家提醒你●●●●

"竞争优势效应"的积极作用不可估量。合作不仅能实现预期的共同利益，更会为双方的发展营造无限的空间。所以，不管个人还是组织，不管是人际交往还是经营企业，都要尽量发挥它的积极作用而避免它的消极影响。

刺猬法则：人与人之间的距离

生物学家曾经做过这样一个实验：

在寒冷的冬季，将十几只刺猬放到户外的空地上。困倦的刺猬被冻得浑身发抖，因而它们拥抱在一起相互取暖，但是由于它们浑身上下都长满了刺，紧挨在一起就会刺痛对方，迫使对方又分开。距离分开，就会冷得难以忍受；挨得太紧，身上会被刺痛。这样反反复复折腾了好几次，它们终于找到了一个比较合适的距离，既能够相互取暖又不会被扎。

这就是著名的"刺猬法则"。

许多人都有这样的经验和体会：与某人的关系越亲密，对方就好像渐渐露出了刺猬的特性，越容易经常与其发生摩擦和矛盾，反倒不及与初次见面者交往容易。家庭成员、情侣之间常常相互埋怨，正是这种情况的表现。按理说应该是交往得越深，就越容易相处，相互之间的人际关系也越好，可事实上并非如此。原因何在？

这其实可以用心理学上的刺猬法则来解释。当你对一个人了解得不全面时，很容易被对方的优点所吸引，对对方产生敬佩或表示喜欢；与其亲密接触一段时间后，两人的关系发展到一定的深度，对方的缺点就日益显露出来，你就会在不知不觉中改变自己的观念和感情，甚至变得非常失望与讨厌他。夫妻、恋人、朋友以及师生之间都会有这种情况。

在美国著名人类学家爱德华·霍尔博士看来，通常而言，彼此间的自我空间范围是由交往双方的人际关系与他们所处的情境来决定的。据此，他划分了四种区域或者距离，每种距离分别对应不同的双方关系，分别是：亲密距离、个人距离、社交距离、公众距离。

在人际交往的过程中，人们之间的空间距离并非是固定不变的，它具有

一定的伸缩性，这主要依赖于具体情境和交谈双方之间的关系、性格特征、社会地位、心境以及文化背景等。

我们在了解了交往过程中人们需要的自我空间和交往距离后，就应当有意识地选择和他人交往时的最佳距离，以便能更好地进行人际交往。

法国前总统戴高乐有一个座右铭是：保持一定的距离！他还说"仆人眼里无英雄"，意思是人在和他人的交往过程中应该留有一定的余地——相应的心理距离，否则伟大也会变得平凡。

戴高乐是一个非常会运用心理距离效应的人，他的座右铭也深刻地影响了他与自己的顾问、智囊以及参谋们的关系。在他担任总统的十多年岁月中，他的秘书处、办公厅与私人参谋部等顾问及智囊机构中任何人的工作年限都不超过两年。他对刚上任的办公厅主任总是说："我只能用你两年。就像人们无法把参谋部的工作当作自己的职业一样，你也不能把办公厅主任当作自己的职业。"这就是他的规定。

戴高乐有着他自己的考虑：第一，他觉得调动很正常，而固定才不正常。这可能是受部队做法的影响，因为军队是流动的，所谓"铁打的营盘流水的兵"；第二，他不想让"这些人"成为自己"离不开的人"。唯有调动，相互之间才能够保持一定的距离，才能够确保顾问与参谋的思维、决断具有新鲜感及充满朝气，并能杜绝顾问与参谋们利用总统与政府的名义来徇私舞弊。

戴高乐的这种做法值得我们深思：如果和下属之间没有距离，领导的决策就会过分依赖于秘书或者某几个人，易于受他人的影响，一旦他们假借领导名义谋一己之私，后果将会非常严重。两者相比，还是保持一定距离为好。

通用电气公司的前总裁斯通在工作中就很注意身体力行刺猬理论。在工作场合和待遇问题上，斯通会经常表示其对部下的关爱，但在工作之外，他与部下保持着一定的距离。他从不邀请管理人员到家中做客，也从不接受他们的邀请。正是这种保持适度距离的管理，使得通用的各项业务都能够顺利得到开展。

与员工保持一定的距离，既能保持斯通的权威和别人对他的尊重，也不会使他与员工的关系过于亲密而影响到他的管理和决策。这是一种最佳的人际交往状态。

在平时的人际交往过程中，也需要把握好其中的尺度。尽管我们有着良好的愿望，希望自己所拥有的人际关系亲密度越高越好，但还必须记住"亲密并非无间，美好需要距离"。

比如，要尊重别人的隐私。每个人都有自己的秘密，不论多么亲密的人际关系，也不希望有人踏入禁区。即使亲密如夫妻、父母与子女，或铁杆儿的朋友之间，也有自己的私人空间。其实，越是亲密的人，越要尊重对方的隐私。这种尊重表现为不随便打听、追问他人的内心秘密，也不随便向别人吐露自己的隐私。过度的自我暴露，会存在向对方靠得太近的问题，容易使人心生反感。

●●●●心理学家提醒你●●●●

距离效应：与刺猬法则相关，距离效应是指由于时间的阻隔，彼此间有了距离，一旦把距离缩短，重新相聚，双方的感情便能得到最充分的宣泄。在这里，距离成了情感的添加剂。因此，如果要保持对一个人的美好印象，自己在看他人时要保持一定距离。同时，自己在与他人交往时，也要"未可全抛一片心"。这并不是说要隐瞒什么或者欺骗对方，而是不必说，不该说。把自己变成透明的虽然能够显示自己的坦荡，但也会因此失去应有的人际距离，在与人的交往中就会处于被动的地位，对自身的各方面都会产生不利的影响。这种做法是应该避免的。

跷跷板定律：人际交往收支平衡

赵兵是个性格开朗，大大咧咧的年轻人。他从一所名牌大学毕业，而且专业成绩优异。本科毕业后，他又到国外深造了一年，拿了个研究生文凭，毕业后找的工作也很对口。这一切，让他有一种无比的优越感。

可是同事们似乎不太喜欢赵兵，背地里总是议论他："他以为自己是谁啊！凭什么让我去给他发传真？我也有自己的工作要忙啊！""凭什么动不动就让我给他打饭？""他几乎每个月都要找我借一次钱，我唯一一次找他借钱，却被他拒绝了。"大家对他有很大的意见，平时连个招呼也不跟他打，生怕他会"黏"上，造成自己的负担。

有一次，快下班的时候，一个同事的母亲乘晚上的火车到北京西站，他必须去接站。他的母亲从乡下第一次来北京，如果没人去接的话，很可能会迷路。于是，同事让赵兵帮忙，把手头的工作继续完成。那天，赵兵本来也没什么大事，但是之前约了女朋友，为了不让女朋友失望，他拒绝了同事的求助，去赴女朋友的约了。

后来，有一个下午，赵兵要出门办事，想借那个同事的自行车用一下。还没等他把话说完，就被同事以"自己要用"拒绝了。但是，那个下午赵兵却发现同事并没有用自行车。

渐渐地，类似的事情多了，赵兵才逐渐地意识到，原来他总是麻烦别人，而在别人需要的时候，又不能给予别人帮助，所以，大家认为他是个自私的人。

著名的社会心理学家霍曼斯提出，人际交往在本质上是一个社会交换的过程，相互给予彼此所需要的。有的人把这种交换叫作人际交往的互惠原则。显然故事中的赵兵并不懂得这个原则，他心安理得地享受别人的恩惠，自己却不肯付出，这样的"铁公鸡"自然让同事不满意。

我们每个人所做的每件事，都希望实现利益最大化，人际交往也一样。

没有一个人愿意对他人无偿地付出，也没有一个人会得到他人无偿的付出。一段稳定的人际关系，必须保持相互交换的平衡。

事实上，人和人之间的关系就像两人踩跷跷板一样，和谐相处就要保持双方支出的平衡和对等。一旦彼此的交换不对等，那么就会像跷跷板一样失衡。这在心理学上也被称为"跷跷板定律"。

对于那些凡事只想到自己而不顾他人的人，如同坐在一个静止的跷跷板顶端，虽然维持了高高在上的优势位置，但整个人际交往却失去了互动的乐趣，变得索然无味。对有的人来说，"自私"是有意识的，而有的人则是无意识的。有意识的自私，是个性问题，比如那些天生就爱占小便宜、斤斤计较的人；而无意识的自私，是社交技巧的问题，无论是个性使然，还是不懂得社交技巧，每个人都应该有意识地认识到人际交往中彼此付出的对等问题，来保持利益的互惠。

在第一次世界大战的时候，有一种德国特种兵的任务是，深入敌后抓俘虏回来审讯。

当时打的是壕堑战，大队人马想要穿过两军对垒的无人区，是十分困难的。但是一个士兵悄悄爬过去，溜进敌人的战壕，就比较容易。参战双方都有这方面的特种兵，经常派去抓一个敌军的士兵，带回来审讯。

有一个德军的特种兵以前曾经多次成功完成这样的任务，这次他又出发了。他很熟练地穿过两军之间的地带，出乎意料地出现在敌军的战壕中。

一个落单的士兵正在吃东西，毫无戒备，一下子就被抓住了。他手中还拿着面包，这时，他本能地把面包递给对面从天而降的人。这也许是他一生中做得最正确的一件事。

德国士兵忽然被这个举动打动了，并且做出了一个很奇怪的举动——他没有把这个士兵带回去，而是自己一个人回去。虽然他知道，回去之后，长官会大发雷霆。

这个德国士兵为什么这么容易被一块面包打动？其实，这正说明了"跷跷板定律”的作用：得到了别人的好处之后，就想要回报对方。虽然是一块面包，却表达了对方的善意。这个德国士兵在心里觉得，无论如何也不能把一个对自己好的人抓走，甚至要他命。

既然交际是利益的相互交换，如果你要受人欢迎，吸引他人的话，那么就需要增加你“被利用”的价值。一切人际关系的建立与维持，都是人们根据一定的价值观进行选择的结果。那些对于自己来说是值得的人际关系，人们就倾向于建立和保持；而那些对自己来说，不值得的，或是失大于得的人际关系，人们就倾向于逃避、疏远或者终止。

●●●●心理学家提醒你●●●●

中国人讲究礼尚往来，也是互惠原则的表现，这似乎成为日常交往中一条不成文的规定。

朋友之间维护友谊遵循着互惠原则，爱情也是如此。其实，世界上没有绝对无私奉献的爱情，爱情也要互惠互利，互相关心、爱护对方，双方需要保持利益的平衡。如果平衡被严重破坏，就可能导致关系破裂。

邻里效应：交往越多越亲密吗

南朝时期，平固侯吕僧珍非常有学问，对人谦虚诚恳，很多人都愿意与他交往。

吕僧珍老家在市北，前面建有督邮的官署，乡人都劝他迁移官署来扩建住宅。吕僧珍恼怒地说：“督邮这官署，从建造以来就一直在这里，怎么可以迁走它来扩建我的私宅呢？”

他姐姐嫁给于氏，住在市西，小屋面临马路，又混杂在各种店铺中间，吕僧珍经常引带着仪仗队到她家，并不觉得辱没了身份。

吕僧珍这种廉洁奉公的高尚品德，受到了人们的称颂。有位名叫宋季雅的官员告老还乡到袁州后，特地把吕僧珍私宅邻家的一幢房屋买下来居住。一天，吕僧珍问他买这幢房子花了多少钱，宋季雅回答说："共花了一千一百万。"

吕僧珍听了大吃一惊，问道："要一千一百万，怎么会这么贵？"

宋季雅笑着回答说："其中一百万是买房屋，一千万是买邻居。"

吕僧珍听后想了一会儿才明白，跟着笑了起来。

宋季雅肯花费一千万两银子"买"个好邻居，着实有点夸张。但在平时生活中，我们都知道邻居的重要性，都希望自己能有个关系不错的邻居。

俗话说"远亲不如近邻"，我们大部分的朋友，不是同学、同事，便是近邻。这其实就是"邻里效应"。

人们也总是能够比较方便地在同学、同事或邻居中找到意中人，而所谓"千里姻缘一线牵"总归是不太多的。

美国社会学家巴萨德在20世纪20年代研究了费城的5 000份结婚申请书，发现有1/3的夫妇，婚前住在五个街区之内的范围中。

熟悉能增加人际吸引的程度。如果其他条件大致相当，人们会喜欢与自己邻近的人交往。处于物理空间距离较近的人，见面机会较多，容易熟悉，产生吸引力，彼此的心理空间就容易接近。常常见面也便于彼此了解，促进相互喜欢，我们经常说"远亲不如近邻"，是因为我们和邻居接触多，而与相隔较远的亲戚接触少。接触得多的人，我们会有一种亲密感；而接触得少的人，我们会感觉到生疏。

1950年，美国有三位社会心理学家对麻省理工学院17栋已婚学生的住宅楼进行了调查。这些都是二层楼房，每层有5个单元住房。住户住到哪一个单元，纯属偶然，哪个单元的老住户搬走了，新住户就搬进去，因此具有随机性。

调查时，所有住户的主人都被问道：在这个居住区中，和你经常打交道

的最亲近的邻居是谁？

统计结果表明，居住距离越近的人，交往次数越多，关系越亲密。在同一层楼中，和紧隔壁的邻居交往的机率是41%，和隔一户的邻居交往的机率是22%，和隔三户的邻居交往的机率只有10%。多隔几户，实际距离增加不了多少，但是亲密程度却有很大不同。

看来，邻里效应，不仅在中国，在国外也同样起着作用。

要想与人建立亲密关系，就要主动与人多接触、多联系。每与人多接触一次，他人对你的印象就更深一点。要利用生活中的邻里效应，增加你和他人的亲密程度，就要学会主动跟人打招呼，主动地与人建立联系，少一点心理设防，有事没事跟朋友常聚聚。

邻里之间有时难免要发生矛盾，这时候要以一颗宽容的心态去对待，毕竟，低头不见抬头见。万一和邻居的关系搞到僵持乃至恶化的程度，也会给自己带来很多的不便。

小珍毕业后，留在了北京。她找了一份文秘工作，为了上班近点，就在公司的附近单独租了一间房。然而小珍觉得自己并不快乐，因为她跟邻居经常因为一些鸡毛蒜皮的事发生矛盾。

一天，小珍哭着给姐姐打电话："今天早上，我和楼下的那个大肥婆又吵了一架，因为洗手间漏水的事情。最后还打了一架。我都不想回去住了。"

姐姐说："有这么严重吗？都是邻居，怎么把关系弄得这么僵？低头不见抬头见的。也不念以前的情面吗？"小珍小声说："从前没什么情面，都没说过话。"姐姐又担心地问："那其他邻居也没有劝劝吗？"

小珍更委屈了："别人都看了一会热闹，听明白怎么回事后就走了。都不认识我，谁来劝啊！"

后来姐姐了解到，小珍平时和邻居之间没有来往，所以当她和楼下的邻居发生矛盾的时候，人家只是看热闹。如果她能够主动和邻居建立友好关系，那么，吵架的时候，一定会有热心的邻居来调节他们的矛盾。

经过姐姐的一番劝说，小珍认识到自己的缺点和不足。第二天，小珍主动地跟邻居道了歉；出来进去的，也经常跟邻居打声招呼，寒暄几句。这时候小珍忽然意识到，自己的邻居原来这么好。

像小珍一样的租房族应该认识到，不要总是在遇到麻烦时才想到别人。平时要经常走动，保持联系，才能维持住来之不易的感情。

与人交往得越多，人和人之间的关系自然也就越亲密。因此，有个心理学家开过一个玩笑，他说，如果你想追一个女孩子，千万不要每天都给她写信，因为她有可能因此而爱上邮差。

不过，庆幸的是，心理学家同时也发现，人们的交往频率与喜欢程度的关系呈倒U型曲线。过低与过高的交往频率都不会使彼此的喜欢程度提高，中等交往频率时，彼此喜欢程度最高。

●●●●心理学家提醒你●●●●

人与人之间的喜欢程度与交往频率的关系呈倒U型曲线，所以，人际交往中，要把握好一个"度"。

登门槛效应：先进门再提要求

在一个风雨交加的夜晚，有个饥寒交迫的穷人到富人家门口行乞。他对看门的仆人说："你能让我进去暖和一下吗？我在你们的火炉旁烤干衣服就行了！"仆人认为这点要求不算什么，就让他进去了。接着，这个可怜的穷人请求厨娘借给他一口锅，以便让他"煮点石头汤喝"。"石头汤？"厨娘很好奇，"我倒是想看你怎样把石头做成汤。"她答应了。

于是，穷人从口袋里拿出一块在路上捡的石头，洗净后放进了锅里煮，

在锅中加入水，然后，他又对厨娘说："可是，你总得放点盐吧？"厨娘觉得这没什么，就给了他一些盐。

后来，穷人说，汤里要是再添点蔬菜，味道就更好了，于是厨娘就给了他一些蔬菜；最后，穷人又说，要是汤里有点肉末，就是天底下最好的美味了，厨娘想尝尝天底下最美的味道，就给了他一些肉末。

汤终于熬好了，果然是味道不错的"石头汤"。这个饥寒交迫的穷人，仅凭着一颗石头，就喝到了一碗美味可口的肉汤。他的目标的实现，在于他一步步地提出要求，厨娘一步步地答应他的要求。

这个聪明的乞丐告诉我们一个道理：为了达到看似很难的目标，有时候，我们可以先让对方满足自己一个小小的愿望，然后再得寸进尺。这在心理学上叫作"登门槛效应"。这个名字来源于一个实验：

1966年，美国社会心理学家弗里德曼和他的助手弗雷泽做了这样一个实验。他们找来两个大学生，让他们到两个居民区劝人们在房前竖一块写有"小心驾驶"的大标语牌。在第一个居民区向人们直接提出这个要求，结果遭到很多居民的拒绝，接受者仅为被要求者的17％；在第二个居民区，先请求各居民在一份赞成安全行驶的请愿书上签字，这是很容易做到的小小要求，几乎所有的被要求者都照办了。几周后再向他们提出竖牌的要求，结果接受者竟占被要求者的55％。

对于登门槛效应，在心理学上的解释是：人们拒绝难以做到的或违反意愿的请求是很自然的，但是人们一旦对于某种小请求找不到拒绝的理由，就会增加同意这种要求的倾向，而当他卷入了这项活动的一小部分以后，便会产生一定认知和态度。这时如果他拒绝后来的更大要求，就会出现认知上的不协调，于是恢复协调的内部压力就会使他维持原先的态度，或做出更多的帮助，并使态度成为持久的。

其实，在生活中，这种技术很多人都会不自觉地用到。比如，一个男孩在追求自己心仪的女孩时，总是先约女孩看电影、吃饭，然后才提出交往的要求；劝朋友喝酒的人，总是会先让朋友"浅尝一口"，等朋友喝下第一口后，继而把朋友灌得酩酊大醉。

还有，我们到商场选购衣服，有时候正在买与不买间犹豫，很多导购小姐就会说："先试穿衣服，买不买没关系。"当我们把衣服穿在身上，她便会趁机说"这件衣服很适合你"、"你穿起来真漂亮"之类的话。这个时候，我们再脱了衣服离开显然有点不好意思，只好掏腰包了。

心理学家D.H.查尔迪尼做了这样一个实验：他代替某个慈善机构进行了一次募捐活动。在募捐的过程中，查尔迪尼对一些人这样说："请你帮助，哪怕一分钱也好。"而对另外一些人则没有说这句话，只说："请你慷慨捐助。"结果，前者的捐助比后者要多两倍。

如果一下子向别人提出一个不容易达到的要求，人们一般很难接受，若能逐步提出要求，将一个大的要求或目标分解为若干较小的要求或目标，人们就比较容易接受。

在1984年的日本东京国际马拉松邀请赛上，名不见经传的矮个子日本选手山田本一出人意外地夺冠，有人觉得这是运气。

两年后，在1986年的意大利米兰国际马拉松邀请赛中，山田本一再次夺冠，令人们大惑不解。

后来，他在自传中解开了这个秘密："每次比赛之前，我都要乘车把比赛的线路仔细地看一遍，并把沿途比较醒目的标志画下来，比如第一个标志是银行，第二个标志是一棵大树，第三个标志是一座红房子……这样一直画到赛程的终点。比赛开始后，我就以百米的速度奋力向第一个目标冲去，等到达第一个目标后，我又以同样的速度向第二个目标冲去。40多公里的赛程，就被我分解成这么几个小目标，轻松地跑完了。起初，我不懂这样的道理，我把目标定在40多公里外的终点上的那面旗帜上。结果我跑到十几公里就疲惫不堪了，我被前面那段遥远的路程给吓倒了。"

这是山田本一的智慧，也可以看作是"登门槛的智慧"，将看似不可能

完成的大目标划分成一个个小目标，在可行的范围内，一步步去完成，最终积江河以成大海，积跬步以至千里。

心理学上的这个登门槛技术，运用在我们的生活中就是，要达到自己的目标，首先要进入别人的门槛；而要防止别人达到他的目标，则要首先阻止别人进入你的门槛。这听起来似乎有些矛盾。如何处理这个矛盾，便是一项技巧了。

●●●●心理学家提醒你●●●●

明代洪应明曾在《菜根谭》中说："攻之恶勿太严，要思其堪受；教人之善勿过高，当使其可从。"当我们要提出一个较大的要求时，预感到会被拒绝，这时你可以提出一个较小的要求，对方一旦答应，再提出那个较大的要求，被接受的可能性就会增加。

沟通的技巧：如何说服对方

公元前265年，赵太后刚刚执政，秦国就趁着新王刚刚上任，进攻赵国。赵太后向齐国求救。齐国说："援兵可以出，但是要用长安君来做人质。"长安君是赵太后的掌上明珠，赵太后自然不肯答应。

但是大敌当前，如果不这样做，赵国就可能遭灭顶之灾。于是左师触龙到了太后面前，先问候太后的身体，而后提出了自己的健康建议。接着他又说："我疼爱小儿子舒祺，希望能让他补充卫士的数目，来保卫王宫。"太后说："可以。"又问道："你们做父亲的也疼爱小儿子吗？"触龙说："比做母亲的还疼爱。"太后笑着说："妇道人家疼爱得比较厉害。"

触龙回答说："我私下认为，您疼爱燕后超过了疼爱长安君。"太后说："您错了！不像疼爱长安君那样厉害。"左师公说："父母疼爱子女，就得为他们考虑长远些。燕后出嫁以后，您也并不是不想念她，可您祭祀时，一定为她祷告说：'千万不要回来啊！'难道这不是为她作长远打算，希望她生育子孙，一代一代地做国君吗？"太后说："是这样。"

左师公说："然而您把长安君的地位提得很高，又封给他肥沃的土地，给他很多象征国家权力的器具，而不趁现在这个时机让他为国立功，一旦您百年了，长安君凭什么在赵国站住脚呢？我认为您为长安君打算得太短了，因此，我以为您疼爱他不如疼爱燕后。"

太后说："好吧，任凭您指派他吧！"

我们都很熟悉触龙说服赵太后的故事，这是一个经典的说服对方的案例。触龙的成功，在于他采取了幅度由小到大、招招紧跟的说服方法。先由给孩子"走后门"谈起，接着谈论谁更爱孩子，引起太后的兴趣，再把话题引到怎样爱孩子。一步一步，具体而又细致地为赵太后剖析情势，为其出谋划策，最终成功说服对方。

可是有的时候，仅凭感情，我们很难说服一个人，这时我们可以围绕着对方的心而谈，晓之以利害关系，使对方认为你是为他着想，他就会在无形中接受你的观念，听从你的建议，达到成功说服的目的。美国口才大王卡耐基就是这样打消了旅馆经理增加租金的念头。

卡耐基每季度要在纽约的某家大旅馆租用大礼堂二十个晚上，用以讲授社交训练课程。有一个季度，卡耐基刚开始授课时，忽然接到通知，要其付比原来多三倍的租金。得到这个消息之前，入场券已经印好，而且早已发出去了，其他准备开课的事宜都已办妥。怎样才能交涉成功呢？两天以后，卡耐基就去找那个经理了。

"我接到你们的通知时，有点震惊，"卡耐基说，"不过这不怪你。假如我处在你的位置，或许也会写出同样的通知。不过假如你坚持要增加租金，那么让我们来合计一下，这样对你有利还是不利。"

"先讲有利的一面，"卡耐基说，"大礼堂不出租给讲课的而是出租给

办舞会、晚会的，那你可以获大利了。因为举行这类活动的时间不长，他们能一次付出很高的租金，比我这租金当然要多得多。租给我，显然你吃大亏了。"

"现在，来考虑一下'不利'的一面。首先，你增加我的租金，却是降低了收入。因为实际上等于你把我撵跑了。由于我付不起你所要的租金，我势必再找别的地方举办训练班。"

"还有一件对你不利的事实。这个训练班将吸引许多有文化、受过教育的中上层管理人员到你的旅馆来听课，对你来说，这难道不是起了不花钱的广告作用了吗？事实上，假如你花5 000元钱在报纸上登广告，你也不可能邀请这么多人亲自到你的旅馆来参观，可我的训练班给你邀请来了。这难道不合算吗？请仔细考虑后再答复我。"讲完后，卡耐基离开了。

最终，旅馆经理做出了让步。

在卡耐基说服旅馆经理的过程中，没有谈到一句关于他自己要什么的话，而是站在经理的角度想问题。这就告诉我们，把他人利益放在明处，将自己的实惠落在暗处，不但会达到自己的目的，而且可以获得对方的人情。这确实是一种比较精明的说服术。

在日常的沟通中，如何说服对方，这是一门很深的学问。有的人说话很有说服力。在这些人的讲话中，你会感到一种被说服的力量。查丁奈研究过这种影响力的因素。他以把场景设置为"带没有兴趣的朋友去迪士尼乐园"来说明施加影响力的原则。

一、好感——对喜欢的人说不出拒绝的话。首先加深关系，让对方对你抱有好感，"爱屋及乌"是一种很普遍的心态，你可以通过强调共同的兴趣爱好、性格相投等，让对方觉得和你去那里很好玩；

二、报答性——首先亲切地施以恩惠，让对方觉得无法拒绝。俗话说"拿人手短，吃人嘴软"，在谈话之前不妨去请对方喝个茶，在愉快、悠闲的气氛中让对方和你一起去；

三、社会的证明——告诉对方周围的人和你的心情相同。加上"大家都去"、"大家都去过"等言辞，让对方安心，觉得大家都去的地方应该不错；

四、稀缺性——人总是对无法得到的东西充满欲望。和对方说"可能没有入场券了"，让对方觉得如果得到了就一定要去；

五、干预和一贯性——先下手为强。想到"还可以退"并先买票，这样对方会觉得既然已经买了，也不好意思不去。在对方内心矛盾时解决问题。

这样的方法不仅适用于朋友，还可以应用在生意场上。优秀的推销员就是巧妙地使用这些方法说服顾客的。

每个人都有需要说服别人的时候，你也用这些方法试试吧。

●●●● **心理学家提醒你** ●●●●

一个人是否具有说话的魅力，直接影响到他是否对对方具有吸引力，关系到他是否具有良好的人际关系。美国人早在20世纪40年代就把"口才、金钱、原子弹"视为在世界上生存和发展的三大法宝，60年代以后又把口才、金钱、电脑列为最具力量的三大武器。口才一直独占鳌头，足见其作用和力量。

心理测试 ❯❯❯

你能和朋友们融洽相处吗

尽管朋友之间可以相互理解和宽容，但有时也会难免产生一些小的矛盾或摩擦。这些矛盾或摩擦产生的根源在哪儿呢？赶紧自己反省一下吧。

如果今天是你的生日，你兴致勃勃地请一些同学和同事来参加你精心准备的生日宴会。新朋旧友齐聚一堂，其中有个家伙竟然穿着一身"乞丐服"

出场，使你觉得浑身不自在。请问你会怎么处理这件事情呢？

A. 直接对他说："你不觉得破坏了今天的盛会吗？"

B. 在他背后贴个标语整整他。

C. 调侃着说："不错嘛！这身打扮很适合你。"

D. 一句话都不说，一笑而过。

E. 间接地提醒他，并说出自己的感受。

选择分析：

1. 选择A

你的个性十分爽直，做事从不拖泥带水，也不会像一些敢怒不敢言的变色龙一样心口不一，颇具"将相本无种，男儿当自强"的气魄。可是这种性格最显著的缺点就是不给自己和别人留后路，容易得罪人。

2. 选择B

你的方式总是很特别，而且你很容易和周围的人打成一片。这个"打"字有两种意义：第一是热烈的意思，第二是真的"打"起来。无论如何，你的开放性格，是这个社会动力的源泉，值得提倡。不过要注意场合和分寸，方式不能太过激。

3. 选择C

你总是喜欢故作神秘状，但是任谁都知道你在讽刺他，但也只是心照不宣。幸好，你善于和颜悦色，颇有人缘。你的危险之处在于说话时流露出的恶意的讽刺，这样很容易伤人的。

4. 选择D

你总是含蓄地不肯表达对别人的看法，让人觉得很冷。不善人际关系是你的隐忧，因为你的本质较为内向，行事太过保守，不能给他人特别的帮助。不过你的本性是非常善良的。

5.选择E

你始终不能和亲戚朋友以不拘小节的方式进行沟通，人际关系虽好，但不见得真实。即使是再亲密的朋友，总给人一种刻意经营的感觉，不够自然，不够真实。乍看之下，你好像是真心对待朋友，时间久了，就会让人产生疏离感。

第五章
男人需要尊重，女人需要爱

——18岁后要懂点婚恋心理学

亲和需求：渴望和他人在一起的感情

小张最近忙着给他的父母亲寻房子。原来小张的父母亲居住在六楼，两个老人皆已年逾古稀了，每天爬这楼梯实在是力不从心，小张便准备拿出一套房来为老两口置换一套两手房，并把它装修成最适宜老人住的"养老房"，让老两口安度晚年。

小张计划在相距"一站路"的范围里寻找，他说这是最好的距离，父母和子女间可以常来常往，彼此有个照应。岂料这比找恋爱对象还难。于是不得已退一步，便以两站路为半径画个圆，在这个距离内找。小张打电话安慰父母道："你们放心，即便路稍远些，我们也会常常骑车来探望你们的。再说，有事你就来个电话好了！"——听了儿子这句话，老两口的心里暖融融的。

人人都会有和亲人在一起的需求，心理学上称之为"亲和需求"。关于亲和需求，有一种理论叫作"一碗汤距离"，这是日本学者在上世纪70年代提出来的。当时日本的空巢家庭现象非常严重，日本学者提倡亲情养老，既拥有自己的空间，又方便照顾老人。也就是说，子女从自己家中给老人住处送去一碗汤，到老人手中还不会凉。很多人听说这个理论后，心里总会想起家的温暖。

工作结束，踏上回家的路，家人都在等你。在家里，全家人聚在一起吃晚饭，享受团圆的乐趣。这些消除了我们在学校、公司里的烦恼和疲惫。

我们虽然从属于学校、公司等各种各样的组织，但不少人还会去寻求"家庭"这一组织。我们经常会寻求和他人一起，与他人一起生活可以使我们的身体和精神都处于一种平静的状态中。这种渴望与他人在一起的感情叫作亲和需求，是人类最基本的需要。一家团圆可以满足我们的亲和需求。

但是，孩子们不会只沉溺于家庭这一组织之中。从儿童期，即大约6岁至12岁的小学阶段开始，比起家庭，孩子会更渴望与朋友或异性亲近。这个时期，不论是对孩子还是对家庭都是一个变革期。在这一时期，孩子会对家人发脾气，争执冲突会不断发生。

其实，家庭是我们唯一的可以直接表达情感的组织。在其他的组织中，为了维护组织，我们会在一定程度上克制自己的感情。但是，在家庭中毫无保留地暴露自己的情感反而可以增进感情，巩固关系。以这种方式增进成员之间的感情，可以说是家庭组织特有的机能。正因为家庭的本来意义在于放松，所以家庭中既有团圆的时候也有发生冲突的时候。

心理学告诉我们，每个人都有"亲和需求（亲和动机）"，就是说人都有与别人亲近、和睦的需要。当一个人感受到强烈的不安或恐怖时，"亲和需求"会随之增强。比如在发生火灾、交通事故或战争等严重威胁自身安全的情况时，不管是谁都迫切希望能和别人靠近，而且特别想靠近与自己处境相似的人。这是因为，同病相怜的感受能够减轻内心的不安，使人正确把握自己的心理状态。两个同病相怜的人即使只是互相依偎着也能够分担不安、互相鼓励。

陈松家门前有一大片诱人的玫瑰花，鲜艳欲滴。但是，邻里都知道，他家的鲜花可摘不得，哪怕是掉在地上的一朵也不能去拾。因为，如果被小陈发现你摘他家的花儿，他就会拿着笤帚，毫不客气地将你轰走。如果笤帚吓不住你，他甚至还会从屋里抓起一把菜刀就冲出来。

一天，温暖的阳光抚摸着大地，小陈家门口那一片玫瑰花散发着迷人的清香，在阳光的抚摸下，越发迷人。这时候，一个10岁的小女孩走了过来。

小女孩被这些鲜艳的花朵迷住了，正欲伸出手去摸一摸，一个阿姨走了过来，轻轻地拍了拍她的肩膀，告诉她，这家主人很不友好。恰好小陈走了出来，满脸怒气，气势汹汹，只一个横眉就将邻居阿姨给吓丢了魂儿。但是，小女孩并不害怕，她纯真地向小陈微笑着。

此后，小女孩就经常来到小陈家门口看花，每一次都会冲着小陈微笑。一周后，小女孩又来到玫瑰花旁边，这时已经有不少鲜花凋零了。小女孩正为此而伤心，突然发觉一只温暖的大手正轻轻拍着自己的肩膀，她回过头一看，小陈正冲她微笑。

原来，小陈的妈妈非常喜欢玫瑰花，于是在家门口种了一大片。妈妈去世后，小陈极度伤心，这一片玫瑰花几乎成了他对母亲的思念和寄托，不准任何人打扰。直到小女孩的出现，那几次纯真的微笑，让小陈发现，花儿的美丽是要有人欣赏的。就像人的感情，必须要相互交流，才会更加美好和永久。

每个人都渴望亲情。尤其当心灵受到创伤后，亲情能够给人带来慰藉。即使对方不能解决自己的问题，但是，只要这种感情存在，对自己就是一种莫大的安慰和支持。故事中的小陈，虽然对别人凶神恶煞，但他一样渴望亲情的关爱。所以，即使是一个小女孩的微笑，也让他感到温暖。

在家庭这一组织中，虽然形态和机能在不断地变化，但有一点始终不变，即自己永远是其中的一员。

●●●●心理学家提醒你●●●●

亲和需求是一种社会性的动机，它促进人们结成不同的组织。在组织成员之间建立良好的人际关系和合作环境，可以回避冲突与恶性竞争。宗教团体的形成是人们亲和需求的显著表现之一。

契可尼效应：难以忘记初恋的秘密

结婚后的艳文仍然忘不了她的初恋。特别是每当和老公吵架后，艳文对初恋的那段感情的回忆更为强烈。

艳文和她的初恋男友是十年前的同学、朋友，如果不是因为父母的干涉，不是因为后来命运的阴差阳错，他们两个人也许早在一起了，命运注定他们只做了普通朋友。

去年圣诞节，艳文和老公吵架后和他去喝酒。艳文喝醉了，然后背叛了家庭和初恋男友发生了关系。事情发生以后，艳文和他都觉得难以面对。初恋男友叫艳文离婚，并且说要等艳文一年时间，因为他三十二岁了，单身，家里也给了他很大的压力。

艳文觉得这种日子真的很痛苦，一方面觉得自己再也没脸面对老公了，另一方面初恋男友的存在时时提醒艳文他的痛苦，等待的痛苦。

很多次，艳文想跟他提出分手，做回朋友也好，或者陌生人，各自回各自以前的生活，但是又觉得难以割舍。这种滋味真的比死还难受。

艳文想过什么都放弃和他在一起，但是本来已经很对不住老公了，而且虽然吵架归吵架，但也没有什么非要离婚的理由，而且，一吵架就要离婚，在双方的父母那儿也说不过去。

艳文现在对自己的未来没有一点信心，害怕到头来没有好结果。

尽管现在的年轻人流行快节奏的"速食爱情"，但夜深人静的时候，还是会有人为第一次真挚的爱情流下眼泪。艳文的不安与惶恐，说明初恋的这份爱情在她的心目中有着很重的分量，有难以割舍的"初恋情结"。

苏联心理学家库兹涅佐娃说，"初恋的爱情创下的财富，是第二次爱情难以达到的……初恋留下的烙印在心灵上如此深刻，以致失去初恋留下的心灵创伤是无法痊愈的。"

初恋所具有的魔力是什么？也许心理学上的"契可尼效应"可以解释它非同寻常的力量。

心理学家契可尼曾经做过一系列的相关实验，发现人类有很重的"未完成情结"。我们对已经完成的事情总是很容易忘怀，而对那些因为某种原因而没有完成的事情却总是记忆犹新。

众所周知，初恋之所以总是让人难忘，其中一个重要的原因就是，大多数人的初恋都是没有结果的，有些人把它比作"青春之树上的一个酸苹果"，就是这个原因。

除此之外，人类的记忆还有一种奇特的功能，就是在一些痛并快乐着的经历过后，我们的记忆会选择记住那些美好的部分——心理学家把这种效应称作"记忆的乐观主义"。就像一位经历过痛苦分娩过程后的妈妈，当看到新生儿的那一刻，她就会忘记分娩的痛苦，沉浸在甜蜜中了。同样，人们在回忆起初恋时，往往都是关于对方的一些美好的记忆。

昨天晴儿预订了结婚照，下个月拍照、再下个月取照片做喜帖，应该能赶得及八月份的婚礼。

按理说，待嫁的新娘应该是最幸福最光鲜的，可晴儿却是怎么也开心不起来——因为她很清楚，自己将要嫁的并非所爱之人。除了爱情以外，也许有人会因为感恩、感动而踏上红地毯，可晴儿呢，却是因为自己的无法选择。

随着婚期临近，晴儿越来越无法控制自己的情绪，为自己，为未婚夫，更为了她的初恋男友——阿齐。

晴儿和阿齐是中学同学，早在高中时就已经是班上同学公认的一对。可是那时也许是年纪太小的缘故，根本拿捏不了自己的感情，那几年的时光，只是在吵吵闹闹分分合合中匆匆度过。

高中毕业后，晴儿找了份工作，而阿齐则考上了一所远方的大学，两个人不再是天天黏在一起的"一对"。晴儿努力工作拼命赚钱，想的是哪天才能存够买房的首期款；而阿齐关心的却完全不同，他关心的对晴儿而言已完全很陌生。

毕业还不到一年，晴儿与阿齐之间的鸿沟已是无法跨越，"分手"两字不用说出口，彼此却都已经很自然地接受了这个事实。

后来，到了结婚的年龄，家里给晴儿介绍了对象。对方条件很不错，人也很老实，晴儿也想不到反对的理由。于是就定下来了。

可现在，晴儿觉得很惶恐，很不安，阿齐的影子总在自己的脑海中挥之不去……

晴儿的惶恐与不安是很正常的，或许是由于她的"未完成情结"；但是这并不能代表现在的选择就是错的，除非继续为了心中的初恋而暗自神伤。

初恋的感受让我们难以忘怀，其实是我们的心理机制在起作用。即使是一段最终没有结果的恋情，留给我们的也是美好的青春回忆。如果那些为初恋留下的遗憾而伤神的年轻人以这样的心理学知识去解读初恋，或许就不会总是为没有结果的初恋而懊悔和伤感了。

●●●●心理学家提醒你●●●●

大多数人的初恋总是甜蜜和苦涩交织在一起的，正因为初恋总是伴随着"那时我们不懂爱"的遗憾回忆，所以我们才会觉得它格外珍贵。就像一个取得很多荣耀的人，他不会对他获得的荣耀记忆犹新，但是多半会记住自己曾经失之交臂的荣耀。

"救世主"情结：总是爱上"坏小孩"

在网吧里，冰儿认识了一个小男孩，因为他们都喜欢网络游戏"劲舞团"。小男孩很厉害，冰儿眼巴巴地看着"小男孩"那优美的舞姿，而"自己"却像傻瓜一样愣愣地站在那里"左摇右晃"。后来，小男孩开始教冰儿玩"劲舞"。

冰儿渐渐地喜欢上了这个小男孩。

时间久了，见面时，两人就像相处了很久的恋人，漫步在细雨中，一起去照大头贴，一起去吃饭，一起去跳舞，一起去唱歌。虽然小男孩吸烟、喝酒、爱打架，但冰儿觉得没关系，"重要的是，他对我很好。"冰儿觉得很快乐。

快乐总是短暂的，小男孩逐渐开始对冰儿爱理不理，回冰儿的短信不是"嗯"就是"是"，对冰儿的电话充耳不闻，电话打多了他就关机。

冰儿陷入了痛苦之中，是什么让小男孩的变化如此之大？冰儿比小男孩大一岁，她认为小男孩还小，不懂得什么是爱情，不太会呵护女孩，他把爱情当游戏。

一次，冰儿留意到小男孩的手机背面大头贴换成了另外一个女孩。冰儿开始感到辛酸，泪水止不住地涌出来……

冰儿逐渐失去了小男孩的消息，她不敢发短信，怕小男孩不回；不肯打电话，怕受伤，怕听到的是小男孩冷冷的声音。冰儿常常望着满天的繁星，心里默默地叹息："是放弃？还是坚持？"

对于大多数的人来说，爱情恐怕是世界上最能让人体验到甜蜜和快乐的情感了，但是心理学家苏珊·福沃特却拥有一个与众不同的观点。她认为，爱情对于某些人来说是成长的良药，但是对于另一些人来说，爱情是一种病，一种迷恋的疾病。故事中的冰儿很不幸地患上了这种病，无法自拔。

有一位出身良好的女孩，每次恋爱都会引发她和家人、朋友之间的冲突。因为让她神魂颠倒的男人，总是那些劣迹斑斑的坏男人。

生活中你是否也遇到过这样的人？好女孩坚持认为坏男人是早年遭受过心灵创伤的"可怜小孩"，认为只要自己付出的爱足够多，做得足够好，就可以把他们从糟糕的境遇中拯救出来，为此情愿牺牲自己的生活。

像这样总是以天真的面目去拯救别人，却一次又一次地遭到打击，而依然乐此不疲——就是在爱情中拥有"救世主"情结的人。

也许一般人难以理解，但是对具有"救世主"情结的人来说，无论是酗酒成瘾的瘾君子，还是劣迹斑斑的大骗子，都是极富吸引力的。不管这些家伙拥有多么糟糕的问题，哪怕是他们的家人也早已经放弃了他们，这些"救世主们"依然相信自己有能力拯救他们。

陈星学习一直很好。上中学时，班上有个坏男生抽烟、喝酒、打群架，被老师称为"混世小魔王"。陈星不知怎么就从心底里涌出一份怜爱，她希望并且相信自己能够用爱拯救这个坏小子。

为了跟这个坏男孩打成一片，陈星不但打扮上开始追求时尚，而且学着跟那群坏孩子一起旷课、与老师作对。老师联合家长对陈星不断地进行说服教育，可她依然我行我素。

虽然一片好心，结果却并不如陈星所愿。不但坏小子不买她的账，就连自己的学习成绩也一落千丈。

大学毕业后，陈星与小她两岁的男友决定结婚。结婚后，她才知道老公竟然吸毒。这让陈星很震惊，但她也默默发誓：一定要帮助这个男人戒毒。一定要让这个男人感到幸福。

爱情是一场拯救的开始。刚结婚那两年，陈星一次次努力地帮助老公戒毒。在这些日子里，她几乎天天为这个男人担惊受怕，虽然监督他，跟踪他，送他去戒毒所……然而，收效甚微，每每她以为老公已经戒毒了，事实又给她无情的打击。这期间，父母都劝她放弃他，陈星说："如果我也放弃了，他就只有死路一条了。"老公在戒毒所里，陈星一次次发手机短信给他："老公，我不能没有你。我爱你！"

这场拯救战耗尽了陈星的精力，独自一个人的时候，她总是以泪洗面，恨不得马上死去。然而只要面对老公，她的脸上充满了微笑，眼神中满含着期待。

那天，陈星去戒毒所接老公，她对依然虚弱的老公说："别怕，有我在呢。"陈星知道，自己的又一次拯救运动开始了……

陈星就是一个典型的具有"救世主情结"的人，从喜欢上坏小子，到嫁给吸毒者后仍不离不弃，相信自己能够把他们带出泥潭。即使一次次受到打击，仍然不放弃，于是她也无可奈何地被笼罩上了悲剧的阴影。

对于"救世主"来说，为对方付出是难以抗拒的需求，如果对方能因为自己而有所改变，那么"救世主"的价值就得到了最好的体现。对于这些人来说，表面上来看，她为被拯救的一方做了很多的事情，控制了事情的发展。但实际上，对这一段关系起着控制作用的，总是那些看上去被她拯救的人。因为"救世主"最大的恐惧就是"无人可救"，一旦被对方抛弃，"救世主"的价值就无从体现了。一些生活很糟糕的人，正是巧妙地利用了对方的"救世主"心理，将其牢牢地控制在自己的手心里。

●●●●心理学家提醒你●●●●

爱情，有时候是盲目的，沐浴爱河的朋友只看到幸福的未来，却看不清充满危机的现在；只看到片面，看不到整体。有的时候，甚至连自己都看不清。因此，盲目的爱，往往以悲剧收场。

激情爱：短命的浪漫

阿峰和阿虹相恋三年，两人在恋爱时亲密无间，经常看电影、逛公园、说情话、发短消息，恩爱无比。终于有一天，阿峰来到阿虹的面前，郑重地向她求婚。这浪漫的一幕让阿虹感动得想哭。之后两人开始张罗着结婚，并于当年国庆节踏入了婚姻的殿堂。

初入婚姻之门，两人很是激动，蜜月期情意绵绵，如胶似漆，难分难舍。

婚假休完了，两人也开始正常上班了，情形发生了一些变化。阿峰工作很忙，公司离家远，每天回来都感到很累，谈恋爱时的那种精神劲儿似乎不复存在。往往吃过饭、洗漱过后，上床看一会儿电视就睡着了。阿虹感到，老公对自己的爱不像以前那么深了，有时问他几句，他只会回答"是"与"不是"，仿佛没有什么兴趣，也不太愿意回答。

有一次，阿虹问阿峰："我们周末回我妈家好不好？"阿峰答道："是！"阿虹有些火了，说："我问你好不好，你怎么回答'是'？'是'是什么意思啊？你是不是烦我了，哼！我看我们谈恋爱的时间这么短，我这么快给你追到手，你不珍惜了吧？"阿峰听了，也不相让，说："你不知道我工作很累吗？一点也不知道体谅我，这些小事，你安排一下不就行了。"阿虹听了，更加生气，之后一段时间他们陷入了冷战。虽然后来没事了，但彼此心中却留下了心结，经常会为一些生活琐事产生口角，还常常冷战。阿虹知道他们彼此还爱着对方，但婚姻却一直在这种危机中过着。

有人说，结婚之前或新婚，两人的爱情往往充满着激情与浪漫；结婚时间长了以后，激情退却就需要靠感情来维系了。似乎爱情也有保质期，过了保质期，浪漫消逝，温情不再。所以婚姻心理学上有"七年之痒"，因为结婚七年后夫妻关系往往会面临着严峻的考验。阿峰和阿虹虽然结婚没几天，但遇到了"激情过后之痒"。

有人注意过这样一个现象：

如果我们去询问城市中的年轻男女："爱情需要浪漫和激情吗？"

绝大多数的回答是："那是一定的啊！"

但是，同样的问题去问那些已婚的中年人或者是老年人，得到的答案可能会大相径庭。

很多年轻人会在选择恋爱对象上和自己的长辈发生冲突，原因就在于年轻人认为激情和浪漫是爱情中必不可少的因素，而长辈们恰恰认为，爱情中的浪漫和激情就像夜空中的流星一样稍瞬即逝，根本不可靠。

爱情中的激情真的是一种短命的浪漫吗？

如果我们观察身边那些拥有长期、稳定的婚姻关系的人，多半会发现那种电光火石般的激情早已经在他们身上消失了。1986年，心理学家罗伯特·斯滕博格提出了爱情三元论，在他对爱情的划分中，激情式的爱情是最常见的一种，但是这种类型的爱情也是最脆弱的。

为什么呢？因为他认为激情爱中包含着很多不理性的因素。

激情爱中首先包含的是一种生理本能。科学家的研究表明，处在激情之中的男女，大脑中会分泌一种化学物质，叫做苯乙胺，也被称做"快乐激素"，这种物质能极大地刺激兴奋中枢，从而调动双方的心理能量，让人感觉不到疲劳、饥饿和寒冷，完全沉浸在那种激情之中。这时，看见与平时一样的天空，都觉得要比以往更蓝；看见自己讨厌的人，也觉得他比以前可爱了；平时吃在嘴里没什么特别味道的食物，好像也变得格外有滋味。其实，这种错觉完全是我们主观上的心理感觉，是激情爱所营造的短暂幻象，就如同沙漠中出现的海市蜃楼一般。

当这种主观心理遭遇到生活中的现实时，随着"快乐激素"的减少，当初的那种欢愉就会荡然无存，随之而来的是巨大的现实落差所带来的失望和沮丧，这样的爱情很难维持。

但也有人，在几十年的婚姻中，仍然能够做到如同恋爱时一样亲密无间。一个作家曾经目睹过这样一件事：

在飞机场接人的时候，作家注意到一个提着两个轻便袋子的中年男人正迎面向这边走了过来，然后在作家身旁迎接他的妻子面前停了下来。

他一边向他的妻子打了个招呼，一边放下手中的袋子，紧紧地拥抱着他的妻子，并且给了她一个长久的、热烈的、温柔的吻。然后，他深情地凝视着她，几秒钟之后，他静静地说："我非常爱你！"就这样，他们互相深情地凝视着对方的眼睛，手拉着手，幸福地微笑着。

看着他们那亲热、幸福的样子，作家觉得他们可能是刚成家的新婚夫妻。然后，作家突然意识到自己已经完全被这美好情景吸引住了，因而作家感到有些不自在，好像自己是一个未经允许就闯入他们这神圣私密空间的侵略者，然而更加让人吃惊的是，作家竟然听到自己那紧张得有些失真的声音在问道："哇！你俩结婚多长时间了？"

"哦，我们在一起生活已经14年啦，结婚也有12年啦。"他答道，眼睛仍旧在深情地凝视着妻子那美丽的脸庞。

"那么，你离开家有多久啦？"作家继续问道。终于，这个男人转过身，脸上仍旧洋溢着快乐的微笑，说道："整整两天。"

两天？！作家不禁大吃一惊！从他们这样热烈、深情的问候来看，作家几乎就已经确信他离开家即使没有几个月，至少也有几个星期了。这让作家羡慕万分，作家说："我希望我的婚姻也能像你们一样，在12年后依旧充满热情！"

也许，对这对夫妇来说，彼此关心，彼此爱护，彼此不离不弃地相守在一起才是最浪漫、最幸福的爱情！爱情不是要像烟花一样璀璨而短暂，而应该如细水长流般温情而浪漫。

爱情的真谛是要在日常生活的一点一滴中去慢慢体会的。

●●●●●心理学家提醒你●●●●●

　　爱情是人类共有的，不分种族，不分文化。爱情也是有很多种形式的，在对爱情的认识上，很多人都有分歧。

　　处于浪漫激情中的男女，都倾向于向爱慕的对方展现自己身上最好的一面，极力隐藏自己不好的一面。一旦两人开始朝夕相处，彼此都会"原形毕露"。这个时候，最需要的是调整好心态。

试婚：想好要付出的代价

　　事例一：小娜是一名公司职员。上班时间长以后，逐渐发现部门经理对自己颇有好感。经理英俊又温柔，对她关心有加。逐渐地，经理用自己的身份、出色的口才俘获了小娜的心。

　　小娜想和他立即结婚，可他说要先试婚，不希望立即结婚，还说试婚是有现代意识的人所做的一种婚前准备，对婚后生活很有好处。小娜听信了他的话，和他同居了。

　　然而，试婚一段时间后，小娜逐渐发现他是个大男子主义者，自私无理，刚愎自用，不尊重她的人格，只要求她全力服侍他。小娜想离开他，可是街坊邻居、公司上下都知道了他们的同居关系，如何退出呢？她十分后悔搞什么试婚，如果没有同居，她会毫不犹豫地和他分手，可现在晚了。小娜陷于痛苦和压力之下，不能自拔。

　　事例二：小毅听说试婚能增加彼此的感情、减少婚后的矛盾，于是和女朋友同居试婚了。一段时间后他们结婚了。小毅逐渐感到，由于试婚时已经尝够了一切，一点也体验不到新婚的惊奇、喜悦和甜蜜，婚姻变得十分乏味。拉着妻子的手就像自己的左手拉右手，感受不到一点新鲜和喜悦。

　　更甚者是妻子的变化。结婚前，妻子怕失去他，因而特别小心翼翼、小鸟依人；然而结婚后一下子变得大大咧咧，一点也不可人了。他以前觉得她愿意给自己她的贞操是爱他的表现，现在却总感觉她太不自重，说不定哪天对别的男人也很容易献出身体。婚后的小毅就这样总是心存芥蒂，过得很不舒服。

在中国的一些大都市里面，试婚正悄然流行，甚至成为一种时尚。据调查，上海市五个区20～35岁的青年中，未领结婚证书的"野鸳鸯"占19.8%；在上海100对具有大专文化程度的新婚夫妇中，有30%曾有过婚前同居生活。福建省某市妇联的调查显示，试婚者已占婚龄人口的22.8%，而且有"方兴未艾"之势。

所谓"试婚"，指的是男女双方不受法律约束，带有一定试验性质的同居行为。有人常把婚姻比作鞋子，舒服不舒服，只有穿了才知道。既然结婚像买鞋子，那么为什么不先试一试，看看合不合适，再决定是否买它呢？不合脚的话当然勉强不得。

"试婚"一词最早于1894年由美国法官本·B.林塞提出。他是研究少年犯罪问题的国际权威。他在《伴侣婚姻》一书中提出青年应当采取一种新的结婚形式，即"试婚"。这种婚姻与传统婚姻不同，青年夫妇要掌握最先进的避孕知识和技巧，在没有孩子而且妻子尚未怀孕的状态下只要双方同意就可以离婚，离婚时妻子无权要求赡养费。很多青年拥护他的观点，试婚逐渐在世界上大部分国家流行起来，社会与家庭也采取一种默许的态度。哲学家罗素说道："试婚是一个明智的保守主义者的建议，其目的在于巩固青年的性关系，根除现存的乱交现象。""如果要求人们在不知道他们在性的方面是否和谐的情况下就进入一种终身的关系，那是荒唐的。这就像一个人要买房子，但不能获准在成交之前看到房子一样荒唐。"

罗素认为试婚是朝着正确的方向迈出的第一步，好处多多，然而在我国，尽管已经改革开放多年，人们对各种新事物、新观念已经具有一定的接受能力，可总体上，我们的社会仍有些"男尊女卑"。试婚如果失败，对于男性或许无所谓，可对于女性伤害就比较大了。其实，试婚失败后的分手也不会像事前想象的那么轻松洒脱。

蒋庆以"小别胜新婚"为由，劝说妻子与自己进行尝试离婚。在尝试期中，他与另外一位从事个体服装业的姑娘乔玉过起了"试婚"生活。他们的试婚生活除了没有结婚证书之外，其他都与已婚夫妇没什么两样。乔玉完全做到了一个贤妻良母所应做的一切，每晚回家都要做好可口的饭菜犒劳蒋庆；星期天和节假日主动陪着蒋庆郊游、跳舞、逛公园。蒋庆发誓与乔玉长相厮守、永不分离。

然而有一天蒋庆发现乔玉竟然还有一个男人，于是要和乔玉断绝关系。乔玉找到他，说已经怀了他的孩子，要求与他结婚，但被蒋庆拒绝。两人都陷于痛苦之中，相约以死来解脱。一天夜晚，乔玉梳妆打扮一番，走到床前，对着熟睡的蒋庆说道："亲爱的，你先走一步，我随后就来。"她用刀子向蒋庆的脖子上抹去……

蒋庆死后，乔玉下床拧开煤气罐，气味浓烈的煤气在屋中弥漫，此时她突然觉得一阵恶心，犹如妊娠反应一般难受，她突然想起了腹中胎儿：孩子是无辜的，我不能死。她打开窗户，关上煤气。几天后，她处理好了自己认为应该处理的一切事务后，径直向派出所走去……

这是一个试婚悲剧，以一方死亡一方坐牢为代价。当然，试婚的失败未必都会引发如此极端的惨剧，但带来痛苦是必然的，对于女方尤其如此。试婚中，女方常常忧虑的是，如果这次试婚不成功，如何面对以后的丈夫呢？因此不得已的分手并不会很轻松，往往使女方陷入两难境地。所以面对"试婚"的说辞，一定要保持谨慎。

●●●●心理学家提醒你●●●●

试婚者虽然以婚姻为主要目的，但也不能排除打着试婚的幌子玩弄他人感情的骗子，这样的人以男性居多。在他们看来，试婚是个与多名女性保持性接触的好借口，既满足了自己的欲望，又不需要有任何经济上、心理上和社会地位上的损失。对这类人要保持警惕。

爱情与婚姻：怎样去认识

有个学生问他的老师什么是爱情。老师就让他先到麦田里去，摘一棵全麦田最大、最金黄的麦穗来，其间只能摘一次，并且只可向前走，不能回头。

学生于是按照老师说的去做了。结果他两手空空地走出了田地。老师问他为什么摘不到？他说："因为只能摘一次，又不能走回头路，其间即使见到最大、最金黄的，因为不知前面是否有更好的，所以没有摘；走到前面时，又发觉总不及之前见到的好，原来最大、最金黄的麦穗早已错过了，于是我什么也没摘到。"

老师说："这就是'爱情'。"

又有一天，学生问他的老师什么是婚姻。老师就叫他先到树林里，砍下一棵全树林最大、最茂盛、最适合放在家做圣诞树的树。其间同样只能砍一次，以及同样只可以向前走，不能回头。

学生于是照着老师的话做。这一次，他带了一棵普普通通，不是很茂盛，也不算太差的树回来。老师问他，怎么带这棵普普通通的树回来？他说："有了上一次经验，当我走到大半路程还两手空空时，看到这棵树也不太差，便砍下来，免得错过了后，最后又什么也带不出来。"

老师说："这就是'婚姻'！"

人生其实就像穿越麦田和树林，只能向前走一次，不能走回头路。要找到属于自己的最好的麦穗和大树，找到自己最理想的爱情与婚姻，何其难也？而且，爱情与婚姻往往是不能等同的：自己爱的人并不一定能和自己结婚，跟自己结婚的未必是自己爱的人。

在中国，传统上来说，爱情与婚姻是分开的，爱情与婚姻连在一起是近代的事情。在新中国成立以前甚至之后一段时间内，婚姻通常都是父母包办。大部分男人都是在揭开新娘子盖头时才第一次见到她的样子，对对方性格等各方面情况的了解也只来自媒人的只言片语，何来爱情呢？可他们就那样结了婚，并生养儿女。不正是这些没有爱情的婚姻，给了我们现代人的生命吗？中国古代，孟子提出"男女授受不亲"，连牵手都不可以。比如，嫂子掉到河里，弟弟要不要去拉他，要是拉他，就违反礼教；不拉，嫂子就要淹死。所以，他就提出一种"权重"理论：一个是破坏规矩，一个是死，孰重孰轻很明显，所以就暂时破坏一下规矩。可以看出，中国古代，爱情在婚姻中是很不重要的。国外通常认为中国人的婚姻里爱情是不重要的，其实没错。现在流行的一句话是"爱情是婚姻的坟墓"，正是人们对爱情和婚姻的不等同性的认知写照。

在现代的中国，爱情和婚姻的一致较以前有了很大改善。在北京有一个抽样调查，结果正好有一半的人认为：自己最爱自己的妻子，妻子也最爱自己。在这一半的夫妻里，是有爱的，其次是"一般爱"、"不太爱"之类。可见无论什么年代，爱情和婚姻的冲突是永远不会消失的。如果充分认识和理解婚姻与爱情的冲突，这样就能更好地把握婚姻生活，更好地为爱情保鲜。

爱情是一种享受，而婚姻更多的是责任。

有这样一个比喻：爱情就像闪电一样，而婚姻就是为这闪电付电费的。一般来说，爱情基本上是自由的，爱谁不爱谁是你的权利，但是结了婚就不一样了。如果说结婚前是在选择你所爱的人，那么结婚后更多的是你得去爱你所选择的这个人。人在一生中或许不只爱恋一个异性，但和其中一位结婚之后就要克制对其他异性的爱。罗素在《婚姻革命》一书中写道："毫无疑问，因为婚姻而拒绝来自他方的一切爱情，就意味着减少感受性、同情心以及和有价值的人接触的机会。"

爱情更多的是感觉，而婚姻更多的是事业。

　　爱情更多的是两个人的感觉，想怎么感觉就怎么感觉，可以跟着感觉走；而婚姻是事业，婚姻中的你要靠打拼活下去，要给彼此以及你们的孩子、父母幸福，你必须去建设、去经营，靠感觉过不了日子。

　　爱情有很强的随意性，而婚姻是相对固定的法律契约。

　　结婚一段时间之后，爱情的高峰过去，双方身上的弱点暴露得越来越多，彼此的新鲜感逐渐消失，爱情之花逐渐枯萎，婚姻就可能变为无爱的折磨，但它不会消失，仍然实实在在地存在着。

　　爱情更多的是两个人的私事，而婚姻是关涉他人的。

　　结婚之前，你想爱谁就爱谁，不爱了可以分手，闹矛盾了往往自己去处理，不会有父母、亲戚等其他人的切身利害关系。婚姻是关涉到其他人的，并且是在法律契约的层面上，必须对双方家人及自己的孩子负起一定的责任。

　　爱情更多的是一种失重，而婚姻更多的是一种平衡。

　　谈恋爱的时候，基本上处于一种失重状态，晕晕乎乎的，很多时候忘乎所以，什么话都敢说。而如果结婚后还总是处在失重状态，你的婚姻肯定长久不了。所以说婚姻更多的是一种平衡。有人说"恋爱期间人的智商都变得很低"，是很有道理的。结婚几年后，如果把你当初写的情书拿出来念给妻子听，或许她会诧异当初你怎么能说出那种肉麻的话来。

　　准备结婚的人应该有个清醒的认识：爱情可能是婚姻的基础，但不是婚姻的全部。婚姻中除了爱情的因素，还有经济的、生育的、责任义务的因素。不要对婚姻中的爱情过于苛求，要准备迎接现实的挑战。幸福的婚姻很多，但需要你去努力地经营。正如法国著名作家莫罗可所说的："婚姻本身（除了少数幸运或不幸的例外）无所谓好坏，成败全在于你。只有你自己才能答复你自己的问题。因为你在何种精神状态中准备结婚，只有你自己知道。婚姻不是一件确定的事，而是待你去做的事。"

●●●●●心理学家提醒你●●●●●

弗洛伊德说过："不管婚姻是由他人撮合，还是个人的选择，一旦决定结婚，这种意愿行为就应该保证爱的持久。"爱情在婚姻中也是一种责任。婚姻是爱的意愿，结婚实际上等于对爱情发布永远相爱的誓言。

类似性与互补性：我们是怎么进行选择的

眼下，在北京、上海、广州、南京等城市，一张"性格婚检"的测试卷备受追捧。这是一份测试婚恋者性格的文字问卷。问卷的大部分题目，来自美国心理学家卡特尔1949年设计的国际通用的"性格测量表——卡特尔16种人格因素"，其中涉及家庭影响、神经类型、经济观念、对性的兴趣和能力、对感情的要求、自我评价等诸多方面。在这张问卷的基础上，有人又根据中国的实际情况，添加了一些与日常生活有关的选择题，共计100道。经过电脑系统的测算，答题结果会被归纳到5个评分级别。0分是婚检里的中性值，它代表人们的心理处在正常情况；1分表示颇为积极健康；2分为最高分，代表心理非常健康；–1分说明心理颇为低落，应适当调整；最低分为–2分，代表心理非常不健康，并有自闭等消极倾向。

如果一对情侣的测试结果都在0分以下，这说明他们的性格均属内向，不产生互补，此时心理咨询师会建议被试者不要进入婚姻。总体原则是，婚恋双方的分数累加，在0分以上就适合结婚。即使其中一方为负分，另一方为正分，但心理健康的一方就会对另一方形成互补，也可以走进婚姻。

据说，目前前往心理咨询中心进行性格婚检的，主要有三种人：第一种是征婚者，他们希望通过测试结果了解自身的性格特征，拟定可以与之"互补"异性的要求；第二种是恋爱中的情侣，他们希望了解彼此是否真的适合结婚；第三种是已婚者，他们当中的很多人婚姻已经出现问题，但无从解决，甚至不知道问题的根源何在，因此希望通过测试找到"药方"。

这份问卷有着多大的准确性我们不得而知。然而，在交往中或走进婚姻的殿堂之前，双方总会要考虑：他（她）和我的性格到底合不合？这关系到将来能不能很好地相处。

与自己情投意合的人一般是与自己相似的人呢，还是与自己不同类型的人呢？选择伴侣时，是性格相似的夫妻好呢，还是个性迥异的夫妻好？这真是个谜。

喜欢性格相似的人的学说叫作类似性说，感觉个性迥异的人有魅力的学说叫作互补性说。在现实生活中，哪种组合会相处得更融洽呢？

伯恩和纳尔逊支持类似性说，因为他们的调查结果显示人们更喜欢与自己的意见、态度相似的人。其他的调查结果也显示人们会喜欢第一印象中与自己相似的人。如果在价值观和社会观方面与对方的意见一致，人们会觉得自己被接受，感到高兴，同时对对方的好感也会增加。中国古话说："物以类聚，人以群分。"恐怕也反映了这种个体间以相似性互相喜好的趋势。特别是在恋爱时，我们会寻找像镜子一样可以照出彼此身影的对象。

但是随着关系的密切，时间的流逝，彼此的亲密就会减淡。因为性格上的因素也往往会产生一些问题。

李平的老公是经人介绍的，相处半年就步入了婚姻的殿堂。

婚后，经过了最初的激情，一些以前不以为意的问题却逐渐成为了李平和老公之间的大分歧。老公爱交际，爱看足球，爱炒股，李平喜欢文学艺术。老公渐渐地不再很热情地陪李平听音乐，去外面漫无目的地瞎逛。李平有时候怀疑，他们是不是像离婚时人家常说的那句"性格不合"。李平开始胡思乱想：当初是否太仓促了，我们的婚姻之路刚起步，而我还年轻……反正就是觉得，眼前的老公太现实，一点也不懂得浪漫。

老公也觉察出了李平的不满，变得很痛苦。最后，两个人坐下沟通，最终达成一致：决不能轻言放弃！李平想，老公毕竟还是有可爱之处的：会做

家务，心地善良，人老实，还有最初相识时那份说不清的好感。他们开始尊重彼此的爱好，尝试着去了解对方。

夫妻俩坚持每天晚饭后散步，在这其中，聊聊各自感兴趣的东西，双方必须耐心地聆听；在屋子里，当各做各的事时，也不忘给对方一个温暖的眼神。此时李平觉得非常温馨。久而久之，李平发现生活变丰富了，既能满足地享受自己那份爱好，又多感知了从对方处获得的另一片天地。老公闲时会哼哼流行歌曲，李平也能如数家珍地说出大牌球星的名字。这时李平觉得，结婚还真好！

曾经一度因为性格的不合而致使婚姻出现了危机，后来因为性格、爱好的互补而达到婚姻的平衡，看来性格的类似或互补，都确实会影响到夫妻之间的关系。

温切斯支持互补性说，认为个性迥异、爱好迥异的人更容易相处。在他的研究中，能够自然地承担各自不同的任务，彼此互补的夫妻对婚姻的满足度很高。比如，由外向的爱好交际的妻子和内向的热爱家庭的丈夫组成的夫妇，丈夫守护家庭，妻子保持和外部的交际，两者可以保持家庭内外的适度平衡。

像这样的分工会随着关系的进展而展开。不仅限于夫妻关系，朋友和工作伙伴也是如此，例如在公司里，支配欲强、民主意识淡薄的领导人通常喜欢那些恭顺服从的下属。虽然最初类似性会促使人们互相吸引，但接着就很有必要发展互补的关系了。

●●●●●心理学家提醒你●●●●●

　　婚姻是一个极其复杂的问题，受诸多因素影响，人格变化也不能通过一个固定数值就盖棺定论。夫妻相处如何，并不在于性格是否相同、相近或不同，而是在于夫妻之间如何相处。如果性格差异较大的夫妻，能够做到尊重对方，一定会相处得很好，成为恩爱夫妻。

家庭暴力：暴力不是一天形成的

袁女士结婚已经十多年了，十几年的婚姻生活使她苦不堪言。袁女士的丈夫经常对她恶语相向，后来甚至拳脚相加，大打出手。

对于丈夫的粗暴行为，袁女士一贯采取退让隐忍的态度，每当她忍无可忍时，就离家出走一段时间，而丈夫会发疯地去寻找她。

找到她以后，每次都是痛哭流涕、捶胸顿足、作揖下跪，向袁女士道歉，哀求她不要离开自己，表示没有她，自己就活不下去了。

袁女士相信丈夫还是深爱自己的，也就每每原谅了他，跟随他回家去"好好过日子"。可是过不了多久，丈夫又故态复萌……于是，袁女士这十几年的生活，就在丈夫的打骂——道歉——再打骂——再道歉这个怪圈中周而复始地度过。

家庭暴力（DV）一般指配偶之间发生的暴力，施暴者一般为男性。

家庭暴力包括身体上的踢、打；性方面的强行要求发生性关系或婚内强暴；心理上包括辱骂配偶、对配偶采取冷漠的态度等。不仅如此，还有在经济上不给配偶生活费，在社会活动方面限制配偶的行动自由，不许配偶外出等。

受害者为什么不逃离呢？

家庭暴力一般会反复出现三个阶段：第一阶段是夫妻关系紧张激化阶段；第二阶段是施暴阶段；第三阶段是施暴者感到后悔，对受害人表现出爱意和温柔的阶段。

第一阶段和第二阶段中凶残的施暴者到了第三阶段就像换了一个人似的，表现出满含爱意的温柔态度，而且还会保证以后再也不会那样了。这样一来，受害人就会认为"这样才是真正的他啊"，"以后肯定不会那样

了"。但是，这三个阶段是反复出现的，第一阶段再一次卷土重来了，暴力又开始了。受害者受到的伤害是生理、心理两方面的。虽然也想过要逃走，但是大部分的受害者都没有充分的财产支持，而且施暴者还会威胁"你要敢逃就杀了你"或是扬言要自杀、杀死孩子等。所以，受害者不是不想逃，而是逃脱不了。

此外，多数的施暴者和受害者都是在存在某些问题的家庭中成长起来的，比如小时候就处在有家庭暴力的家庭环境中。家庭暴力有时候会出现"遗传"的倾向。

家庭暴力有着严重的危害：

（1）严重影响、破坏了社会组成细胞——家庭。在一个家庭中，如经常发生家庭暴力，必然影响夫妻感情。当妻子无法忍受其丈夫的暴力时，以选择离婚、离家出走、甚至以暴抗暴等途径摆脱遭受的暴力，致使家庭破裂、毁灭。

（2）影响子女的正常生活和成长。经常发生家庭暴力的家庭，对孩子的身心健康有着严重的影响。特别是直接对孩子施暴时，更容易使孩子产生恐惧、焦虑、厌世的心理，轻者影响孩子的情绪，使他们自卑、孤独，影响学习和生活；严重者使孩子们离家出走，荒废学业，甚至走上犯罪的道路。

（3）家庭暴力侵害了妇女的人格尊严和身心健康，甚至威胁生命，暴力行为严重地侵犯了妇女的人身权利。

（4）家庭暴力给社会带来了不稳定因素。不及时有效地遏止家庭暴力，受害者本人又不知用法律保护自己，在忍气吞声、长期遭受暴力的扭曲心态下，采取了法律禁止的手段——故意杀人，酿成恶性事件。给社会带来恶劣的后果，极大地危害了社会安定的局面。

小燕今年17岁，生长于一个三口之家。小燕的爸爸几年前辞去收入很好的工作，专门做传销，几年下来亏损几万元。小燕妈妈劝他找一份无论什么工作做做，不要继续做传销。小燕爸爸仿佛着了魔似的，死活不同意，两人的矛盾逐渐升级，并因此由吵架到动手打架，三天一小吵五天一大打。

小燕夹在其中，她既希望爸爸不要再做传销，又害怕妈妈真的要离婚，每天都觉得很痛苦。现在小燕根本没心思学习，小小年纪就交了一个又一个的男友。有一次，家庭战争爆发，小燕离家出走了。全家人动员了所有的朋友到处找她。所幸，当天深夜，就找到了在附近广场上游荡的孩子。家里人虚惊一场，也得到了一段时间的安宁。没过多久，家庭又硝烟四起。

有一天，小燕因一件小事与妈妈意见不合而当众坐地哭闹，妈妈也生气，使劲要拽她起来。当拉小燕起身时，她动手打了妈妈。

孩子必须依靠成人才能生存，他们还需要成人给予情感上的温暖及保护，从而能够免受任何威胁。家庭内部的暴力行为经常会制造出充满惊恐与痛苦的氛围，小燕在这样的家庭中长大，可能会形成这样的观念：用武力就可以解决问题，于是不自觉地也学会了动手。其实这是家庭环境给孩子的茁壮成长与精神健康造成的不利影响。

以前人们认为家庭暴力就是"两口子吵架"，"人家自己的事"，旁人没法介入。而且，那种认为女性是男性附属品的陈腐观念也对家庭暴力产生了一定的负面影响。但是，随着社会的发展和法律的逐步健全，现在家庭暴力已经越来越得到人们的重视，处理家庭暴力的方式也大大改变了。

● ● ● 心理学家提醒你 ● ● ●

1999年12月17日，联合国大会指定每年的11月25日为消除对妇女的暴力国际日，以提高公众对这一问题的认识。自1981年起，妇女运动活动家就将11月25日作为反抗暴力的纪念日。就在1960年的这一天，多米尼加共和国的政治活动家米拉瓦尔三姐妹遭到了特鲁希略独裁政权（1930~1961）的恶毒暗杀。

婚外恋：不同的杀伤力

一次，美玲到南京参加一次学术会议。在这个会议上，她意外地重新见到了川宏。川宏是她大学时男友，在毕业后就各奔东西，很少再联系了。后来，两人都各自成了家，有了孩子。这次见面，俩人都很高兴，互相问候近况。在有限的机会里川宏告诉美玲，最初他一直在想方设法地与她联系，直到听说美玲结婚了。这次重逢就是一个导火索，点燃了一枚藏在心底十年的爱情炸弹。

回到家里，刚一上班，美玲就接到了川宏的电话。"如果他不给我打，我也会给他打的。"美玲心想。背负着道德的包袱，他们既愧疚又欢喜地重新走到了一起。

很快美玲就沉溺其中，不能自拔。上着班，她会自己发笑，独自一个人回味着电话里的那些甜言蜜语。他们的感情是不能暴露在阳光下的，每次联系都很小心。美玲渐渐不再关心家里和孩子，跟朋友的交往也越来越少，她怕自己一时情绪冲动，克制不住就会将这一切说出来。但有的时候，很想说话，却找不到一个说话的人。

美玲知道，天下没有不透风的墙，再继续往前走下去，她会毁了自己，会毁了两个正常的家庭，但她却无法让自己放手。她会骂自己的软弱，但在现实面前，一切都显得那么无力。

城市的天空浑浊而灰暗，这样的日子，美玲不知道还要过多久。

和爱情、婚姻一样，婚外恋似乎也是一个永远说不完的话题，而且就像魔鬼一样永不离爱情、婚姻之左右。可以说，提起爱情与婚姻，就免不了说婚外恋。在当今社会里，婚外恋的事情我们已见怪不怪，电影《一声叹息》、《手机》向人们展示了婚外恋的"凄美"结局。而现实中，一个接一个因婚外恋而造成家庭破裂、反目成仇的生活剧也在上演，但人们"你方唱罢我登场"，婚外恋的是非剧没有演完的一天。

较之女性，社会伦理对男子婚外越轨行为比较宽容。尽管如此，家庭道德仍是评价个人价值的重要依据。即使在高度性解放的西方发达国家，私生活状况也依然左右着一个人的经济或政治前程。对于婚外恋情与家庭、事业成败及社会地位，男子总是更看重后者，而婚外恋通常只能是其风云人生中的一段小插曲。因此，如果婚外恋与其事业能齐头并进、两全其美，男人们自然不想游出令人陶醉的婚外情海；一旦婚外恋情到了可能使其家庭解体、阻碍其事业发展、损害其社会地位的地步，他们不得不忍痛割爱，弃情人于不顾。很少有男人会为了情人而牺牲自己的家庭、事业、社会名望，而背负道德败坏的名声。

婚外恋中，女性与男性不同，很少"喜新不厌旧"，其婚外恋的一般历程是"厌旧喜新"、"弃旧图新"。在追求婚外幸福时，有夫之妇们往往比有妇之夫更勇敢、执著，敢于蔑视伦理道德，能够顶住种种社会压力，甚至放弃子女抚养和财产利益，毅然与丈夫决裂，投入情人的怀抱。然而，她们的结局通常很惨，一无所有、孤注一掷的时候，情人却临阵退缩，最终弃之于不顾，害得她们人财两空、进退维谷。

李女士已年过四十，离婚后带着儿子独自生活。她有个情人叫小军。

她与小军的相识，源于公共汽车上的一次"英雄救美"。两年前的一天，李女士在公共汽车上遭遇小偷，不知所措之时，小军挺身而出，将小偷从人群中揪了出来。两人就此结识并相互留下联系方式。此后，二人频繁往来，并互生爱慕之心。

"五一"前，两人再次约会时，李女士感慨地对小军说："你对我真好！"并流露出想嫁给小军的意愿。此前，小军曾经如实地告诉过李女士自己已婚、有孩子的婚姻状况。听完李女士的感慨后，小军心里一动，说："我尽快离婚后娶你。"回到家，小军就和妻子摊牌要离婚，妻子当然不同意。亲朋好友得知此事，也纷纷上门，七嘴八舌劝和，小军开始动摇了。

这一切，李女士并不知情。因为一直没有小军的消息，她在等待的过程

中，曾拨打过小军的手机，传出的却是已关机的提示音。

一天上午，联系不上小军的李女士径直找到小军的家，小军的妻子正好在家。李女士开门见山说道："我今天也不瞒你，我和小军已好了两年。"小军的妻子气道："你们的事情我老公全给我讲了，你不要再缠着小军了，他现在到外地躲你去了。"然后"砰"地一声关上了门。

李女士心灰意冷，在小军家门外拨通了好友的电话："小军现在不理我了，打手机关机，人也不在家里。他欺骗了我，我不想活了……"没说完，李女士挂掉了电话，随即翻过小军家外的楼梯栏杆，松开双手，从五楼仰面坠下。

这是一幕婚外恋的悲剧。婚外恋发生后，小军可以逃避责任，从头开始，而李女士却走上了一条不归路，这是婚外恋对男女主角所造成的不同的杀伤力。

男女携手步入婚姻的殿堂后，应该互尊互敬、互亲互爱、互帮互助，为了家庭并肩战斗，共同提高对婚姻的道德意识和对家庭的责任意识，共同致力于夫妻关系的调适和婚内爱情的保鲜。如果任何一方发生了婚外恋，会给整个家庭带来毁灭性的打击。婚外恋并非情爱的蜜桃，而是酸涩的青果。

◎◎◎◎心理学家提醒你◎◎◎◎

婚外恋通常有三种结局：与情人再婚，维持现状和分手。

对于第一种结局，显然是情人胜过原配，家庭最终破裂。这种结局，情人虽然获得最终胜利，但以后的路并不轻松，比如与对方父母、亲戚、孩子的相处就是一件不容易的事。

第二种结局，双方都妥协，继续维持婚外恋现状，但舒服不到哪儿去。

第三种结局，双方分手后，男方可能回到家中，与原配复合，或者成为单身汉，最终再觅新缘；女方处境就艰难了，难免离婚，再觅新缘也不容易，甚至最终一无所有。

斯德哥尔摩综合征：是个特例吗

1973年8月23日，两名罪犯试图抢劫斯德哥尔摩市内最大的一家银行。抢劫失败后，歹徒挟持了4名银行职员，在与警方僵持了130个小时之后，歹徒放弃了对峙，缴械投降了。

然而这起事件发生后几个月，这4名遭受挟持的银行职员竟然拒绝在法院指控这些抢匪，甚至还为他们筹措法律辩护的资金。这4个人一致表示他们并不痛恨歹徒。他们认为，这些抢匪不仅没有伤害他们，还照顾他们。同时，他们对警察采取敌对态度。更让人感觉不可思议的是，人质中的一名女职员竟然爱上了其中的一名劫匪，并与尚在服刑期的劫匪订了婚。

这就是著名的斯德哥尔摩综合征。心理学的有趣之处，就在于它向我们揭示了人类的一些匪夷所思的婚恋情感背后的合理意义。

在这4个人被劫持的时间里，歹徒曾经威胁要杀死他们，同时也表现出了仁慈的一面，在这一难以说清楚的复杂过程中，这4名人质最终抗拒警方营救他们的努力。这件事在西方社会引起了轩然大波，无数的心理学家都想知道，在人质和歹徒之间产生的奇特感情，到底是发生在这起斯德哥尔摩银行劫案中的一个特例，还是代表了一种普遍的心理反应。

通过无数的案例研究证明，斯德哥尔摩综合征是普遍存在的。一般来说，只要具备三个条件：首先，被害人知道，自己的生命确实是处在某种真实的威胁中，可能在一瞬间自己就会没命，能不能活下来完全取决于那个伤害自己的人；其次，这个伤害者在一定的条件下给予了受害者恩惠，比如在受害人快要渴死的时候给了他一口水。此外，受害者完全处在一个封闭和隔离的环境中，他知道自己是无路可逃的，只能听任自己被别人洗脑。于是，这些受害者会对加害他们的人产生一种心理上的依赖感。受害者的生死掌握在这些人手里，他们让自己活下来，受害人便觉得，这简直是天大的恩惠。因此，他们与歹徒共命运，把这些歹徒的命运和前途当成是自己的命运和前途，反而把前来营救他们的人当成了敌人。

很不幸的是，斯德哥尔摩综合征"传染"到中国后，却成了人们自救的心理障碍。人质落入劫持者的掌握后，对劫持者产生了更强的"心理上的依赖感"，然而他们的命运却十分悲惨。

1999年，中国福建省三明市发生过一起灭门惨案，一公司老总全家遇害。案破后，警方对这家人的被害唏嘘不已。案情经过是这样的：

抢匪闯进家门，宣称只要服从，将不会伤害他们。在捆绑家属时，老总的儿子与他们打了起来。女儿直叫："别打了！他们又不会伤害我们。他们只是要点钱财。"于是儿子停止了反抗。匪徒将他与其姐姐、保姆全部捆好，正当逼迫他们交出贵重钱物时，孩子的父亲下班到家了。此时约为晚上十点。父亲一看家人被缚，冲上去以一敌三与抢匪搏斗，因其身壮力大，加之是在拼命，抢匪一时还奈何不了他。这时儿子、女儿不断在旁哀求父亲："爸爸，别打了，他们只是要我们一点财产，不会要我们命的，你这样子要把大家都害死了。"父亲听女儿这么说，遂停止了反抗，抢匪也将他捆绑起来。这时母亲进了房，吓得大叫起来，父子三人又劝她："这几位兄弟只是要我们一点财产，不会害我们的，别怕！"于是母亲也停止了叫喊。抢匪把她也捆好并把一家人的口全部塞紧，在这之前，匪徒们因紧张都忘记了这点。接下去是逼问、拷打，匪徒得到存折密码及贵重物品后便将一家人（包括保姆共五口）全部杀害。

一个警官说，这一家人至少有两次活命机会都没抓住，即如果当父亲与匪徒搏斗时全家人一起呼救——这家人所住的房子临街——获救的可能性非常大；或者他与匪徒搏斗时，挡住匪徒，大声呼叫妻子别上来，歹徒很可能要夺门而逃。可不幸的是，这家人都帮助匪徒，将自己的救助者给"俘虏"了。

也许这家人都希望以自己的诚心感动匪徒，他们可能是想，心和心可以相通，四海之内皆兄弟；或者，正如他们所说的，拿钱可以消灾。但是，这一切都无从知晓了。斯德哥尔摩综合征并不是救命的稻草。

●●●●**心·理·学家提醒你**●●●●

斯德哥尔摩综合征反映了人性的弱点：人是可以被驯养的，有一种屈服于暴虐的弱点。我们要反对对匪徒的依赖与同情，同时与匪徒斗智斗勇，最终战胜匪徒。

心理测试 >>>

你有什么样的恋爱观

百般无聊的时候去街上散散心，待到想回家的时候，又觉得空手回家怪怪的。于是，你决定买一样东西带回家。偶然间的决定，当然随意性很大，你希望买什么呢？请在下面的答案中任选一项。

A. 去书店买本书看看，正好可以打发无聊的时间。

B. 一件漂亮的衣服最实用了。

C. 水果自然是最好的选择，免得家里没有还要出去买。

D. 带一些西式的面包，又好吃又好看，还不用做饭了。

选择分析：

1. 选择A

你对爱情的要求很高，对方若不是魅力十足，有能力提供浪漫生活，你们多半无缘。你受过很高层次的教育，因而对生活质量要求较高——不仅要富有情调，而且要高雅精致，符合你要求的人并不多。记住，挑剔会使人失去很多机会。

2. 选择B

身在情海中的你，常常游移不定。爱起来，你会不顾一切。可惜你这种热情不能持久，三天不到，你又觉得当初选择有误，于是另觅良缘。在爱情上三心二意的你，虽在乎自己，却往往搞不清自己的感觉，因此时常心无定所。还是安静一点好，先弄清自己，再全力出击，这样才会得到你的梦中情人。

3. 选择C

痴情的你，对爱全身心地投入，也要求对方坚定不移地爱你。你把一切看得太美好，一旦受伤，久久难以恢复。你认为只要全心全意地投入，对方也一定会如此回报你，且理所当然应回报于你。因此在不知不觉中，你对恋人的要求较为苛刻。请试着退一步看问题。对爱情执著是好的，但如果已缘分不再，千万别一心试图唤回对方的爱。过去的，就让它过去好了。

4. 选择D

生活中的你非常现实，从不会委屈自己，让自己舒舒服服的是你的目标。爱情中的你也不会为了爱一个人委曲求全，虽然偶尔冲动，但最终理智会占上风。因此，在爱情路上你一般不会吃亏。你的毛病是，有时太计较施与受的平衡，有时会让人觉得你不够真诚。

第六章
用力只能合格，用心才能优秀

——18岁后要懂点职场心理学

PM理论：你的上司是什么类型

在以前的单位中，陆军的上司特别怕老板，处理许多事情时都特别"面"。陆军上司的脾气比较好，很少发火，陆军和几个下属就渐渐对他失去戒心，变得比较"放肆"，平时有什么意见，也很少顾忌，照直说，上司也总是笑容满面，一点也不介意。

陆军所在的是一家为客户做加工生意的公司。在加工制作的价格上，上司一直死扛着，不肯灵活运作，这样一来，业务量少了许多，业务员们都十分有意见，骂他是猪脑子。

有一次，陆军接到一个小订单，可对方却把价格压得特别低。上司劝陆军不要以这个价格接，以免出事，可陆军急于挣钱，死磨硬泡，固执地要求上司让自己接下这个单子，并叫来所有的业务员一起向他"示威"，上司没

有坚持，答应了陆军的要求。

因为必须把成本降到最低，为了保证公司的利润，所以公司使用的原料不得不降了档次。货交出去以后，没想到，客户竟一下子变成了专家，看出了换原材料后的极微小差异。没办法，不得不返工重做，不仅赔了本，在声誉上也大受损失。

结果，平时一贯平易近人的上司一下变得严肃起来，他以此为把柄，不但在部门会议上狠批了陆军一顿，而且要把陆军开除，"杀鸡儆猴"。

这下，部门的业务员一下被制服了，而上司又现出了平日那种大大咧咧的处事态度。

有人将案例中的这种上司称为"猪型人格"：平时对员工很亲热，看着很好相处，但是一旦有人犯了错误，上司会变得像虎一样，不给你喘息的机会，直接要了你的饭碗。这样的上司好像有两种性格，红脸白脸都可以出现在他的脸上。

不论在什么单位，一般领导都有红脸和白脸两种面孔。这两种面孔是如何影响工作的呢？

1964年，日本大阪大学教授三隅二不二创立了以两种职能为标准的员工行为研究——PM理论，为我们系统地阐述了这一点。

P，Performance，绩效；M，Maintenance，维持。

三隅教授认为，绩效和维持是中高层管理者最重要的两项职能。P职能（白脸）主要是制定目标和计划，并对自己管理的团队施加目标压力，考察的是管理者为实现管理目标而付出的努力。

M职能（红脸）主要是建设团队，给团队的每一位员工以关心和帮助。

一般说来，压力大，绩效高，但团队可能会过度紧张、反感、抵触，反过来降低绩效，所以绩效职能与维持职能之间需要保持动态平衡。这个理论与我国的"既要让马儿跑也要让马儿吃草"、"领导一手要抓好业务一手要团结好群众"的理念是一致的。

领导的两种职能根据各自程度的不同又分为强势的白脸（P）和弱势的白脸（p）、和蔼的红脸（M）和冷淡的红脸（m）。

P、M职能各有强弱的区别，可以分为四种领导类型：

（1）PM型：绩效强、维持强；

（2）Pm型：绩效强，维持弱；

（3）pM型：绩效弱，维持强；

（4）pm型：绩效弱，维持弱。

具体地说，P职能会"最大限度地调动部下工作"，M职能会"给予部下支持"。PM型，即强势的白脸加和蔼的红脸这种类型的领导，如果运用得当，那么在他们的领导下，组织的生产力会达到最高，同时部下也可以得到充分的理解。而其他类型的领导，多少都会让部下感到不公平、不满。Pm型上司会让部下尽可能地工作但却不信任部下，pM型上司虽然信任部下却不能提升工作业绩，而pm型的上司对工作、部下都不关心，这样的上司当然不会有好的评价。事实上，不同类型的上司会引来与其特点相应的不同坏话。

"来得比我晚，走得比我早；拿得比我多，做得比我少；休得比我勤，加班不见影。这就是上司，俗称Boss，剥了你的'皮'还不让你'死'，教训着继续干活的主！"丽丽每天和同事乐此不疲地议论。

丽丽所在的公司工作任务很重，公司的人私下这样讲"女人当男人用，男人当牲口用"，一天到晚，总是有干不完的活在等着大家；主管仿佛是一个监工，不允许有半点偷懒；有事想要请假那是比登天还要难。

终于熬到了周五，丽丽心情很好，忙碌了一周终于可以休息了。离下班还有一刻钟光景，不自觉地就揣摩起周末计划来。正当神游时，电话响了，是老板："请你周一前务必要将新门店的照片拍好传给我。"

丽丽："周一之前啊？但今天是……"

老板："时间很紧的，来不及了，周一就给我，别忘了。"

挂了……

丽丽简直要崩溃了："周末加班就直说加班，跟我们员工还玩什么文字游戏？真以为大家都头脑简单不懂这点伎俩吗？"

"怎么啦？"新来的同事小刘问。

"上司没说加班自然就甭想有加班费。每次都有干不完的活，还非等到我们要下班了事情又都冒出来了。老板自己把话讲完了，也不管别人死活就挂了电话，极其不道德的行为大概只有老板才做得出。"

回家的路上，丽丽心里很郁闷，本来的好心情已经跑得无影无踪。

按照PM职能分析，丽丽的上司应该属于Pm型，绩效强，维持弱。这种上司也许可以被称为"虎型人格上司"，他们性格勇敢正直，坚强果断，充满权威感，进取心很强，但管理风格上说话、做事直来直去、果断有力，不太讲究方式方法，更不懂委婉含蓄的中庸处事之道。与这种上司合作，除了在背后发发牢骚外，还需要员工能够承受较大的工作压力，需要很强的精力。

◎◎◎心理学家提醒你◎◎◎

领导的行为可以从两个职能来说明：P职能——目标达成职能和M职能——组织维持职能。

根据三隅先生所进行的十多种职业、15年时间、15万人次的测量，得出的结果是，在四种领导风格中，PM型最佳，pm型最差，Pm、pM居中。

职业之锚：工作的价值取向

事例一：徐洛丹，女，26岁，大学本科学历，浙江人。

洛丹是家中独生女，和大部分80后独生子女一样，她从小到大的人生道路都是由父母亲一手安排的。高考后，同学们都在讨论报考什么专业，而自己已经确定了要报考财务专业，因为父母亲都很坚持女孩子做财务，稳当。她当时什么也不了解，想着听父母亲的也没错。但是，大学过了一半的时候她就感觉到不是很喜欢这个专业，毕业了想找其他的工作，家里却不同意，说工作就是工作，只要自己把它完成就可以了，不要管其他的东西。

如果真是这么简单就好了。洛丹目前在杭州一中等规模企业从事财务工作，薪资3 000元，从出纳到助理会计、会计，工作一直没有开心过。洛丹很想硬着头皮走完这一生就算了，但是想到以后的每一天睁开眼就是煎熬的一天，自己可以坚持多久时间呢？打算辞职，但又很迷茫，因为就算要走，还有个问题摆在自己面前：不知道该找其他什么工作，才能实现自己的人生价值？

事例二：小宋大学时按照自己的兴趣爱好，选择了人力资源管理专业。哪知毕业后，总也找不到对口的专业。最后跟其他同学一样，选择了销售行业。

后来，小宋做到了销售主管，但对于一个年近30岁的女性，职业青春期即将失去，马上面临的就是职业瓶颈。面对自己的未来，小宋有点迷茫，于是她就请咨询师为她做了职业规划。

根据小宋的兴趣和爱好，职业顾问建议她下一个发展平台是到猎头公司做客户服务，然后到一家大公司做人力资源经理，最后回到咨询公司做职业咨询师。小宋心里明知这样做适合自己的发展，可是又觉得与销售相比，做客服挣的工资太少了。犹犹豫豫，又拖拉半年。半年后，小宋真的感到迈不动步了，后悔自己不该只盯着眼前的几百元钱，而忽视了未来的发展，再想执行方案已经赔上了半年时间。

每年春节过后，都会是一个跳槽的高峰期。有的是因为薪水，有的是因为对工作的不满，还有一些其他的原因。然而不仅是刚毕业的大学生，甚至工作了几年的人都会遇到这样的一个困扰：什么样的工作才能实现自我价值？

什么工作有价值？这是依据人的职业规划而得出的，而人的职业规划又

是由人的价值观、能力、动机决定的。

著名的黑人民权运动领袖马丁·路德·金（Martin Luther King，Jr.）一生致力于争取美国黑人的平等权利的运动，他于1963年8月28日在华盛顿发表的题为《我有一个梦想》的演讲就表明了他那种为梦想而奋斗的价值观。

我们在选择职业时，会谋求对自己有价值的工作。虽然所选工作的内容因人的价值观、能力、动机而各不相同，但其中还是有定式的。

美国的施恩教授（E.H.Schein）把这种价值取向的定式称为"职业之锚"。而且，职业之锚在参加工作3~5年后，会在能完全应付工作内容的时候形成，并会不断影响你终生的事业观。在职业之锚中有以下五种类型。

职能—技能：重视专业、活用技能的专家型；

管理—统治：有管理能力、从组织中脱颖而出的领导者型；

保障—安定：寻求组织的安全保障，认真的组织者型；

创造—独创：追求独创能力的发明家型；

自律：自主创业，什么都可以独立完成的企业家型。

自己的职业之锚与自己的工作关系紧密。比如，保障—安定倾向强烈的人即使从事了创造—独创的工作，也很可能无法完成建设性的工作。明白自己拥有哪种类型的职业之锚对选择工作是十分重要的。美国的职业人在不断跳槽的过程中确立自己的职业之锚，而日本的职业人则是在特定的公司组织文化中根据合适自己的部分而形成职业之锚的。

格林在大学的四年，主要学了生产、营销和财务等课程。他感到，掌握财务手段和财务计划信息，可以更多地了解一个企业的内部情况。但是，甚至在学完大学四年全部课程以后，他仍不能明确说出自己的职业追求。

毕业后，格林选择了一家大型消费品和工业品制造厂，他打算进的财务部，因为一些原因未能进得去，最后留在这家公司的一个航空空间部门，成为一名项目管理员，检查项目的财务数据，协助项目经理干些其他事。

格林认为，一周的工作一天就可以干完，他的才干远远得不到应有发挥。于是格林去了朋友开的书籍装订厂，后又换到另一家公司担任过管理顾问。

之后格林担任另一家公司的设备计划经理，处于公司参谋部的重要位置。他在审核设备消耗、经营计划、作业月度检查和各项专门研究方面干得很出色，九个月后被提升为计划经理，负责全部的计划工作。

公司来了一位新的年轻总裁。这位总裁发现了格林的才干，给了他一个相当大的职位，即部门总会计师，但因不合其理想被他拒绝了。

后来，格林接受了负责整个集团经营的营销主任的位置，对集团副总负责。作为一个自由巡回的内部顾问，职责是找出任何部门可能出现的问题，然后与有关部门的经理一起来解决这些问题。上司创造了一种良好的学习进取氛围，他接受这项工作保持至今，乐此不疲，而且极其成功。

格林的才干和价值观在不断的寻找中终于得到了统一，在不断的跳槽中找到了自己的职业之锚。职业之锚形成后，个人会相对稳定地从事某种职业，这样有利于累积工作经验、增长知识与技能。随着个人工作经验的丰富和累积，个人知识的扩张，个人的职业技能将不断增强，个人职业竞争力也随之增加。

有人说，未来的世界，方向比努力更重要。把工作与自己的价值观统一起来，在事业上取得成功也不再是难事。

●●●●心理学家提醒你●●●●

我们在进行职业规划和定位时，可以运用职业之锚来思考自己具有的能力，确定自己的发展方向，审视自己的价值观是否与当前的工作相匹配。只有个人的定位和要从事的职业相匹配，才能在工作中发挥自己的长处，实现自己的价值。尝试各种具有挑战性的工作，在不同的专业和领域中进行工作轮换，对自己的资质、能力、偏好进行客观的评价，是使个人的职业之锚具体化的有效途径。

A型、B型和C型：不同的工作风格

事例一：随着社会竞争日趋激烈，许多人承受着超负荷的工作强度，"过劳死"已经不是遥远的话题，它正越来越严重地威胁着人们的健康。一项在上海、无锡、深圳等地对1197位中年人健康状况的调查结果显示，66%的人有多梦、失眠、不易入睡等现象；经常腰酸背痛者为62%；记忆力明显衰退的占57%；脾气暴躁、焦虑的占48%。

事例二：据《第一财经日报》报道，过度疲劳乃至死亡的职业经理人这几年有了一个长长的名单：2006年2月25日，东软集团嵌入式软件事业部大连开发中心副主任张东因心脏病突发猝死，年仅36岁；2005年12月15日，IBM大中华区政府及公众事业部前总经理李清平，由于突发心肺衰竭去世，享年46岁；2005年9月18日，38岁的网易公司代理CEO孙德棣因病辞世。

事例三：在安永会计师事务所工作的刘女士可以算是一个典型的工作狂了。她告诉记者，春节前自己曾经连续一个月出差在外，每天加班到凌晨两点。除夕前一天的晚上，甚至是熬了一个通宵，年三十中午到北京后，继续回公司工作。"那段时间，只要我一闭眼，满脑子就是EXCEL表格。家人和朋友都担心我快要崩溃了。"

在竞争十分激烈的当代社会，人们的疲劳感正在蔓延，最流行的问候语由十年前的"吃了吗"变成了如今的"吃力吗"。不少35~50岁的社会精英每天都在为幸福美好的生活打拼，却不知一种名叫"过劳死"的疾病正向自己袭来。

1981年两位日本公众卫生学者共同编著了一本书，书名就叫《过劳死》。两位学者在书中写道：所谓过劳死，并不完全是医学上的概念，也不完全是统计学上的概念，而是由日常工作中日积月累的劳累所导致的结果，主要表现为脑病疾患和心脏病疾患引起的突然死亡。

当今社会中，由于工作性质的不同，容易过劳死的人群也有所区别。究竟哪种人容易产生过劳死呢？这个问题首先应该引起"加班狂"们的注意。

在公司等组织中，我们一般都会和同事共同工作。业务繁忙的时候，即使到了下班时间也不得不加班。这时，如果周围的同事都在加班，只有自己先下班的话，可能会产生一种负罪感吧，认为自己会给别人带去麻烦。这是为什么呢？

在组织内部，为了维护组织的统一，我们就要遵守一些规则。这些规则就是"组织规范"。特别是日本人，他们是十分重视组织规范的。这种类型的性格会使他们很容易接受加班的要求。

加班是为了赶在预定的期限之前做完工作。面对加班，有人会变得神经质，也有人不会这样。从人的性格来分析人们对待工作的方式，可以分为以下两种：A型行为方式和与之相反的B型行为方式；按人的行为方式，即人的言行和情感的表现方式可分为A型性格、B型性格和C型性格。

A型的人十分性急，总爱操心，即使在家里也会担心工作的事情；B型的人与之相反，可以轻松地完成工作，甚至还会感到时间充裕。所以，如果不加班的话，A型的人会比B型的人紧张很多。例如，属于A型的人常常加班，工作很积极。不幸的是，由于过度劳累等原因使得心脏病发作而猝死的上班族中，A型的人也居多。

小姚从事IT工作。他长得非常瘦，皮肤很白，鼻梁上架着一副眼镜，随身背着一个硕大的电脑包，走路好像都在思考问题。小姚这样说："做我们这行特别费脑子，脑子经常得24小时运转，不能休息。"

刚毕业时，小姚在中关村一家IT公司工作，那时候小姚住在通州，由于路上要花费2个小时，他每天早上6：30起床，顾不上吃早饭就往公司赶。而且程序员的工作压力最主要体现在思考问题上，不单要思考长远的事情，还要自己设想每半个小时后的工作，因此，小姚的精神始终处于紧张状态。

　　为了赶进度，小姚平均每天都得晚上9点钟以后才能下班，有时甚至会在12点以后下班，可是即便下班回家也还要继续工作，有时都不知道自己是怎么上床睡觉的。人睡着了，突然醒了后却发现电脑还开着。特别累和忙的时候他干脆不回家，趴在办公桌上睡，睡醒了接着干活。吃饭也是随便对付，填饱肚子就行。由于周六、周日总有一天要加班，小姚基本上没有锻炼身体的计划。

　　长时间超负荷工作，小姚身体状况特别差，整天都没有精神，就是困。一次小姚把网上的"过劳死"10大危险信号和自己对照了一下，结果吃惊地发现自己几乎全部具备。在这种的情况下，小姚辞职了，换了另外一家压力相对较小的公司继续着自己的程序员生涯。

　　像小姚这样的年轻白领，由于工作的原因，精神压力大，生活不规律，极易引发"过劳死"。改变不良的生活习惯往往可以使身体慢慢恢复健康状态。如果通过调整生活方式还不能见效，则要考虑换一份压力相对较小的工作，因为生命永远比工作重要。

　　C型的人善良、隐忍，勇于自我牺牲，服从、克制或压抑自己的情绪，被称为"癌症性格"。C型人格中的特质缺少与病症或其他疾病抗争的"斗志"，而"乐观"和"积极"的风格对健康有极大的帮助。

●●●●心理学家提醒你●●●●

　　工作上不顺心时，要有"山高自有行人路"、"船到桥头自然直"的洒脱气概，冷静地应付各种变化，以减缓精神紧张和心理波动。工作困难和挫折的程度，取决于当事人的心理体验；困难和挫折的转机，取决于当事人对困难和挫折所持的态度。因此，我们应该学会运用弹性思维、化逆境为顺境、变挫折为动力、化不和为友情，为自己创造一个积极、有序、宽松和谐的生存环境。

异性相吸：男女搭配，干活不累

唐代"安史之乱"时，大将李光弼带兵与叛将史思明对阵，久战而不能打败史思明。史思明骑兵是从塞北带来的良马，这些马都是公马，身高力壮，一日千里，对阵时让唐军吃了不少苦头。史思明也视这批马为宝贝，没有战事时便让人赶这批马去河边洗浴、吃草。

进攻受挫，这让李光弼很是头疼。冥思苦想，李光弼终于想出了一条计谋。他传令城中以高价收购带有小马的母马，没几日便收到母马、小马各五百匹。

这天，李光弼见叛军又把那批良马赶到对岸河边放牧，便传令把收来的那批母马赶出城去，而把小马留在城中。母马来到城外河边，心中挂念城中的小马，不时回首嘶鸣。叫声引起了对岸叛军所养公马的注意，它们突然间都不吃不喝了，显然是看到母马之后体内雄性激素开始作怪，一匹匹仰起头来游向对岸，放牧公马的叛军拦也拦不住。

唐军赶马人见状赶紧松开缰绳，那五百匹母马挂念城中的小马，拔腿就往城中跑。叛军的公马刚过河上岸来，也开始追着那批母马往城中跑。叛军主将一听丢失了良马，立刻派遣大队人马前来拦截。不过还没等叛军打过河来，那批公马已随唐军的母马进了城，一匹匹被捉住后补充到了唐军骑兵中。

自此李光弼的骑兵战斗力大增，史思明反倒吃了不少苦头。

在这个故事中，李光弼巧施计策，没费一兵一卒便夺得了叛军千余匹良马，因为他懂得"异性相吸"的道理，即使吸引的对象是马。异性相吸在我们生活中是很常见的现象。

在现实生活中，经常听见有人调侃说："男女搭配，干活不累。"这是一种异性相吸定律的典型表现。异性效应指的是因男女共同做事而引起的对活动起积极影响的微妙作用。就像物理学中，磁场会产生同极相斥、异极相吸的作用。

这种效应的对象既非特指夫妻，也不是指如开会、问路以及办公事等普通的男女接触，而是指在工作、学习和娱乐中，有比较多的接触与交流的异性。这种交往是男女双方自觉自愿为了事业进步、丰富人生和愉悦感情而进行的有益活动。

在共同活动中，与异性朋友接触时较易得到精神上的愉悦，接触得多了就会成为朋友。在与异性朋友同乐的过程中，会感到一种与同性朋友在一起所没有的自豪、满足与和谐。

就情感而言，女人通常细腻温和，富有同情心；而男人则情感热烈，意志坚强。所谓"话逢知己"，异性间在交流时总是感觉具有共同语言，能借助交谈慰藉双方的心灵。这种情感交流是很微妙的，也是在同性身上无法体会到的。

当然，异性的性格、需求与自己是不同的，如果想从和异性的交往过程中得到一种满足感，那就要学会理解异性、真正地尊重异性。

两性之间另外一个较大的区别就是思维方式：男性习惯线性思维，在未解决第一个问题时，他们通常不会去关注后面别的问题，因此就比较专注，习惯循序渐进；而女性则习惯并行思维，她们喜欢将几个问题放在一起来思考，尝试去解决所有的问题，可谓是齐头并进。

梅林是一家公司的公关部经理。她刚进入公司没多长时间，就为公司立下了汗马功劳，有什么问题亟待解决，梅林总是出师必胜。

有一次，公司原料奇缺，材料科的工作人员绞尽脑汁也未解决问题。而梅林外出联系，没多长时间，问题就迎刃而解。

还有一回，公司的资金周转出现了困难，急需一笔贷款，老板急得如热锅里的蚂蚁般团团转。梅林再次出面，在银行之间周旋，最后为公司争取到了上百万元的贷款。

因为工作突出，梅林备受领导器重，工资和奖金连连升级。公司同事试图了解梅林成功的秘诀，才发现其成功在很大程度上是因为她头脑清醒，思路敏捷，具有丰富的知识与阅历，待人接物有方，当然还有她端庄的容貌和娴雅的仪表。

梅林成功的原因主要在于心理学所谓的"异性相吸"效应。在现实生活中，大家常常可以见到类似现象，如男营业员在接待女顾客时，通常要比接待男顾客热情一些。在很大程度上，现代社会还是一个男性占很大优势的社会，所以，外出办事多数要与男性打交道，相对来说，由女性出面会使谈判过程更为顺利。

在日常生活中，人们可以通过这种异性效应来获得工作中的一些成功，本来异性相吸就是很正常的事，男女之间达成合作也相对更容易一些。

●●●心理学家提醒你●●●

"异性相吸"定律不能滥用。女性外表漂亮，讨人喜欢，如果再加上交往得当，在异性面前做事很容易，这是正常的；但是，如果为了这一目的，在社交场合使用"美人计"，就是不道德的。男性对异性，尤其是年轻漂亮的异性热情一些也无可厚非，但是把异性当作刺激，想入非非，让人感到"色迷迷"的，就超过限度了。

布利斯定律：事前想得清，事中不折腾

小齐对销售很感兴趣，刚刚毕业，他就选择当了一名推销员。

上班的第一天，小齐就与经理讲好了条件：自己独自开展业务，在完成公司所规定的目标之后，把提成由原来的10%升到30%。经理很欣赏小齐的

冲劲，十分痛快地答应了推销员的条件，但要求小齐一定要在一年之内完成目标。

手忙脚乱地忙活了一段时间，小齐觉得，按这样的进度，经理制定的目标根本无法完成。只怨自己当时根本没有经验，不知道实现目标的难度。

不过，小齐并没有被吓倒。相反，他制定了详细的目标。他相信，按照这个计划努力，奇迹很可能就会出现。

之后，小齐开始加倍勤奋地工作起来。他每天早上5点钟上班，晚上八九点钟才下班，刚开始的时候，他非常不习惯，久而久之就逐渐适应了，有的时候一天竟然要工作20个小时。

就这样，时间一天一天地过去了，小齐的努力没有白费。每一天，他都觉得自己前进了一步，生意愈来愈多。他做成了一大批保险业务，也一次次得到了不菲的利润。当初看似无法实现的目标，如今却离他愈来愈近。

一年以后，小齐完成了任务。当然，经理也履行了他原先的承诺。接着，小齐又为自己定了一个更高的目标。

布利斯定律说的是：花费较多时间为一次重要的工作做一个事前计划，那么做这项工作所用的总时间就会减少。该定律由美国行为科学家艾得·布利斯提出，因此就用他的姓来命名。如果没有最初制订的目标和规划，小齐恐怕根本就无法胜任这份工作，更不用说按时完成任务了。

美国曾有几个心理学家做过一个实验：

他们将学生分为三组，按不同方式训练投篮技巧。甲组学生在20天里每天练习实际投篮，然后记下第一天与最后一天的成绩；乙组也将第一天与最后一天的成绩记下，可是在这段时间内他们不做任何练习；丙组每天用20分钟做想象中的投篮训练，若投篮不中，他们就在想象中做出相应的纠正，然后分别记下第一天与最后一天的成绩。

结果显示：乙组毫无长进；甲组进球增加了24％；丙组进球增加了26％。据此，他们得出一个结论：行动之前进行头脑热身，构想要做之事的每一个细节，梳理思路，然后将它深深铭刻在脑子里，当你行动时，便会得心应手。

通过这个故事，人们明白了做任何事情之前都应制订明确的目标计划，这样做起事来才会更加有序。目标就是你努力的方向，计划就是你做事的方法。

曾有一个电话业务员这样描述自己的亲身经历：刚做业务没多久，他就觉得工作起来手忙脚乱，毫无章法。他每天要打几十个电话，记录一多，工作也就杂乱起来，而且常常忘记了跟客户谈到什么程度。因此，他希望找出一个好方法，让自己的工作井然有序，却并未成功。后来，他意识到，要想提高自己的工作效率，就一定要花足够多的时间去"磨刀"。

这所谓的"磨刀"其实就是制订计划。他将所打电话全都记在卡片上，并记下谈话的进度。接下来，根据卡片内容安排下一次的话题，还有要写的信等。再列出日程表，安排星期一至星期五的工作顺序，包括每日要做的事情。做这些需要四五个小时，既琐碎又枯燥，半天时间就这样没了。所以，起初他总做到一半就想放弃。但在坚持了一段时间之后，他就尝到了甜头，发现这样做真的是成效显著。

此后，每个星期一的上午，他不再忙于打电话，而是精神饱满、激情飞扬、信心十足地去会见客户。他一定要见到那些客户，因为他已经准备了一个星期，始终都在想应该和他们说些什么，要给他们提供什么建议。由于准备充分、状态良好，他对会谈充满了信心，业务成绩也直线飞升。

这个业务员在工作上变得游刃有余，这就是计划的惊人效果。俗话说，"磨刀不误砍柴工"，事实上就是这样，只要你有了目标与计划，你完成事情就要简便许多，效率也会提高许多。无论什么事，一切都在你的掌握之中，有助于增加你的自信。

亨利·德佐·罗曾经这样说过："倘若一个人朝着他所梦想的方向奋勇前进，尽力奉献自己所能够提供的一切，他的事业就会成功。"在成功的道路上，如果制订好计划，成功就变得触手可及。

一项权威研究机构的研究结果显示，制订计划将大大地提高目标实现的成功几率，制订计划者的成功率是从不制订计划者的3~5倍。在成功实现目标的人当中，事先制订计划的人高达78%，未制订计划的人只有22%。

实际上，每个人都可以制订目标。每个人都曾有过梦想，这些梦想也就算是自己的目标，可要实现这个目标就需要有实际行动。在我们实现自己定下的目标时，更需要制订一份严格、合理的计划来支撑它，若无计划，你的前景将是一团糟，前进的道路上将充满未知。

●●●●心理学家提醒你●●●●

"凡事预则立，不预则废。"做一件事，只有美好的设想是远远不够的，计划可以对你的设想进行科学的分析，让你知道你的设想是否可以实现；计划可以作为你实现设想过程的指导，大大节省你的时间，减轻压力。有了好的计划，你就有了好的开始。

齐氏效应：打破持续工作的紧张感

作家刘墉曾讲过这样一个故事：

徒弟去见师傅。"师傅！我练习射箭已经达到超越前人的境界，就算后羿再生，恐怕也不及我。"

"你射得准吗？"

"当然！天上飞的鸟，你叫我射它的左眼，我绝不会射到右眼！"

这时正有一只鸟从前面飞过。

"射它的左眼！"师傅说。

徒弟引箭上弦，却又放下了："没办法，因为它从左向右飞，左眼不朝着我，所以无法射。"

"你的臂力强吗？"师傅问。

"当然！七石的弓（古代以石论弓的强度），我常拉满它几时辰不放。"

"好极了！把箭射出去，愈远愈好！"

徒弟将箭射出去。

师傅跟着拿起自己六石的弓，并射出一箭，居然比徒弟远得多。

"强弓要虚的时候多，满的时候少，才能维持弹性，成为强弓，"师傅说，"总是拉紧的弦，不可能射出有力的箭。"

有的时候，我们的精神就像拉紧的弦一样，如果总是处于紧绷的状态，就会使工作效率下降，不能发挥出最好的工作水平。

齐氏效应是一个非常著名的心理效应，指由于工作压力过大而造成的心理上的长期紧张状态。它源于法国心理学家齐加尼克所做过的一次非常有意义的实验："困惑情境"实验。

齐加尼克先把一批受试者分成甲乙两个组，然后让他们同时完成20项工作。其间，他对甲组受试者进行干预，让他们不能继续工作而没能完成任务，而让乙组顺利完成所有工作。

实验结果表明，尽管每个受试者在接受任务的时候都呈现出一种紧张状态，但顺利完成任务者的紧张状态随之消失，而没完成任务者的紧张状态继续存在，他们的思绪总是被那些没能完成的工作所困扰。后一种情况就被叫作"齐氏效应"，也称为"齐加尼克效应"。

齐氏效应显示出这样一个事实：在接受一项任务的时候，人会产生一定的紧张心理，唯有完成任务，这种紧张感才会消除。在没有完成任务之前，紧张感会一直持续下去。

大多数时候，那些没有得到解决的问题或者没有完成的工作，犹如影子般困扰着人们。这些人主要以脑力劳动者居多，由于脑力劳动是以大脑的积极思维为主的活动，它的特点就是大脑的积极思维是持续而不间断的活动，因此紧张也常常是持续存在的。

克服齐氏效应的关键就是找到一种方法，让人们认为自己拥有某种程度的控制力。例如，走到盥洗室中冲厕所。这种行为或别的看起来没有任何意义的类似行为，能打破持续不断的齐氏效应的循环，让目前应激物所产生的影响分散到别的事务中去。这种方式有助于把压力导向可以利用的水平，在此水平上，人能得到控制感，可以将不良压力转化为良性压力。

1888年，在美国第23届总统竞选结果公布当天，候选人本杰明·哈里森十分平静地在等候最终的结果。但是，他的票仓主要设在印第安纳州，而那里宣布竞选结果时已是晚上11点了。后来，有一个朋友打电话祝贺他成功当选，哈里森家中的仆人告诉他，哈里森已经上床睡觉了。

次日上午，那位朋友问他，选举结果快要出来了，他怎么还能睡得着觉。哈里森说："睡不睡觉并不能改变选举的最终结果，就算当选，我也知道自己前面的路会非常难走。所以，不管结局如何，休息好都是一个明智的选择。"

这句话说得很对，"休息好是明智的选择"。不管学习和工作有多么忙碌，我们都应该注意休息，保持好自己的状态，毕竟"身体是革命的本钱"。

●●●●●心理学家提醒你●●●●●

心理学家认为，紧张是一种有效的反应方式，是人应对外界刺激和困难的一种准备。有了这种准备，便可产生应付瞬息万变的力量，因此紧张并不全是坏事。然而，持续的紧张状态，则会严重扰乱机体内部的平衡，并导致疾病，所以我们应该学会自我消除紧张状态。

为自己工作：不只是为了薪水工作

有一个木匠劳碌了一生。他盖了很多房子，每一个房子都风格各异，都是他心血的结晶。

然而，这个年事已高的木匠已经到了退休的年纪了。他告诉他的老板：他想离开建筑业，然后和妻子及儿女享受一下轻松自在的生活。

老板很感激木匠在工作上的努力，但又实在有点舍不得这样好的木匠离去，于是希望他能在离开前再盖一栋具有个人品位的房子来。木匠答应了，不过令人遗憾的是，他急着要和家人团聚，所以这一次他并没有很用心地盖房子。

他草草地用劣质的材料就把这间房子盖好了。老板来了，看到木匠盖的房子，摇了摇头，然后把大门的钥匙交给这个木匠说："很可惜，我是打算将你盖的这所房子作为一个礼物送给你！"木匠心里感到很惊讶，当然也非常后悔。因为如果他知道这间房子是他自己的，他一定会用最好的木材，用最精致的工艺来把它盖好。不过，现在他却因为自己的草率，而要住在一个这样的房子里面。

这个老木匠不用心工作，结果只得到一个破房子，我们也许会觉得他有点可笑。但是，扪心自问，我们又何尝不曾犯过同样的错误呢？我们不止一次地听到一些公司职员们抱怨：有的说老板对他们的能力和成绩视而不见；有的会说老板太吝啬，付出再多也得不到相应的回报……

事实上，在工作的过程中，真正的无价之宝是接受新知识，培养自己的能力，展现自己的才华，而不是太多地考虑工资。在未来的资产中，现在所积累的货币资产的价值有可能是最低的。

试想，从一个新手、一个无知的员工成长为一个熟练的、高效的管理者，这是多么大的收获；具有了可以在其他公司甚至自己独立创业时充分发挥的才能，这是可以用金钱来衡量的吗？

老板可以控制员工的薪水，却无法遮住员工的眼睛，捂上员工的耳朵，

阻止员工去思考，去学习。换句话说，任何公司或是老板都无法阻止员工为将来所做的努力，也无法剥夺他因此而得到的回报。

工作所给你的，要比你为它付出的更多。如果你将工作视为一种积极的学习过程，那么，每一项工作中都包含着许多个人成长的机会。

齐瓦勃，他是伯利恒钢铁公司——美国第三大钢铁公司的创始人。15岁那年，家中一贫如洗的他到一个山村做了马夫。3年后，齐瓦勃有机会来到钢铁大王卡内基所属的一个建筑工地打工。在建筑工地上，当其他人都在抱怨工作辛苦、薪水低并因此而怠工的时候，齐瓦勃却一丝不苟地工作着，并且为着以后的发展而开始自学建筑知识。

一天晚上，同伴们都在闲聊，唯独齐瓦勃躲在角落里看书。那天恰巧公司经理到工地检查工作，经理看了看齐瓦勃手中的书，又翻了翻他的笔记本，什么也没说就走了。第二天，公司经理把齐瓦勃叫到办公室，问："你学那些东西干什么？"齐瓦勃说："我想，我们公司并不缺少打工者，缺少的是既有工作经验、又有专业知识的技术人员或管理者，对吗？"经理点了点头。不久，齐瓦勃就被升任为技师。

齐瓦勃总是说："我不光是在为老板打工，更不单纯是为了赚钱，我是在为自己的梦想打工，为自己的远大前途打工。我们只能在认认真真的工作中不断提升自己。我要使自己工作所产生的价值，远远超过所得的薪水，只有这样我才能得到重用，才能获得发展的机遇。"

抱着这样的信念，齐瓦勃一步步升到了总工程师的职位上。25岁那年，齐瓦勃做了这家建筑公司的总经理。后来，齐瓦勃终于独立建立了属于自己的大型伯利恒钢铁公司，并创下了非凡的业绩，真正完成了他从一个打工者到创业者的飞跃，成就了自己的事业。

在工作中，我们要像齐瓦勃一样，随时保持这种积极主动的态度，将眼光集中在最宝贵的东西上，它们——珍贵的经验、良好的训练、才能的表现和品格的建立——与金钱相比，其价值要高出千万倍。

现在，已经有职场新人接受"零工资"，意味着很多人开始注意到工作本身带来的报酬。譬如发展自己的技能，增加自己的社会经验，提升个人的人格魅力……与你在工作中获得的技能与经验相比，微薄的工资相对来说并不是那么重要。老板支付给你的是金钱，你赋予自己的是可以令你终身受益的能力。

●●●●**心·理学家提醒你**●●●●

要想成为一个合格的员工，在工作时，要时刻告诫自己：我要为自己的现在和将来而努力。无论工资收入是多还是少，都要清楚地认识到，那只是从工作中获得的一小部分。

金融危机爆发以后，社会上出现了大学生"就业难"现象。一些专家也指出，部分大学毕业生的心态要有所改变，不能太功利性，可以"先就业再择业"，从基层做起，多积累经验。

工作是艺术：培养对工作的兴趣

事例一：台湾著名主持人曹启泰，曾经商失败，背负了上亿台币的债务。在他努力还清债务走出人生低谷之后曾这样说："我发现我天生就是个主持人的料，我热爱这个工作，并且为自己的能力而自豪。"有人或许觉得可笑，难道他在二十年前已经成为著名主持的时候不知道自己喜欢主持这个工作吗？事实上的确如此，那时的他认为自己的兴趣是经商，而主持却非常无聊无趣。兜兜转转，最终发现，自己真正热爱的还是主持。

事例二：大导演科波拉，为了还华纳的债才接拍他根本不屑拍的"黑社会"片《教父》。他的理想是拍艺术片，虽然这些艺术片让他亏了很多钱。当然他很幸运，他所钟爱的《现代启示录》同样也让他名利双收，尽管赚得比《教父》少多了。

　　事例三：一位做服装面料生意的朋友，突然爱上了心理咨询，觉得面料生意不过是用脚也能把玩的挣钱的营生，不值得花太多注意力。也是砸了不少钱在心理咨询上，当然，颗粒无收，然后面料生意又一落千丈，于是陷于低谷。直到这个时候，他才发现，其实自己对面料生意是有激情的，因为有人告诉他，提起面料，他的眼睛就会放光。

　　若你为环境所迫，像案例中的主人公一样，只能做些自以为很无趣的工作，你也要努力设法从这乏味的工作中找出些乐趣、意义来。要知道只要是应当做而又必须做的工作，不可能是完全无意义的，这由你对待工作的精神状态好坏而定。良好的精神，会使一切工作都成为有意义、有趣味的工作。

　　若你认为你的工作是乏味的，那你厌恶的心理、厌倦的念头就会导致你的失败。乐观的、积极的、热忱的心理，才是吸引成功与幸福的磁石。

　　某所大学的图书馆经常有读者将书籍放错位置的现象，为此不得不雇用一些大学生做临时工，以协助管理员将书籍放归原处。大多数同学做了一段时间后认为这份工作非常枯燥乏味，纷纷辞职走人了。有一个瘦弱的小伙子却并不这样想，反而觉得这个工作有点像侦探在寻找破案线索。因为有这个奇妙的想法，他对这个原本枯燥的工作兴致勃勃。

　　虽然因为生疏，第一天他只查到几本书。但是他出于对工作的特殊兴趣和热情投入，很快便掌握了技巧和经验，查到的数量与日俱增。每天他都乐此不疲，图书管理员也为他这份认真的工作态度赞不绝口。同时心里暗想：这个小伙子日后一定能成大事。当这个小伙子离开这里时，这个图书管理员将这个小伙子推荐到一个很不错的部门。

　　因为这个小伙子能够从这样一个单调的，常人不能忍受的工作中体会到乐趣，没有理由怀疑，他从事其他任何工作一样会全身心地投入进去。当你对工作有着浓厚的兴趣，自然就会进步，就会成功。

　　无论什么工作，只要是为社会所尊崇的，都具有无上的神圣性；只要是有利于人类的工作，都不是卑贱的、可耻的。只要聚精会神，工作上的厌恶、痛苦的感觉，就会消失。不明白这个秘诀的人，也不会懂得获得成功与幸福的方法。

在单位里，老板最反感的一种现象就是在早晨八九点钟下属一个接一个地打哈欠，这种情况会令老板猜测昨晚这个人究竟在做什么，虽然8小时以外不是老板管辖的范围，但是第二天这么疲倦地来上班，假如需要进行一些可能有危险的工作，后果一定不堪设想。这样的员工无疑是把工作当成了苦差，毫无热情可言。

关于对待工作的态度，有一个故事：

三个工人在砌一堵墙。有一位哲学家正好经过此地，于是走上前去问他们："你们做什么呢？"

第一个人没好气地说："没看见吗？砌墙。"

第二个人抬头笑了笑说："我们在盖一栋高楼。"

第三个人一边干活一边哼着小曲，听到问话，他开心地说："我们正在建设一座新城市。"

哲学家听完笑着对第三个人点了点头。

10年后，第一个人依然在砌墙；第二个人坐在办公室里看图纸——他成了工程师；第三个人呢，他是前两个人的老板。

工作的态度决定了你成功的高度。对于一份普通的砌墙工作，这三人因为有不一样的心态，所以最终取得了不同的成就。

人可以通过工作来学习，可以通过工作来获取经验、知识和信心。你对工作投入的热情越多，决心越大，工作效率就越高。当你抱有这样的热情时，上班就不再是一件苦差事，工作就变成一种乐趣，就会有许多人愿意聘请你来做你所喜欢的事。工作是为了自己更快乐！如果你每天工作的8小时，都好像是在快乐地游戏，这是一件多么合算的事情啊！

卡耐基说："如果一个人不能从工作中找出乐趣，那不是工作本身枯燥的缘故，而是他自己不懂得工作的艺术。"

这真是一句至理名言。一个人对于工作感到没有兴趣或苦闷，都是由于他自己的缘故，并不是工作本身所造成的。

◎◎◎心理学家提醒你◎◎◎

态度决定一切。要想干好一项工作的前提就是要对这份工作本身充满着热情，一旦心情愉快起来，就会全身心投入，本来乏味无比的事情会变得妙趣横生，这正是为什么有的人觉得工作是快乐的。

我们在完成工作的同时，也是在完成自身，更是在创造未来；我们要看到我们工作的重要性，以一个良好的心态积极地面对工作，做好能做的事。

职业倦怠：工作引起的厌倦情绪

邢先生MBA毕业后，进入了一家保健品生产企业。从销售员干起，五年后成为公司销售总监，公司此时通过"创业板"成为上市公司，但遗憾的是邢先生并没有赶上公司股改。几年下来，邢先生业务顺风顺水，优良的业绩也使他获得了不菲的收入。

但邢先生仍然感到不满意，原因有两方面：一是公司对邢先生考核的是年销售净利增长率，越往后对自己越不利；二是自己不是原始股东，总觉得是在为别人卖命，心里总有一种失落感。

2006年，某快消品公司向邢先生发出邀请，请他做市场总监，并承诺给予股份期权。面对诱惑，邢先生决定尝试一下。然而当他真正上岗时，却感觉力不从心：因为行业属性的差异过大，此前的客户积累与新工作几乎看不到延续性，这意味着他要从零开始。客户的漠视，上级的压力，使邢先生不堪重负，一年后他卸任再次回到保健品行业。

像案例中的邢先生一样，当一个人对工作没有了热情，感到自己处于极度疲劳的状态，说明产生了职业倦怠。这时转型更应谨慎。邢先生因为没有深思熟虑，结果转型失败。

职业倦怠（job burnout）是指个体在工作重压下产生的一种情绪衰竭、人格解体、个人成就感下降的综合征，它的多发群体是从事需要不断地同病人、客户和公众进行频繁接触的职业的人。职业倦怠带来的不良情绪直接导致的后果是高旷工率和低效率，还会造成同事之间的关系恶化、家庭问题以及个人健康问题等一系列连锁反应。

Maslach和Leiter于1997年提出了职业倦怠的工作匹配理论，认为当员工与工作在工作负荷（workload）、控制感（control）、报酬（reward）、团队（community）、公平（fairness）、价值观（values）六方面不匹配时，就容易产生工作倦怠。工作负荷不匹配表现为工作过量；控制不匹配表现为个体对工作资源没有足够的控制权；报酬不匹配表现为经济报酬或生活报酬不能令人满意；团队不匹配表现为员工不能与周围的同事建立良好关系或者个人与社会缺乏联系；公平不匹配表现为工作量、报酬或升迁机会的不公平所引起的情感衰竭；价值观不匹配表现为个人不认同组织的价值理念。

早期理论认为，工作倦怠的形成源自某种特殊形式的工作压力。但随着工作倦怠情形的扩展，它与工作压力之间的区别就更为明显了。有一种观点是，工作压力与工作倦怠主要是在经历时间上有区别，前者较多情况下是独立、零散、短时的，而后者则是应激源持续作用的结果；但还有另一种观点认为，工作压力与工作倦怠的产生在时间上并没有较大的间隔，它们同时存在并相互重叠；也有观点认为，工作压力通常具有普遍意义，但工作倦怠更倾向于某种特定的情境。

卓铃在一家公司做行政人事经理已经五年了，每天从早忙到晚，加班加点是常有的事。卓铃的工作能力得到了老板和同事的认可，可卓铃感到自己越来越疲惫。周末如果没有加班，也不会出去找朋友逛街，而是在家里整整睡两天。她总感觉自己睡不够。

卓铃感觉工作又忙又单调，也想过换个新环境，但现在公司的待遇、福利都不错。近半年来，卓铃觉得越来越疲惫，每天好像行尸走肉一样上班下班，她抱怨说，过去没啥钱，也没啥职位，生活好像很快乐，现在有房有车，也有点地位了，可是生活却觉得不快乐。

卓铃的问题主要是由于长期从事没有太大变化的工作，工作上没有了新的增长点，失去了原有的兴趣所致。这也是职业倦怠的表现之一。职业倦怠也称为职业慢性自杀，患上此症的人，其职业生涯会在无聊失意中逐渐枯萎，直至"死亡"。

消除职业倦怠可以通过以下方法：

（1）打破心理的界限，做自己的主人。很多人抱怨工作任务太繁重，没有时间想自己该想的，做自己该做的。其实，这是惰性形成了内心的界限，把你限制在一定的活动范围内；

（2）转移情绪，消除怨气。良好的心态是生活快乐的秘诀，心理学家告诫：先处理心情再处理事情，不要带着怨气去工作和生活。再聪明的人也会因为情绪不良而失败；

（3）和和睦睦万事兴。在公司里活得最不开心、工作做得最差的往往是那些人缘不好的员工。著名心理咨询专家唐汶告诫大家做人要把握以下"五不"原则：倚老不卖老；弹性不固执；幽默不伤人；关心不冷漠；真诚不矫情。放下架子，你就有了成功的基础。

◎◎◎◎心理学家提醒你◎◎◎◎

患上职业倦怠的人，首先应该静下心来，暂时不为烦恼困扰，理性思考自己。其实引起职业倦怠无外乎两个方面，外因是公司和社会大环境，内因则是自己的职业规划及职业心理。如果是外部环境引起的，应主动适应环境，或者重新适应工作岗位；如果是内因问题，那么就要从自己的职业定位、规划以及职业心理方面去找原因了。

上班恐惧症：为什么星期一不想去上班

事例一：刘先生长假后第一天上班，早上出门时，明知道要迟到，就是赖着不想走，一会儿看看水龙头、煤气有没有关，一会儿检查所有电源插头有没有都拔掉。出门后还不甘心，为了确定家门上没上锁，走到楼梯口又折回去。上了车，心开始发慌，觉得胸闷、头晕、气短。心里明白，自己什么毛病都没有，只是不愿面对工作带来的压力。刘先生做市场销售，随时都得关注市场动向，头脑高度紧张，总觉得休息不够。

事例二：李小姐是做寿险销售工作的，平日里忙得团团转，连上厕所都是疾步行走。好不容易盼个长假，能不好好疯狂一下吗？熬夜看碟，通宵K歌，商场血拼，每天睡到自然醒……享受着没有职场压力的逍遥。

放假前，李小姐就把日程安排得满满的：旅游、逛街、K歌、聚会、看碟……七天下来，平日的生物钟完全被打乱，整个人像散了架。第一天上班无精打采，昏昏欲睡，身子坐在办公桌前，脑子还停留在假期里，根本无法正常工作，走起路来像个"摇摆女郎"。

如同案例中的刘先生和李小姐，总有人在假期结束后的上班第一天觉得哪里不对劲：工作仍然是那份工作，却看什么都不对劲，心情特别烦躁，身体上也跟着闹起了别扭，瞌睡连连，永远也睡不醒。

偶尔对上班产生恐惧的心理，是正常的。但如果是长期一提到"上班"就充满了恐惧，甚至严重影响了工作和生活，那就要引起重视了。

上班恐惧症也称为"星期一恐惧症"，是对上班或工作情境感到畏惧，而且越临近上班时间，这种畏惧情绪越强烈，心理紧张程度越高，忧虑越多。上班时会出现焦虑、恐惧的情绪，并伴有头痛腹痛、食欲不佳、全身无力等症状，不能马上进入正常的工作状态，许多人在心理上会本能地产生恐惧和焦虑情绪。

对于普通人来说，经历了短暂的周末休息后，无论生理还是心理都有所放松，从休息状态再次恢复到上班状态，本能上来说是有所排斥的，需要一定时间适应和恢复工作状态。因此，星期一的焦虑状态有其必然性。再者几乎每周周一都会是最忙碌的时间，一周之内的日程大多会在周一排出计划，而工作安排得铺天盖地的周一则必然是最繁忙和身不由己的，这一天的压力也是最大的。周一的恐惧和焦虑其本质还是出于对工作造成的各种压力的恐惧。周末短暂的休息仍不足以化解职场人群的压力。工作压力的增加强化了现代人逃离岗位进行休息的渴望，从深层次里透视出他们的焦虑感。

从个性上来讲，此类患者多是性格比较内向、平时与社会接触较少、心理素质存在缺陷、在人际交往上存在一定问题的人。同时，他们考虑问题又比较多，放假后思想松弛使他们可以胡思乱想，从而影响了心理健康，如不及时疏导、治疗，必将对日后的工作表现产生不良影响，甚至会丧失很多好的工作机会。

孙先生每年都回武汉过年，每年都赶初七飞机回北京。但今年，却延至初八还没动身。他告诉记者，回到公司第一天，往往也干不了正事，大家逗逗利市，相互"恭喜发财"一轮，就已经要下班了。"一年难得休几天，多陪陪孩子，初八'怠工'，不误事！"

而平时是"空中飞人"的郭先生则更舒服，腊月二十八就开始请假，现在还跟父母在泰国晒太阳呢！

和平时上班开小差不同，对此有心理专家认为，这种"积极怠工"不会影响工作效率；相反，还有助于缓解"节日综合征"。所以，不能主观地指责这些"金领"在"磨洋工"。"他们脑子里的'弦'绷得太紧，不少人已经是亚健康状态"，而初八怠怠工，正好调适一下自己，让身体像汽车一样，慢慢给油，缓缓加速。"大家都知道，突然把油门一踩到底是很伤车的。"

不过，如果你害怕这种积极开小差的方法会让老板不爽，最好的办法还是抓紧时间"收心"，从生活到作息都要调整，将心态调整回工作上去。

其一，调整生物钟。长假期间玩乐过度，甚至通宵打牌娱乐，打乱了人体正常的生物钟。因此，要努力调整生物钟，早睡早起，保证有足够的睡眠时间；同时，加强锻炼，多做运动，使身体能够适应快节奏的工作；

其二，集中注意力，提高工作效率。可以散散步、听听音乐，或者喝杯咖啡，不要强迫自己马上投入较复杂的工作。

一般来说，长假过后需要三四天的调整期，如果暂时找不到工作的感觉，上班族们也不必太焦虑。

◎◎◎心理学家提醒你◎◎◎

如果在上班之前真的出现焦虑、恐惧情绪，不要盲目应对，以免引发更多的恐惧。专家建议说，可以在长假的最后一天，从节日状态中走出来，静心思考上班后应该做的事情；上班前的这一天尽量吃清淡一点的饭菜，让塞满鱼肉的肠胃也歇歇；最好不要再出门游玩，可以在家做一些家务列一列工作计划，比如，明天上班应该做些什么。假日最后一晚应保持充足的睡眠，恢复工作时的起居时间表，身体好自然精神就好。

心理测试 >>>

你是哪种上班族

请在下列各题备选答案中选择最合适你的一项。

1. 你认为一个人获得事业上的成功主要取决于：

A. 命运、机遇。　　B. 奋斗。　　C. 两者同等重要。

2. 当你在工作、生活中遇到矛盾、挫折时，你的态度是：

A. 说不上有什么明确态度。

B. 寻找加以改善的条件。

C. 调整自己，努力适应。

3. 面对生活的不公正待遇，你总是：

A. 不知不觉陷入失望中。

B. 总结教训，重新开始。

C. 向周围人发泄，脾气大增。

4. 对你来说，在兴趣相同的情况下，你喜欢：

A. 轻松的工作。　　　　B. 紧张的工作。　　　　C. 体面的工作。

5. 对现任工作所抱的希望是：

A. 干得和大家差不多就行了。

B. 干出成绩，出人头地。

C. 干得比一般人好，但不必要冒尖。

6. 你公司需要一个管理某项工作的负责人，你认为自己可以胜任这项工作。那么你：

A. 当仁不让，积极争取。

B. 让干就干。

C. 没兴趣，让干也不想干。

7. 晚上你正在学习时，突然停电了，你怎么办？

A. 赶忙查询停电原因，设法排除故障。

B. 待在屋里等待来电。

C. 时间不早了，上床休息。

8. 你知道有漂亮的姑娘（小伙子）正在迷恋、追求你心爱的小伙子（姑娘），你怎么办？

A. 向她（他）挑战。

B. 并不在乎，一如往常。

C. 心甘情愿，退避三舍。

9. 你在学习中有一门功课尽管努力了，仍不能超越别人，你怎么办?

A. 在其他学科上竞争取胜。

B. 尽管不行还是继续干。

C. 感到不行，认输。

10. 你比较喜欢下面哪个情境?

A. 百米冲刺。　　B. 行驶在大街上的公共汽车。　　C. 月光下的漫步。

分数分配:

得分 选择 题 号	A	B	C
1	1	5	3
2	1	5	3
3	1	5	3
4	1	5	3
5	5	3	1
6	5	3	1
7	5	3	1
8	5	3	1
9	5	3	1
10	5	3	1

得分分析:

1. 10～18分: 成就动机弱。你对自己的工作近于麻木态度。

2. 19～38分: 成就动机中等。你非常明白自己在干什么，但眼光短浅，宜放远眼光。

3. 39～50分: 成就动机强。你有伟人理想，只要坚持，多做尝试，就会与成功更接近。

第七章
管好人心带队伍，得人心者得天下
——18岁后懂点管理心理学

鸟笼效应：为了鸟笼买只鸟

鸟笼效应的发现者是近代杰出的心理学家詹姆斯。

1907年，詹姆斯从哈佛大学退休了，同时退休的还有他的好友物理学家卡尔森。一天，他们俩打了一个赌。詹姆斯说："老伙计，我一定会让你不久之后就养上一只鸟的。"卡尔森不以为然："我不信！因为我从来就没有想过养一只鸟。"没过几天，恰逢卡尔森生日，詹姆斯送上了他的礼物———只精致的鸟笼。卡尔森笑纳了："我只当它是一件精美的工艺品。"然而从此以后，每逢有客人到访，看到卡尔森书桌上那个精致的、空荡荡的鸟笼，便会问："教授，您养的鸟什么时候死了？"卡尔森只好一次次耐心解释："我从来就没有养过鸟。"态度虽然诚恳，客人的目光却分明是不信任的。最后，出于无奈，卡尔森只好买了一只鸟。这就是詹姆斯著名的"鸟笼效应"。

鸟笼效应是一个非常有意思的心理学定律，在生活中广泛存在。鸟笼效应说的是：如果一个人买了一个空的鸟笼放在自己家的客厅里，过了一段时间，他一般会丢掉这个鸟笼或者买一只鸟回来养。

原因是这样的：即使这个主人长期对着空鸟笼并不别扭，但每次来访的客人都会很惊讶地问他这个空鸟笼是怎么回事，或者把怪异的目光投向空鸟笼。几乎每位造访者都会这样。终于，主人因为不愿意忍受每次都要进行解释的麻烦，就会丢掉鸟笼或者买只鸟回来。

实际上，在我们的身边，很多时候不都是先在自己的心里挂上一个笼子，然后再不由自主地朝其中填放一些东西吗？

18世纪法国有个哲学家叫丹尼斯·狄德罗。有一天，朋友送了他一件质地精良、做工考究的睡袍，狄德罗十分喜欢。

他喜欢穿着这件睡袍在房间里走来走去，可是他发现一个问题，总觉得身边的一切是那么不协调：家具太旧了，地毯也太粗糙。

于是，为了跟睡袍相配，他把屋里的东西全部换成了新的。房间终于跟上了睡袍的档次。

后来想想，狄德罗总觉得不甘心，因为他觉得自己被一件睡袍"胁迫"了。

这就是鸟笼效应在发挥着奇妙的作用。

鸟笼效应放在企业里，也可以说明很多问题。对整体而言，它可以说明企业的战略应该和其能力相匹配，很多时候应该"顺势而为"，企业有什么样的能力、什么样的资源，往往就决定了战略的大方向。

有一家管理咨询公司在为一家企业进行组织设计和人力资源体系变革时，遇到过这样一个"鸟笼效应"的例子：在管理诊断时，他们发现企业里有这样的架构：总裁、执行总裁、常务副总裁，根据职能分析，执行总裁基本上是一个"空着的鸟笼"，只是由于历史原因一直保留着这个位置，在进行了大的整改后，这个位子空了出来，却吸引了众多人的关注。最后在咨询

公司的建议方案中，精简了整个组织结构，相应地，也扔掉了不少类似的"空鸟笼"。

在明确了企业的组织结构后，企业应在岗位配置和人数设置方面做好年度计划，并未雨绸缪、做好企业未来用人的中长期规划。既要保证有充足的人力资源去完成相关职能工作，又要避免人浮于事、无端增加企业的成本。

●●●●心理学家提醒你●●●●

> 由于组织结构调整的涉及面太广，因此，在进行组织结构改革时要引起企业的高度重视，比如对员工做好充分的沟通、教育、培训工作，保持新旧组织结构之间有一定的过渡性和连续性，留出较长的调整时间，等等。否则，可能会出现"欲速则不达"的现象。

手表定律：鱼与熊掌不能兼得

在一片森林里生活着一群猴子，每天太阳升起的时候它们外出觅食，太阳落山的时候回去休息，日子过得规律而平淡。

有一天，一名游客穿越森林，把手表落在了树下的岩石上，被一只叫"猛可"的猴子拾到了。聪明的"猛可"很快就搞清了手表的用途，于是，"猛可"成了整个猴群的明星，每只猴子都向"猛可"请教确切的时间，整个猴群的作息时间也由"猛可"来规划。"猛可"逐渐建立起威望，当上了猴王。

做了猴王的"猛可"认为是手表给自己带来了好运，于是它每天在森林里巡查，希望能够拾到更多的表。功夫不负有心人，"猛可"又拥有了第二块、第三块表。

但"猛可"却有了新的麻烦：每块表的时间指示都不尽相同，哪一块才是确切的时间呢？"猛可"被这个问题难住了。当有下属来问时间时，"猛可"支支吾吾回答不上来，整个猴群的作息时间也因此变得混乱。过了一段时间，猴子们起来造反，把"猛可"推下了猴王的宝座，"猛可"的收藏品也被新任猴王据为己有。但很快，新任猴王同样面临了"猛可"的困惑。

这是一个寓言故事。我们有时会像故事中的"猛可"一样，当只有一块手表时，我们有一个判定时间的标准；而当我们同时拥有两块手表时，判断时间的标准就会受到干扰，甚至无法确定时间。也就是说，两块手表并不能告诉一个人更准确的时间，反而会让看表的人失去对准确时间的信心，这就是"手表定律"。

这个定律告诉我们，只有一个标准时，做起事来往往比较从容，而如果有两个或者多个标准，会让人变得无所适从。

我们要做的就是选择其中较让人信赖的一块，尽力校准它，并以此作为自己的标准，听从它的指引行事。

如果每个人都"选择你所爱，爱你所选择"，无论成败都可以心安理得。然而，困扰很多人的是：他们被"两块手表"弄得无所适从，身心交瘁，不知自己该相信哪一块。还有人在环境、他人的压力下，违心选择了自己并不喜欢的道路，为此而郁郁终生，即使取得了受人瞩目的成就，也体会不到成功的快乐。

手表定律在企业经营管理方面给了我们一个非常直观的启发，那就是对同一个人或同一个组织的管理不能同时采用两种不同的方法，不能同时设置两个不同的目标，甚至每一个人不能由两个人来同时指挥，否则将使这个企业或这个人无所适从。

惠普公司前任总裁菲奥莉娜知道：仅仅在公司内部形成温和、友好的气氛是不够的。因为惠普公司并非福利院或者幼儿园。公司更需要发展，更需要壮大。在此基础上，菲奥莉娜实行了目标管理。

经理们在制订好一份完整的计划之后，申请上级的认同与批准并不是最重要的，最重要的是要让这份工作计划得到自己的下属们的共同认可，因为执行计划的并非是你的上司，而是你和你的下属，也就是说只有得到直接参与计划中的员工们的支持，这份计划才能够更快、更好地取得成功。菲奥莉娜在作出决策前，经常征询下属们的意见，甚至是普通员工们的意见，她认为只有这样才能让员工们真正体会到对他们的信任与尊重，才能激发员工的主观能动性，甚至会发现一些自己并未顾及到的缺陷，从而使计划的制订与实施事半功倍。

在某种意义上，个体是先于总体的。企业管理者在制订某个工作计划或工作方案时，首先应该做的是充分了解自己部门员工的能力和现状。只有对各个个体有一定的把握，才能量体裁衣，制定出合乎实际的决策。如果菲奥莉娜在员工的现状和上级的指示之间犹豫不决，势必在执行的过程中产生矛盾，进而影响到整个公司的工作效率。

手表定律所指的另一层含义在于每个人都不能同时选择两种不同的价值观，否则，他的行为将陷于混乱。在现实生活中，我们每个人都会经常遇到类似的情况。比如在面对两个各有优点、同样倾心于你的人时，你一定会苦恼许久，按照身高标准，似乎觉得这个好一点；但按照相貌标准，则又觉得另外一个也不错。这个时候，很多人都不知道如何做出决断。在择业时，地点、待遇各有所长的两家单位，你认为都很满意，同样会使你举棋不定。在人生的每一个十字路口，我们经常要面对"鱼与熊掌不能兼得"的苦恼。

心理学家提醒你

手表定律在企业管理中，表现为若企业中存在多种管理方法或不同风格的领导甚至不同的目标时，就会让员工无所适从。

不同的领导不同的要求，不同的工作不同的标准，也往往让执行者感到迷茫。

即使工作中与下属的沟通还算比较顺畅，管理者也要时常提醒自己不要让"手表定律"成为影响下属和自己成长的绊脚石。

破窗理论：千里之堤，溃于蚁穴

1969年，美国斯坦福大学的心理学家詹巴斗教授曾经进行过一项测试：他把两辆一模一样的小汽车分别放在两个地方，一辆放在帕罗阿尔托的中产阶级小区，另一辆放在脏乱的布朗克斯街区，并取走了第二辆汽车的车牌。结果，第一辆车停了一个星期也"无人问津"，而第二辆车不到一天就被偷了。后来，詹巴斗用锤子把第一辆车的车窗敲了个大洞，几个小时之后，这辆车也不翼而飞。

对于第二辆车的被偷，你大概没有什么疑惑，毕竟这辆车停在脏乱的地区，治安无法得到保障。但是为什么第一辆车在小区停了一个星期都无人理会，但是车窗被打破之后，几个小时之内就被偷走了呢？

政治学家威尔逊和犯罪学家凯琳是这样解释的：一辆完好的车，因为没有漏洞，所以很难引起人偷的欲望。但是当它的车窗被打破之后，就给别人这样的暗示：这辆车被打破玻璃也没有关系。自然，这就勾起了人们打破其他玻璃甚至偷车的欲望。因为一个车窗的打破，本身就透露了"秩序并不像我们想象的那样完美"，也没有引起我们想象的后果——抓住打破玻璃的家伙。结果，车窗的持续残破状态，就让犯罪意念滋生了。后来，两人把这种类似的现象称为"破窗理论"。

破窗理论还包含了另外一层意思：人们会通过这种效应来逃避自己的责任。生活中，我们总会看到这样的现象：一个人在一片干净的地面上扔纸团，没有被禁止，很快就有其他人把纸团扔在地上了。人们总是以为："我是和别人一样做的，别人这样扔东西没有责任，自然我也就没有责任了。"所以，当秩序被打破之后，没有了责任意识的人们很快就让这片干净的地面脏乱不堪了。

在企业管理中也会遇到这样的现象：我们违反了公司的规章制度，会有这样的借口："某某也是这样干的！""以前就是这样做的！"对违规违纪的行为，如果没有严肃的处理，没有引起员工的重视，就会使类似行为屡禁不止，公司领导和公司制度的权威日益下降。

美国有一家公司以极少炒员工鱿鱼而著称。有一天，资深车工杰瑞为了赶在中午休息之前完成三分之二的零件，在切割台上工作了一会儿，就把切割刀前的防护挡板卸下放在一旁。没有防护挡板，虽然埋下了安全隐患，但收取加工零件会更方便、快捷一些。不巧的是，杰瑞的举动被无意间走进车间巡视的主管发现了。主管大发雷霆，令他立即将防护挡板装上，之后，又站在那里大声训斥了半天，并宣布杰瑞一整天的工作作废。杰瑞以为这件事就这样结束了。

第二天一上班，杰瑞被通知去见老板。在那间他多次受到鼓励和表彰的总裁室里，杰瑞收到了要将他辞退的通知。老板说："身为老员工，你应该比任何人都明白安全对于公司意味着什么。你今天少完成了零件，少实现了利润，公司可以换个人换个时间把它们补起来，可你一旦发生事故、失去健康乃至生命，那是公司永远都补偿不起的……

离开公司那天，杰瑞流泪了，工作了几年时间，杰瑞有过风光，也有过不尽人意的地方，但公司从没有人对他说不行。可这一次不同，杰瑞知道，这次碰到的是公司灵魂的东西。

杰瑞的故事告诉我们，对于影响深远的"小过错"，"小题大做"地去处理，以防止千里之堤，溃于蚁穴，是破除破窗理论负面效应的有效办法。特别是在一些企业中，对于一些触犯企业核心价值观念的一些小奸小恶，更不能掉以轻心。

20世纪80年代，纽约市的城市环境和治安状况相当不好，地铁车厢十分脏乱，到处都涂满了污言秽语。纽约市政府为了解决这种混乱、肮脏的状况，开始从整洁车厢、查询车票做起。虽然当时的人都不以为然，认为这是

"船都要沉了还在洗甲板"的行为。

但是，这个方法实行不久以后，就出现了奇迹：随着城市整体面貌的干净整洁，人们犯罪的欲望大大降低了；警察在查询车票的时候，检查了人们随身携带武器的情况，带武器的人少了……最终，因为恶性循环小环节的打破，引发了一系列的变化，最后纽约的环境和治安都得到了很大的改善。这是破窗理论发挥的积极作用。

任何一种不良现象的存在，背后都存在着巨大的隐患。所以必须高度警觉那些看起来是偶然的、个别的、轻微的"过错"，如果对这种行为不闻不问、熟视无睹、反应迟钝或纠正不力，就会纵容更多的人"去打烂更多的窗户玻璃"，就极有可能演变成"千里之堤，溃于蚁穴"的恶果。

●●●●心理学家提醒你●●●●

破窗理论可以广泛地运用到生活和工作中。你可以通过改变某一个习惯，比如不吃早饭、总是熬夜、不做运动中的一项，来逐步提升自己的生活质量；作为领导者，你更是不能忽略员工的任何一个小问题。

权威效应：人微言轻，人贵言重

有一次，著名空军将领乌扎尔·恩特的副驾驶员在飞机起飞前生病了，因此临时给他分配了一名副驾驶员作替补。能够和这位传奇式的将军同飞，这名替补觉得非常荣幸。在起飞过程中，恩特哼起歌来，一边还把头一点一点地随着歌曲的节奏打拍子。

悲剧的一幕发生了，这个新的副驾驶员以为这是恩特要他把飞机升起来。虽然当时飞机还远远没有达到可以起飞的速度，他还是把操纵杆推了上去，结果飞机的腹部马上就撞到了地上，螺旋桨的一个叶片插入了恩特的背

部，切断了他的脊椎，导致他终生残疾。

事后，有人问副驾驶员：既然你知道飞机还不能飞，为什么要把操纵杆推起来呢？"他说："我以为将军要我这么做。"

故事中副驾驶员对于乌扎尔·恩特的权威的信任，远远超过了对于自己的信任，一点点"暗示"都会让自己丧失判断力，最终酿成了惨剧。这就是权威的力量。

在美国，一些心理学家们曾做过这样一个实验：在给某一大学心理学系的学生们讲课的时候，给学生们介绍了一位从外校请来的德语老师，并告诉他们这位德语老师是德国著名的化学家。在实验过程中，这位著名"化学家"煞有其事地拿出了一个瓶子，里面装有蒸馏水，他说这是自己最新发现的一种化学物质，有一些说不清的味道，让在座的每个学生闻到气味时就举手，结果大部分学生都举起了手。

为何大部分学生都会觉得原本并无气味的蒸馏水有气味呢？因为社会中存在一种普遍的心理现象，即"权威效应"。

"权威效应"指的是说话者若是地位高、有威信、受人敬重，那么他所说的话就易于引起他人的重视并相信其正确性。在这个实验中，人们宁可相信权威，也不相信自己的鼻子。"权威"专家的语言暗示让这瓶蒸馏水有了气味。

"权威"的假象在生活中比比皆是。比如说，当我们刚刚走出校门，即使急着要找一份好的工作，也要首先给自己买几件值钱的衣服。就算预算再紧，勒紧裤腰带，也要省下钱买件好的衣服，这有助于为我们树立良好的形象，使招聘人员觉得你很正式、专业，就会对你产生好感。

再一个例子就是广告。广告中往往会找一些专家、学者等人来代言，比如牙膏广告，代言者往往都是医生的身份。医生的身份就是用来影响受众的，利用的就是人们对医生的专业性和权威性认同。但有一个问题是，广告中并没有明确告诉人们穿白大褂的就是医生。这也是营销中对权威效应的巧妙应用，是基于对人们心理的深刻把握。

懂得了这个道理，在企业的日常经营与管理中，就可以利用权威效应去引导与改变员工的工作态度和行为，这常常比命令的效果更好。一般来说，一个杰出的领导肯定是企业的权威，或者为企业培养了一个权威再利用权威效应来进行领导的。作为一名管理人员，要树立自己的威信，该严肃时就必须严肃，做决策时要一丝不苟，执行的过程中要雷厉风行。如果在改革不健全的制度的过程中，管理者的决定被视为儿戏，工作就会举步维艰，这样的管理者是很难取得成功的。

当45岁的杰克·韦尔奇执掌通用电气公司时，这家已经有一百多年历史的公司机构臃肿，等级森严，对市场反应迟钝，在全球竞争中正走下坡路。按照韦尔奇的理念，在全球竞争激烈的市场中，只有在市场上领先于对手的企业，才能立于不败之地。韦尔奇重整结构的衡量标准是：这个企业能否跻身于同行业的前两名，即任何事业部门存在的条件是在市场上"数一数二"，否则就要被砍掉——整顿、关闭或出售。

于是韦尔奇首先着手改革内部管理体制，减少管理层次和冗员，将原来8个层次减到4个层次甚至3个层次，并撤换了部分高层管理人员。此后的几年间，砍掉了25%的企业，削减了10多万份工作，将350个经营单位裁减合并成13个主要的业务部门。经过这一系列的改组，通用电气公司的主要决策层就由过去的五个层次减少到三个层次，形成了公司——产业集团——工厂这样的三级管理体系。韦尔奇也因此得到了董事会的认可与赏识，为登上通用电气的权力巅峰打下了良好的基础。

企业内部在机构变革过程中，往往会遇到来自各方面的阻力。如果没有一把"尚方宝剑"来树立自己的权威，改革就会很难成功。韦尔奇能够顺利地对通用电气公司进行改革，与公司上层对他的支持是分不开的。

权威效应之所以普遍存在，主要有如下两个方面的原因。

第一，因为人们都具有安全心理，也就是说，人们总是觉得权威人物常

常是正确的楷模，服从权威人物会让自己具有安全感，增加了不会出现错误的"保险系数"。

第二，因为人们都具有赞许心理，人们总是觉得权威人物的要求常常与社会规范相一致，按他们的要求去做，就会获得各个方面的赞许与奖励。

在劝说他人支持自己的行动与观点时，恰当地利用权威效应，不仅可以节省很多精力，还会收到非常好的效果。

●●●●●**心理学家提醒你**●●●●●

权威效应有好有坏。消极的权威效应是以权威人士的名望来吓人、压人，是"拉大旗，做虎皮"，这是我们要坚决抵制的。我们应该充分利用积极的权威效应加强感召力，造福于社会。

马斯洛效应：满足他人的不同需求

刚毕业不久的大学生小苗最近遇到了问题。她说自己失眠，没有食欲，月经失调，没有什么能够激起她的兴趣。她每天工作都打不起精神，感到生活是如此缺少乐趣，无聊乏味。

心理医生和她进行聊天沟通，了解了问题产生的原因。

小苗一年前毕业于一所比较有名的重点大学，毕业后找到了一份报酬丰厚却枯燥乏味的工作——在一个政府部门的办公室做秘书。靠着这份工作，她供养着整个家庭。她的朋友、同学都很羡慕她这份工作。在这样一个相对来说很不错的条件下，可她自己总有种抵触情绪。为什么会这样呢？

小苗曾经是优秀的数学系的学生，渴望着继续攻读研究生。她喜欢做学术研究。但家庭生活的拮据状况，迫使她放弃了学业，去从事她并不喜欢的这份秘书工作。小苗觉得自己的生活没有意义。最初，她试图说服自己，应该感到自己是比较幸运和幸福的，应该对这份收入丰厚的工作心满意足；但是不行。随着这种生活的持续，一想到这份工作就使她感到压抑，现在，小苗内心空虚极了。

小苗之所以苦闷空虚，是因为她有着很好的数学天赋，但却没有使这种天赋得到应有的发挥。心理学家认为，任何天赋、任何能力都是一种动机，是一种实实在在的需求。

需求层次论是心理学家亚伯拉罕·哈罗德·马斯洛一生中最著名的论述。在他看来，人是一种"有欲求的动物"。人们会一直不停地追求各种目标，当这种需求得到满足以后，人们又会有其他需求，继续去寻找其他新的目标。

马斯洛是美国著名的社会心理学家、人格理论家和比较心理学家。他的需求层次理论和自我实现理论是人本主义心理学的重要理论，对心理学尤其是管理心理学有重要影响。

马斯洛理论由较低层次到较高层次依次把需求分成生理需求、安全需求、社交需求、尊重需求和自我实现需求五类。

第一，生理上的需求。这是人类维持自身生存的最基本要求，包括衣、食、住、行等方面的要求，是推动人们行动的最强大的动力。

第二，安全上的需求。包括人类对自身的人身安全、生活稳定以及免遭痛苦、威胁或疾病等方面的需求。

第三，感情上的需求。这一层次的需求包括两个方面的内容。一是友爱的需求，即人与人的友谊和爱情。二是归属的需求，即人都有一种归属于一个群体的感情。

第四，尊重的需求。人人都希望自己有稳定的社会地位，希望个人的能力和成就得到社会的承认。

第五，自我实现的需求。这是人类最高层次的需求，它是指实现个人理想、抱负，发挥个人能力到最大程度，以完成与自己能力相称的一切事情的需求。

沃尔玛公司老总萨姆·沃尔顿认为，在沃尔玛公司，干部必须以真正诚恳的尊敬态度亲切地对待自己的员工，必须了解员工的为人、他们的家庭、他们的困难和他们的希望，必须尊重和赞赏他们，表现出对他们的关心，这样才能帮助他们成长和发展。萨姆·沃尔顿会经常突然驾临本公司的商店，询问一下基层的员工"你在想些什么"或"你最关心什么"等问题，通过与员工们聊天，了解他们的困难和需要。

1981年，美国马萨诸塞州巴莫尔的戴蒙德国际纸板箱厂，因市场萎缩，工人为前途担心。65%的员工感到管理层对员工不尊重，56%的员工对工作感到悲观，79%的员工认为他们没有得到因工作出色而该有的报偿。为此，管理层推出"100分俱乐部"计划，即无论哪位员工，全年工作绩效高于平均水平的，则可得到相应分数，如安全无事故20分，全勤25分等，每年结算一次，并将结果送到每位员工家里，如分数达到100分，便可获一件印有公司标志和"100分俱乐部"臂章的浅蓝色的夹克衫。

到1983年，工厂生产率提高了16.5%，质量差错率下降了40%，员工不满意见减少了72%，由于工业事故而损失的时间减少了43.7%，工厂每年多创收100万美元利润。

1983年底评议时，86%的员工认为管理层对员工很重视，81%的员工感到自己的工作得到了承认，79%的员工认为自己的工作与组织成果关系更密切了。

沃尔玛和戴蒙德的例子表明，了解并满足员工的需要，能够使员工感到自己受到重视，受到尊敬，更能调动员工的积极性，更能够给公司创造更多的价值。

许多研究表明，和基层工作人员相比，高层管理人员更容易满足他们的较高层次的需求。因为高层管理人员面临着许多有挑战性的工作，在工作中他们能够得到自我实现；在另一方面，基层工作人员更多地从事常规性的工作，满足较高层需求就相对困难一些。而且需求的满足根据一个人在组织中所做的工作、年龄、公司规模以及员工文化背景等因素的不同而有所差异。

生产指挥系统的管理人员在安全、情感、尊重和自我实现方面比科室人员更容易得到满足，双方在尊重和自我实现需求上的差距最大。在尊重和自我实现的需求方面，年轻员工（25岁或以下）的要求比较年长的员工（36岁或以上）更强烈，低层次的管理部门和小公司的管理人员比在大公司工作的管理人员更易感到需求得到满足。

马斯洛的需求层次理论认为，任何一个人都有不同层次的需求，在满足了最基本的生存需求以后，人就会有更高层次的需求。管理者在进行管理时，应该注意到下属不同层次的需求，采取适当的激励措施。

●●●●心理学家提醒你●●●●

需求可以认为是个人努力争取实现的愿望。只有满足较低层次的需求，高层次需求才能发挥激励作用。除了自我实现，其他需求都可能得到满足，这时它们对于个人来说，重要性就下降了。在特定时间内，人可能受到各种需求的激励。任何人的需求层次都会受到个人差异的影响，并且会随时间的推移而发生变化。

苛希纳定律：龙多不下雨，人多瞎捣乱

有一家企业准备淘汰一批落后的设备。

董事会说："这些设备不能扔，得找个地方存放。"于是专门为这批设备建造了一间仓库。

董事会说："防火防盗不是小事，应找个看门人。"于是找了个看门人看管仓库。

　　董事会说："看门人没有约束，玩忽职守怎么办？"于是又委派了两个人，成立了计划部，一个人负责下达任务，一个人负责制订计划。

　　董事会说："我们应当随时了解工作的绩效。"于是又委派了两个人成立了监督部，一个人负责绩效考核，一个人负责写总结。

　　董事会说："不能搞平均主义，收入应当拉开差距。"于是又委派了两个人成立了财务部，一个人负责计算工时，一个人负责发放工资。

　　董事会说："管理没有层次，出了岔子谁负责？"于是又委派了4个人，成立了管理部，一个人负责计划部工作，一个人负责监督部工作，一个人负责财务部工作，一个人是总经理，对董事会负责。

　　一年之后，董事会说："去年仓库的管理成本为35万元，这个数字太大了。你们一周内必须想办法解决。"

　　于是，一周之后，看门人被解雇了。

　　这个故事所反映的是管理学上的"苛希纳定律"的现象。在企业中，通常都有一种不因事设人而因人设事的倾向，造成企业机构臃肿、层次重叠、人浮于事、效率低下。这种状况使企业难以摆脱管理部门不明确、办事环节多、手续繁杂的困境，难以随市场需要随时调整经营计划和策略，从而使企业难以培养真正的竞争力。

　　管理大师杜拉克举过一个例子。他说，在小学低年级的算术入门书中有这样一道应用题："两个人挖一条水沟要用2天时间；如果4个人合作，要用多少天完成？"小学生回答是"1天"。而杜拉克说，在实际的管理过程中，可能要"1天完成"，可能要"4天完成"，也可能"永远完不成"。

　　这正好验证了管理学上著名的苛希纳定律：如果实际管理人员比最佳人数多两倍，工作时间就要多两倍，工作成本就要多4倍；如果实际管理人员比最佳人数多3倍，工作时间就要多3倍，工作成本就要多6倍。这条定律是西方著名管理学者苛希纳研究发现的，故得此名。

　　苛希纳定律阐明了一个道理：人多必闲，闲必生事；民少官多，最易腐败。由于实际的人员数目比需要的人员数目多，诸多弊端由此产生，形成恶性循环。

中国古代有"十羊九牧"的故事。其实，十只羊，只要一个牧人就够了，其他九个人必然会无所事事，这就会造成人力资源的浪费；其他人在自己的岗位上贪图安逸，不仅对工作没帮助，还影响整个团队的工作效率。

为实现2004年制定的一个不切实际的增长目标，奥奇丽集团开始大规模地招兵买马，开始扩大各地办事处和业务代表的规模。2003年，奥奇丽集团在全国只有600余名业务代表，地区经理也只有100来人。到了2004年，仅北方奥奇丽集团，最多时业务代表就有2 400人，地区经理有300多人。有人开玩笑说，有一段时间，奥奇丽集团的一个经销商后面就追着10个业务代表。这些业务代表为加强奥奇丽集团在终端的铺货、陈列做了大量工作，但是，在经历了一年多的高速增长之后，集团旗下的田七这一系列产品的销售增长终于不可挽回地放缓了。

销售增长放缓了，这样原本为一个极其乐观的销售目标组建的庞大的销售团队就变得极不经济。人员冗杂造成的成本压力开始作用于仍处在发展期的奥奇丽集团，极大地消耗了奥奇丽集团的现金。

奥奇丽集团的领导层认识到了这一点，开始有计划地压缩过于庞大的营销队伍，撤并办事处。原来各办事处都设有专门的文员职位，现在全部取消。在奖励制度上，奥奇丽集团改原先的提成制为按奖金提取制，这样一来，业务人员的收入大减。

如此激烈的组织变动，大量的裁员，对奥奇丽集团造成了重大打击。特别是对一个曾经激情洋溢、充满了狂热梦想的新兴企业，打击尤为沉重。可以肯定的是，奥奇丽集团的业务收缩、人员清退裁减，极大地破坏了公司士气，也降低了经销商的信心。

奥奇丽集团失利的原因很多，但有一个重要的因素是因为组织机构内部人员漫无目的地膨胀，一方面增加了开销，另一方面也增加了整个集团的管理难度，造成了工作效率的下降。在开始精兵简政后，又将原先的提成制变为按奖金提取制，极大地打击了员工的积极性。

在一个越来越充满竞争的世界里，一个企业要想长久地生存下去，就必须保持自己长久的竞争力。企业竞争力的来源在于用最小的工作成本换取最高的工作效率，这就要求企业必须要做到用最少的人做最多的事。只有机构精简，人员精干，企业才能保持永久的活力，才能在激烈的竞争中立于不败之地。

●●●●● **心理学家提醒你** ●●●●●

没有人希望裁掉自己的员工，但作为企业高层管理者，却需要经常考虑这个问题。否则，就会影响企业的发展前景。

——沃尔玛公司总裁　萨姆·沃尔顿

米格—25效应：团队是最佳的个体组合

苏联研制生产的米格—25喷气式战斗机，以其优越的性能而广受世界各国青睐。然而，众多飞机制造专家却惊奇地发现：米格—25战斗机所使用的许多零部件与美国战机相比要落后得多，而其整体作战性能却达到甚至超过了美国等其他国家同期生产的战斗机。

这是怎么回事呢？原来，米格公司在设计时从整体考虑，对各零部件进行了更为协调的组合设计，使该机在升降、速度、应激反应等诸方面反超美机而成为当时世界一流。这一因组合协调而产生的意想不到的效果，被后人称为"米格—25效应"。

米格—25效应是指，事物的内部结构是否合理，对其整体功能的发挥影响很大。结构合理，会产生"整体大于部分之和"的功效；结构不合理，整体功能就会小于结构各部分功能相加之和，甚至出现负值。

恩格斯讲过一个法国骑兵与马木留克骑兵作战的例子：骑术不精但纪律很强的法国兵，与善于格斗但纪律涣散的马木留克兵作战，若分散而战，3个法兵战不过2个马兵；若百人相对，则势均力敌；而千名法兵必能击败一千五百名马兵。说明法兵在大规模协同作战时，发挥了协调作战的整体功能，说明系统的要素和结构状况，对系统的整体功能，起着决定性作用。团队意识是公司考察员工的重要方面。

一家颇有影响力的公司招聘高层管理人员。9名优秀应聘者经过初试，从上百人中脱颖而出，进入复试。

复试有老总亲自主持。老总把这9个人随机分成3组，指定第一组的三个人去调查婴儿用品市场；第二组的三个人调查妇女用品市场，第三组的三个人调查老年人用品市场。老总解释说："我们录取的人是用来开发市场的，所以，你们必须对市场有敏锐的观察力。"临走的时候，老总补充道："为避免大家盲目开展调查，我已经叫秘书准备了一份行业的资料，走的时候自己到秘书那里去取！"

两天后，9个人都把自己的市场分析报告送到了老总那里。老总看完后，站起身来，走向第三组，分别与之一一握手，并祝贺道："恭喜三位，你们被录取了！"

面对大家一脸愕然的表情，老总呵呵一笑，说："请大家打开我叫秘书给你们的资料，相互看看。"原来每个人得到的资料都不一样，第一组三个人得到的分别是婴儿用品市场的过去、现在和将来的分析，其他两组也类似。"

老总说："第三组三个人很聪明，互相借用了对方的资料，补全了自己的分析报告。而前两组的六个人却抛开队友，分别行事。我出这样一个题目，其实主要目的，是想看看大家的团队合作意识。前两组失败的原因在于，他们没有合作，忽视了队友的存在！要知道，团队精神才是现代企业成功的保障！"

团队价值是员工个人价值的最高体现。团队是一种意识，也是一种习惯。为实现团队目标，成员应该团结在一起，以便调动主观能动性、挖掘成员的个人潜能，实现个人价值最大化。

有句名言说："两个人各有一个苹果，相互交换后，每人还是只有一个苹果；你有一个思想，我有一个思想，相互交换后，每人都有两个思想。"人类思想和观点上的交流与碰撞，是结构变化促成质变的高级形态，也是米格—25效应价值的高层体现。这就是中国传统文化中所提炼的"集思广益"思想。成功学大师拿破仑·希尔对此给予了极高评价，他认为，"集思广益"是人类最了不起的能耐，不但可以创造奇迹，开辟前所未有的新天地，还能激发人类的最大潜能。常见的情况是，人们在思想的交流与碰撞中，一次就有可能产生独自一人10次才能完成的思考和联想。

●●●●**心理学家提醒你**●●●●

尊重差异是脑力合作、集思广益的本质。只有重视不同个体的不同心理、情绪、智能，以及个人眼中所见、脑中所想的不同世界，才能相互吸收有益的东西，弥补各自的不足，做到资源整合，发挥整体大于部分之和的重要作用。

蜂舞法则：管理离不开沟通

奥地利生物学家弗里茨经过悉心的研究，发现了蜜蜂"舞蹈"的秘密。蜜蜂的舞蹈主要有"圆舞"和"镰舞"两种形式。工蜂回来后，常做一种有规律的飞舞。如果工蜂跳圆舞，就是告诉同伴蜜源与蜂房相距不远，约在100米左右。工蜂如果跳镰舞，则是通知同伴蜜源离蜂房较远。

　　如果蜜蜂跳一种"8字形舞"，不仅表示距离，而且还指明方向。在一定时间内"8字形舞"的圈数和腹部摆动的次数，就表示蜂巢到花丛的距离；如果以15秒钟作为计时单位，花丛距蜂巢越远，蜜蜂舞蹈的圆圈数就越少，直线爬行的时间就比较长，腹部摆动的次数就比较多。只知道距离是不够的，蜜蜂在舞蹈时还利用太阳的角度来指示方向：如果蜜蜂在舞蹈时，头朝上，从下往上跑直线，这就是说要向着太阳这个方向飞才能找到花丛，按照上述传递信息的方法，蜜蜂就可以根据指定的方向和距离，顺利地找到花丛。

　　世界上没有一种动物能够真正单独地生活。它们要依靠各种方式和同伴相互沟通，才能存活下去。蜜蜂即以"跳舞"为信号，告诉同伴各种蜜源信息，沟通完毕后一起去采蜜。这种沟通的方法应用在管理心理学中，形成了著名的蜂舞法则。

　　企业经理人要像蜜蜂采蜜一样，吸取各种沟通方式的特点，将"蜂舞"揉到自己的管理艺术中。著名管理学家巴纳德认为："沟通是一个把组织的成员联系在一起，以实现共同目标的手段。"有关研究表明：管理中70％的错误是由于不善于沟通造成的。由此可见沟通能力很重要。

　　《圣经》中曾经记载着这样一个故事：

　　人类的祖先从前讲的是同一种语言。他们在示拿地的一片平原上，发现了一块异常肥沃的土地，于是就在那里定居下来。百姓们生活安定，丰衣足食，有着无穷无尽的创造力。为了显示民族的功绩，他们决定在那里修一座通天的高塔，以显示民族的强大。

　　经过人们的通力合作，齐心协力，阶梯式的通天塔很快就要建成了。上帝得知此事，认为这样下去以后人类要做的事就没有做不成的了，于是让人类言语不相通。人们各自讲起不同的语言，感情无法交流，思想很难统一，施工时就不能很好地合作，经常发生误解，工程因此停止了。

　　这是一个神话故事，暗示了沟通在人类生活中的重要作用。没有沟通，合作就无从谈起，人类的力量就有了很大的局限性。

沟通是人与人之间转移信息的过程。有时人们也用交往、沟通、意义沟通、信息传达等术语。它是一个人获得他人思想、感情、见解、价值观的一种途径，是人与人之间交往的一座桥梁。通过这座桥梁，人们可以分享彼此的感情和知识，也可以消除误会，增进了解。

面对现代社会日益复杂的社会关系，我们希望自己能够获取和谐、融洽、真诚的家庭关系、朋友关系、同事关系以及上下级关系，在市场的激烈竞争中，我们希望自己能够锻造出一支上下齐心、精诚团结的企业团队；我们希望自己的企业能够生活在一种良好的外部环境下，能在与顾客、股东、上下游企业、社区、政府以及新闻媒体的交往中，塑造出良好的企业形象等等。

解决这些问题的途径是由一系列相关的要素所构成的，但是，其中沟通是解决一切问题的基础。沟通不是万能的，但没有沟通是万万不能的。

那么如何进行有效沟通呢？

对于一个管理团队来说，要进行有效沟通，可以从以下几个方面着手：

一是必须知道说什么，就是要明确沟通的目的。如果目的不明确，就意味着你自己也不知道说什么，自然也不可能让别人明白，自然也就达不到沟通的目的。

二是必须知道什么时候说，就是要掌握好沟通的时间。在沟通对象正大汗淋漓地忙于工作时，你要求他与你商量下次聚会的事情，显然不合时宜。所以，要想很好地达到沟通效果，必须掌握好沟通的时间，把握好沟通的火候。

三是必须知道对谁说，就是要明确沟通的对象。虽然你说得很好，但你选错了对象，自然也达不到沟通的目的。

四是必须知道怎么说，就是要掌握沟通的方法。你知道应该向谁说、说什么，也知道该什么时候说，但你不知道怎么说，仍然难以达到沟通的效果。沟通要使用对方听得懂的语言——包括文字、语调及肢体语言，而你要学的就是透过对这些沟通语言的观察来有效地使用它们进行沟通。

●●●●**心理学家提醒你**●●●●

在团队里，要进行有效沟通，必须明确目标。对于团队领导来说，目标管理是进行有效沟通的一种解决办法。在目标管理中，团队领导和团队成员讨论目标、计划、对象、问题和解决方案。由于整个团队都着眼于完成目标，这就使沟通有了一个共同的基础，彼此能够更好地了解对方。即便团队领导不能接受下属成员的建议，他也能理解其观点，下属对上司的要求也会有进一步的了解，沟通的结果自然得以改善。

彼得原理：每个人都想无限晋升

陶兰小姐以前是一名小学老师，很受学生们的爱戴。因为教学成绩优秀，多次获得学校和领导部门的表彰，最近她又被提拔为教学主任。现在，她所要教学的对象不是小朋友，而是一群老师。然而，她仍然采用适用于小学生的教学方法来指导老师。陶兰小姐和老师们说话时，不管面对的是一位还是多位老师，她一律面带着微笑，咬文嚼字，说得十分清楚；用词十分简单，多半只是一两个音节组成的字，并且每一个要点要以不同的方式解释好几遍，直到她确定老师们都听懂了为止。

老师们不喜欢陶兰小姐的笑容，认为那是装出来的；同时，他们也不喜欢陶兰小姐高人一等的说话态度。他们产生了强烈的排斥感，因而不但没有遵行她的建议，反而花了许多时间编造借口规避她的建议。

由于陶兰小姐无法和小学老师们沟通，她将失去再次晋升的资格，因此她将继续担任教学主任——停止在她不能胜任的阶层。

陶兰小姐所遇到的情况证明了一个管理学中的定理——彼得原理。彼得原理是由管理学家劳伦斯·彼得根据千百个有关组织中不能胜任的失败实例

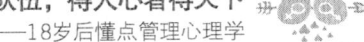
的分析而归纳出来的。其具体内容是："在一个等级制度中，每个职工趋向于上升到他所不能胜任的地位。"

彼得指出，每一个职工由于在原有职位上工作成绩表现好（胜任），就将被提升到更高一级职位；其后，如果继续胜任则将进一步被提升，直至到达他所不能胜任的职位。陶兰小姐在原来的岗位上表现优秀，所以会得到提升；当担任一个自己不能很好地胜任的岗位时，只能原地踏步了。

彼得由此导出的推论是："每一个职位最终都将被一个不能胜任其工作的职工所占据，层级组织的工作任务多半是由尚未达到不胜任阶层的员工完成的。"

西蒙是莱姆汽修公司的杰出技师，他对目前的职位相当满意，因为不需要做太多方案工作。因此，当公司有意调升他做行政工作时，他很想予以回绝。

西蒙的妻子是当地妇女协进会的活跃会员，她鼓励先生把握这次升迁的机会。如果西蒙升官，全家的社会地位、经济能力也会各晋一级。如此一来，她就可以出马竞选妇女协进会的主席，也有能力换部新车、添购新装，还可以为儿子买辆迷你摩托车了。

虽然西蒙并不情愿用目前的工作，去换办公室里枯燥乏味的工作；但在妻子的劝服与唠叨之下，他终于屈服了。升任六个月之后，西蒙得了胃溃疡，医生告诫他必须滴酒不沾。

妻子后来开始怀疑西蒙和新来的女秘书有染，并且把失去主席头衔的责任全部推到他身上。西蒙工作时间冗长不堪，但却毫无成就感；回家后还要面对妻子的指责，因此脾气越来越暴躁。由于彼此不停的指责和争吵，西蒙夫妇的婚姻彻底失败了。

在一个不胜任的职位上，西蒙不仅工作不顺心，连婚姻也以失败而告终，这是彼得原理的负面效应在作怪。面对相同的选择，哈里斯就很明智：

哈里斯是西蒙的同事，他也是莱姆公司的优秀技师，而且老板也打算提升他。哈里斯的太太莉莎非常了解先生很喜欢目前的工作，他一定不愿意花更多的时间坐办公室，去做一些枯燥的工作。莉莎没有强迫哈里斯。因此，哈里斯继续当一名技师，将胃溃疡留给西蒙独享。哈里斯一直保持开朗的个性，在社区里是个广受欢迎的人物，工作之余，他还担任社区里青年团体的领袖。住户的车如果需要修理，一定都送到莱姆公司，以回报哈里斯平时对公益事业的热心。哈里斯的老板知道他是公司不可或缺的宝贵资产，所以为他提供了优厚的红利、稳定的工作和一切制度内允许的薪水加级。于是，哈里斯买了一辆新车，为莉莎添购了新装，也为儿子买了一辆自行车和棒球手套。哈里斯一家过着舒适美满的家庭生活，他们夫妇幸福的婚姻令亲朋好友非常羡慕。他们在邻里间享有的美誉，正是西蒙太太梦寐以求的。

每一个职工最终都将达到彼得高地，在该处他的提升商数（PQ）为零。至于如何加速提升到这个高地，有两种方法：其一，是上面的"拉动"，即依靠裙带关系和熟人等从上面拉；其二，是自我的"推动"，即自我训练和进步等，而前者是被普遍采用的。

彼得认为，由于彼得原理的推出，使他"无意间"创设了一门新的学科——层级组织学（Hierar chiolgy）。该学科是解开所有阶层制度之谜的钥匙，因此也是了解整个文明结构的关键所在。

在对层级组织的研究中，彼得还分析归纳出彼得反转原理：一个员工的胜任与否，是由层级组织中的上司判定的，而不是外界人士。彼得认为，许多或大多数主管必定已到达他们的不胜任阶层。这些人无法改进现有的状况，因为所有的员工已经竭尽全力了，于是为了再增进效率，他们只好雇用更多的员工。员工的增加或许可以使效率暂时提升，但是这些新进的人员最后将因晋升而到达不胜任阶层，于是唯一改善的方法就是再次增雇员工，再次获得暂时的高效率，然后是另一次逐渐归于低效率。这样就使组织中的人数超过了工作的实际需要。

　　虽然我们每个人都期待着不停地升职，但不要将往上爬作为自己的唯一动力。与其在一个无法完全胜任的岗位勉力支撑、无所适从，还不如找一个自己能游刃有余的岗位好好发挥自己的专长。

霍布森选择：小选择等于没选择

　　1631年，英国剑桥商人霍布森从事马匹生意。他对顾客说："你们买我的马、租我的马，随你的便，价格都便宜。"

　　霍布森的马圈大大的、马匹多多的，然而马圈只有一个小门，高头大马出不去，能出来的都是瘦马、小马，来买马的左挑右选，不是瘦的，就是小的。霍布森只允许人们在马圈的出口处选。大家挑来挑去，自以为做出了满意的选择，最后的结果可想而知——只是一个低级的决策结果，其实质是小选择、假选择、形式主义的选择。

　　近代的管理学家们把这种没有选择余地的所谓"选择"讥讽为"霍布森选择"，代表着小选择、是一个假选择，即人们自以为做了选择，而实际上思维和选择的空间是很小的。有了这种思维的自我僵化，当然不会有创新，所以它是一个陷阱。

　　对于个人来说，如果陷入"霍布森选择效应"的困境，就不可能发挥自己的创造性。没有选择余地的"选择"，就等于无法判断，就等于扼杀创造，扼杀前途。一个人选择了什么样的环境，就选择了什么样的生活，想要改变就必须有更大的选择空间。

　　在古希腊神话里，有一个凶狠的拦路大盗名叫普洛克儒斯忒斯。他有两张铁床，一张很短，一张很长。他强迫过路的客人躺在床上，如果床比人长，就用一把巨钳夹住人的四肢把客人抻长，抻坏客人的筋骨；如果床比人

短，他就用刀砍掉客人的双脚。

这个穷凶极恶的大盗最后落到了希腊英雄忒修斯之手，忒修斯抓住他，把他按在那张短床上，然后就像他平时对待过往的客人那样，用刀砍掉了他的双腿，让他在痛苦中慢慢死去。

选择权是人们的一项重要权利。如果为了个人利益把人的选择权加以限制或者剥夺，结果只能适得其反，毕竟，大多人不会屈服于"霍布森选择"。

同样，如果管理者用这种别无选择的标准来约束和衡量别人，也必将扼杀多样化的思维，从而扼杀了别人的创造力。用一个呆板不变的标准来要求员工的管理者，会激起员工的不满与愤怒。

此外，一些企业家在挑选部门经理时，往往只局限于在自己的圈子里挑选人才，选来选去，再怎么公平、公正和自由，也只是在小范围内进行挑选，很容易出现"霍布森选择"的局面，甚至出现"矮子里拔将军"的惨淡状况。

1981年，可口可乐公司的"教父"罗伯特·鲁道夫，出现在他主持的最后一次例会上，此后鲁道夫将完全退出他在可口可乐公司的权力高位。会后，他把戈伊祖塔叫到办公室，问道："戈伊祖塔，你愿意来管理我的公司吗？"

在此之前，罗伯托·戈伊祖塔还只是公司内一个寂寂无闻的管理人员，而且学的是化学专业。对于这突如其来的幸福，罗伯托·戈伊祖塔有点不知所措。不过，他很快镇定下来，说："鲁道夫先生，我很荣幸。"他接受了这一任命。

古巴移民罗伯托·戈伊祖塔的确证明了罗伯特·鲁道夫的慧眼。而在此之后，他拿出了一串令人眩目的数字：可口可乐的销售收入从50亿美元翻了3倍多，达到185亿美元；在资本市场，公司市值狂飙了34倍，从43亿美元增长到1 500亿美元；并且，在戈伊祖塔不遗余力的全球扩张策略下，可口可乐的

海外赢利占到了全部利润的八成。

同时他也是位能够洞悉公司10年、20年甚至30年间的规划发展的优秀战略家。他执掌可口可乐公司达16年之久，并且在这个位置上把一度惨淡经营的可口可乐变成全球最大的特许加盟组织之一。在可口可乐持股7%并担任董事的股神巴菲特把戈伊祖塔称作"伟大的领导者和伟大的绅士"。

这是可口可乐公司的幸运，更是罗伯托·戈伊祖塔的幸运，因为他遇上了一个"不拘一格降人才"的上司。不管是不是学非所用，不管在自己的岗位上有多么平庸，只要发现其某一方面的闪光点，而这一点对自己企业的发展有帮助，就应该加以重用。

管理者应该注意，不要让自己走进"霍布森选择效应"的陷阱。千万不能用唯一的标准来约束和衡量别人，这样必然会使自己故步自封，难成大器。

为了避免落入"霍布森选择"的决策陷阱，关键是科学拟订备选方案和优选方案。要实现特定的系统目标，客观上存在着多种途径和方法，决策者要深入实际，广泛调研，充分占有相关信息，找出解决问题、实现目标的限制条件和起决定作用的因素。通过综合与分析，权衡利弊、区分优劣，拟订多种预案作为备选方案。在此基础上，选择最优或满意的方案作为决策方案；同时克服思维方式上的封闭性和趋同性结构，去充分认识客观世界、系统环境的开放性，开拓视野的多维性。

◎◎◎◎ 心理学家提醒你 ◎◎◎◎

管理上有一条重要的格言："当看上去只有一条路可走时，这条路往往是错误的。"毫无疑问，只有一种备选方案就无所谓择优，没有了择优，决策也就失去了意义。

心理测试 >>>

团队中你有领导能力吗

有一天在路上，你遇到失去联络的旧情人。你们相约到附近的咖啡厅去坐坐。除了聊聊目前的生活之外，难免谈起以前的时光，这时候你最怕旧情人提起什么？

A. 当初介入你们的第三者。

B. 两人刚认识时的甜蜜回忆。

C. 有一次出国旅行的经验。

D. 分手时的感觉。

选择分析：

A. 当初介入你们的第三者——你有领导的才能，可惜却没有领导的气度。想要让一群人对你服从可不是有才华就可以的，你必须懂得唯才是用、能屈能伸、善用智谋，如果只有勇气和冲劲是无法胜任领导工作的。

B. 两人刚认识时的甜蜜回忆——你的领导才能会发挥在小团体，一旦人变多了、关系变得复杂了，你就会掌控不住，甚至招致民怨。"宁为鸡首，不为牛尾"，应该就是你领导力如何的最佳说法了。

C. 有一次出国旅行的经验——你是天生的领导者，有指挥群众的天赋和魅力。你并不会刻意表现出自己的野心和企图心，但是大家自然就会找你解决问题，喜欢和你在一起，可能就是你有一股王者的风范吧！

D. 分手时的感觉——你在团体当中通常是一个帮大家做事的角色。你的生活哲学是"平生无大志，只求有饭吃"。随遇而安的个性，让你完全没有名利之心，觉得照顾好自己才是最实在的。

第八章
脑袋决定口袋，观念决定贫富

——18岁后要懂点财富心理学

鲶鱼效应：让财富快快增长

从前，挪威人经常从大海里捕捉沙丁鱼。然而由于沙丁鱼是一种不易成活的鱼类，尽管鱼贩们想方设法地让沙丁鱼活着，但是大部分沙丁鱼还是会在中途窒息死亡。因此，市面上活沙丁鱼的价格要比死的沙丁鱼高出几倍。后来，人们发现有一条渔船能够将活鱼带回港。人们调查询问原因，才发现鱼槽内多了一条鲶鱼。原来鲶鱼进入鱼槽后，由于环境陌生，便四处游动。沙丁鱼见了鲶鱼十分紧张，左冲右突，四处躲避，加速游动。这样一来，一条条沙丁鱼活蹦乱跳地回到了渔港。这就是著名的"鲶鱼效应"。

鲶鱼效应让人们知道：沙丁鱼如果没有外界的刺激，就会变得死气沉沉。同样，一个人如果没有外界的刺激，那他就会甘于平庸，养成惰性，最终导致庸碌无为。日常生活中的安逸，事业的稳定，满足于现在的财富，会促使人们产生消极的情绪和不思进取的态度。

在财富的积累上，不能够安于现状，要保持一颗进取的心。有时外界的刺激，能促使大脑在紧张的情绪中，保持机体的生机与活力，有利于更好地做事情。如果只想守着现在的财富过一辈子，坐吃山空，往往会在竞争中或社会的进步中慢慢落伍、退步、消失，财富也随之被淹没在时代的潮流之中。

在如今的社会中前行，如同在逆水行舟，原地踏步就等于退步。懂得这个道理，在财富的积累上，就更应该学会积极主动。

王泽和王凯是高中同学，因为家庭条件的限制，都没能上大学。于是两人都跑到福州谋生路。最初，两人一起去服装厂给人家打工，挣了一些钱，后来各自开了一间不大不小的普通服装店，算是有了自己的一份事业。

王泽循规蹈矩地经营着小店，比起给人家打工，自己干很舒心，而且钱也挣得不少。干了几年后，王泽买了一套小型房。总的来说，虽然平时挺累，但有闲钱可以泡泡酒吧，打打牌，生活也算比较滋润。王泽对这种生活很知足。

王凯则不同。他对自己一直销售这种低端货很不知足，一是利润太少，二是这种薄利多销的方式在福州这块地面上已经饱和；另外，产品单一，很容易受市场负面的影响，他看到市场时时存在着危机。于是王凯细心观察市场，多累积人脉，准备逐渐向中高档市场发展。

五年后，王泽因为受市场的影响，产品一直滞销，王泽害怕这样下去钱会越赔越多，于是关门大吉，改行给别人打工。而这时王凯则成了当地众多知名品牌的代理经销商。他已经买了两套房，买了私家车，而且，还准备向房地产行业进军。他与王泽渐渐拉开了差距。

王泽因为安于他自己的"滋润"的生活，被他这种生活消磨掉了斗志，所以生活过得越来越差；王凯看到了潜在的危机，危机刺激他一直寻求突破，最终取得了成功。王泽与王凯的事例说明，故步自封，不思进取的人，注定要被社会所淘汰。

当大学生毕业的时候，将来买房、养孩子的压力会凸显出来，这个时候

抱怨、惆怅都于事无补。我们要学会将压力转化成动力，把抱怨用在如何取得财富的心思上。如果面对财富上的成功望而却步，只满足于生活的安逸，最终将导致永远积累不起属于自己的财富。

古人说："君子爱才，取之有道。"人们喜欢钱本无可非议，但是取得财富，必须要用正当的手段。想不吃苦，就能轻轻松松地挣钱，这是一种不健康的心态。《蜗居》中的海藻，就是因为看到姐姐奋斗的艰苦便心生畏惧，走上了"第三者"的道路，最终落得一个令人痛心的结局。

● ● ● 心理学家提醒你 ● ● ● ●

用自己的才干和勤劳赚钱是光荣的。不义之财不可取，坑蒙拐骗得来的财物只会使人更加轻贱。赚得的钱不能挥霍在纵欲享乐上，而要运用在财富的继续增值和爱心事业上。

王永庆法则：节省1元钱等于赚了1元钱

赵杰在一家公司作办公室文员。刚来公司上班的时候，老总非常器重他，对他委以重任，手头有什么事总是交给他去干，并给他充分发挥才干的空间。

有一次，赵杰因为有工作没做完，周末来公司加班。正巧老总也来办公室拿些东西，注意到一些细节：赵杰在随手记录东西的时候，信手从抽屉取出一张A4打印纸，记下寥寥几个字，然后就把这张纸给"报废"了，扔进垃圾桶，而在桌子的一旁，放着成沓的便签纸却不用。

在一间办公室，老总发现灯还亮着，而当天正是晴空万里，室内的光线非常充足，根本不用开灯；办公室的窗子开了一个十几公分的缝隙，空调却在运行着……

看到这些，老总很生气，当面责怪赵杰不懂得节约。赵杰听了，心里也很不是滋味：本来自己加班加点地干活，应该受到表扬才对，老总不应该拿这些鸡毛蒜皮的"小事"指责他。不就是一张纸、一度电嘛，何必小题大做？再说了，用干净的A4纸记录东西也是为了工作，开灯只是大家忘了关开关而已，窗户开条缝隙也有利于空气对流呀，有必要管得这么严吗？

在现实生活中，我们大多看重的是财富的创造，对于节俭似乎注意不够，有时甚至认为这是小家子气。所以，我们上班时不会珍惜几度电、几张纸，在家不会珍惜锅碗瓢盆，买东西也不会计较几块钱。殊不知，节俭也是理财的一部分。学会了节俭每一分不必花费的钱，你也就学会了对财富的运用和创造。

有台湾"经营之神"、台湾企业界"精神领袖"之称的台塑总裁王永庆先生生前曾在多个场合反复强调这样一句话："节省一元钱等于净赚一元钱。"他的这一思想被台塑集团员工奉为经典，并被岛内外企业管理者称为"王永庆法则"。其实，不仅在企业管理中，我们也应该把这条法则贯穿到我们生活中，作为我们立身处世的行为准则。

赚钱要依赖别人，节省只取决于自己。获得财富，不仅要靠自身努力创造出经济价值，还要做到节约，珍惜每一分钱，做一个地地道道的"吝啬鬼"。我们都知道犹太人能赚钱，因为犹太人在看到地上即使只有一分钱的时候，也会捡起来，而多数人这时是不屑于弯腰的。

比尔·盖茨和一位朋友同车前往希尔顿饭店开会，由于去迟了，以致找不到车位。他的朋友建议把车停在饭店的贵客车位，盖茨不同意。他的朋友说"我来付"。盖茨还是不同意。原因很简单，贵客车位要多付12美元停车费，盖茨认为那是"超值收费"。作为一位天才的商人，盖茨认为：花钱像炒菜一样，要恰到好处。盐少了，菜淡而无味，盐多了，苦咸难咽。哪怕只是几元钱甚至几分钱，也要让每一分钱发挥出最大的效益。

有一年夏天，32位世界级企业家（总资产超过英国一年的国民经济总收

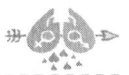

入）举办了一次"夏日派对"，盖茨应邀出席这个盛会。身穿的一套服装，是他在泰国菩提岛休假时花了不到10美元买的，还抵不上"歌星"、"影星"干洗一次衣服所花的钱。盖茨说，一个人只有当他用好了他的每一分钱时，他才能做到事业有成，生活幸福。

长期以来，比尔·盖茨的个人资产在富豪榜上都占据第一的位置，但在个人生活上，一直很简朴。在与员工平时相处中，比尔·盖茨从不像是个有钱人。他很少去一些豪华的餐馆就餐，喜欢买打折的产品。可以说，比尔·盖茨有点吝啬，可他自己知道，他赚的每一分钱都来之不易，是他的血汗钱，所以不应该乱花，应花在刀刃上。

当然，比尔·盖茨也有慷慨的时候，他和妻子设立了自己的基金会，每年给慈善事业进行捐助，用于帮助那些需要帮助的地区，这是他承担的社会责任，给他带来了好的名声。

许多人知道"吝啬"可以增加你的财富，但是很少有人能把"吝啬"当成一种习惯。如果你现在还在为看不到自己财富的增加而忧心忡忡，那么就应该马上开始培养自己的节俭意识，养成勤俭节约的好习惯，你的财富就在这一点一滴中慢慢增加了。

心理学家提醒你

有句名言说："节约是生财之源，节约是理财之方。"学会了节俭每一分不必花费的钱，你也就学会了对财富的运用和创造。

卡奴：切不可透支将来

小王的第一张信用卡是2008年5月在招商银行办的，额度5 000元。卡刚到手时，家人一直反对，在他们的观念中，有钱多花没钱少花，借钱花是坚决不允许的。当时一种非常强劲的"我不会成为卡奴，我有分寸"的想法占据着大脑，小王完全听不进家人的话。

有了第一张卡以后，小王渐渐"牛"了起来，花钱变得大手大脚。外出逛街时，朋友们见他总是轻松刷卡，很羡慕。这种不用掏钱包的便利和朋友羡慕的眼神，令小王感觉很爽。刚开始的三四个月，小王每月将工资和做兼职的3 000元收入存到卡里，然后继续刷。后来，小王的电脑坏了想换台新的，可老觉得钱不够，就申请了第二张信用卡。小王透支了10 000元的额度，买了一台笔记本电脑。此后，小王好像上了瘾，只要见到办信用卡的，肯定会办一张。就这样，小王先后拥有了招商、建设、民生等8家银行的信用卡。

信用卡多了，小王花钱更加离谱了。刷卡让小王忘记了消费数额的概念，也没有心疼的感觉。当不断有银行的催款电话打来，小王才意识到短短一年时间，小王总共欠了银行52 500元。祸不单行，今年6月，小王被老板炒了。之后的3个月，小王惶惶不可终日，一有催款电话就编造各种理由，说自己暂时没钱。直到9月份的一天，一家银行找到家里追债，父母才知道事情的真相。无奈之下，父母东拼西凑帮小王还清所有的债务，小王才终于摆脱了"卡奴"的噩梦。

如今在生活中，像小王一样的持卡一族越来越多。有人拥有不止一张信用卡。信用卡带来了一种新的消费模式，但这种不用现金交易的方式也会产生一系列问题，比如引发财务危机。很多人因此沦为了"卡奴"。

信用卡最显著的特点在于透支。当我们用现金购物时，紧随其后的付款动作抵消了购物的快乐。而在信用卡消费中，实际的现金支付被置于物品入囊之后，从而削弱甚至麻痹了金钱减少的痛苦。

盲目透支很容易形成恶性循环，造成财务危机。"卡奴"的出现，在很大程度上与持卡人自控能力差、理财能力差、消费不够理性有关。

首先，因为这些人往往误把信用额度当成消费实力。信用卡的主要功能，是用来代替你已拥有的金钱，也就是一种辅助的支付工具。在现实生活

中，很多持卡人过高估计了自己的收入，以为自己未来几十年中收入都会维持在同样的水平，这么做，就会糊里糊涂地透支自我的经济实力，将来遇到一些意想不到的状况时就会变得非常被动。

其次，消费时心理账户作祟。说起消费，专家们发现你会有两个账户，一个是经济账户，另一个则是心理账户。经济账户就是实际金钱的进出状况。而在"心理账户"中，你对每一块钱并非一视同仁，会有不同的记账方式和心理运算规则，会依据不同来源、不同去处，采取不同的态度及做法。这两方面的原因，致使"卡奴"的队伍不断壮大。

另外，银行的盲目发卡，一定程度上也起到了推波助澜的作用。前两年，银行为了圈占市场，赚取利息、滞纳金、手续费等大肆发卡，不仅办卡门槛低而且透支额度高。这大大增加了持卡人消费的随意性，同时也增加了银行呆账死账的风险，甚至引起了信用卡犯罪案件的多发。

小刘在银行工作，利用职务之便，曾先后拥有10张不同银行的信用卡。刚参加工作的时候，小刘并不敢使用信用卡，害怕自己透支后还不了。但后来看同事们都办卡，自己于是也就办了一张，额度是25 000元。当时，这个额度比小刘的部门主任的卡的额度还高，小刘和同事们都觉得很意外，但不管怎么说，这张卡确实是办下来了。

2008年5月，小刘换工作，进入到一个从事炒金业务的盈福通投资公司。在公司经理花言巧语的诱惑下，小刘先后从信用卡上透支出14万多元，参与网上炒金业务。没想到，这家公司竟是一个骗子公司，小刘与另外数十位客户的近500万元钱一起打了水漂。警方介入调查后，两位公司高层落网，但被骗的钱却是很难追回来了。

小刘说，如果不是有那么多信用卡，他是不会有胆量拿出十几万进行投资的。等把欠银行的钱还清了，小刘决定把所有的信用卡退掉，再也不碰了。

信用卡消费，如果没有很强的自制力，就很容易引发信用危机。有些人往往在刷卡时痛快潇洒，还款时却痛心疾首。

如果你不想陷入被动，直接的方法，就是换个心理账户：直接使用现金。这么一来，就会对自己所支付的花费有更真实的感受和估量，消费也就能更加理智。

如果实在舍不得扔掉你的信用卡，那么在刷卡购物前，先暂停一下，在心中默默计算一下，自己即将入手的宝贝，究竟要花你多少钱。同时，也请在头脑中想象一下，你需要为此掏出多少张大钞。那么当你再次入手时，就能对消费有更精准的判断了。

掌握信用卡消费的心理密码，你就能摆脱当"卡奴"的尴尬，理智消费。

心理学家提醒你

信用卡倡导的是一种信贷消费的模式，但信用消费本身就是一把"双刃剑"。随着我国信用卡的普及和推广使用，信用卡的发放不可避免地将会引发信用方面的问题，由此带来的风险需引起银行的高度关注。

马太效应：财富的积累需要基石

《新约·马太福音》第二十五章有这样几句话："凡有的，还要给他，叫他丰足有余；凡没有的，就连他所有的，也要夺过去。"

马太效应的名字就来源于《新约·马太福音》中的一则寓言：

从前，有个人要出门远行，临行前把三个仆人叫来，分别给了他们五千两、两千两、一千两银子。第一个仆人把钱拿去做买卖，另外赚了五千两银子；第二个仆人，也照样赚了两千两。第三个仆人，找了个安全的地方，把主人的银子埋到土地里。

等主人远行回来，几个仆人分别前来报告。第一个仆人说："主人，你交给我五千两银子，请看，我又赚了五千两。"主人说："好，你这又善良又忠心的仆人，你有忠心，我要把许多事派你管理。"第二个仆人也来说："主人，你交给我两千两银子，请看，我又赚了两千两。"主人说：¨好，你这又善良又忠心的仆人，你有忠心，我要把许多事派你管理。"

第三个仆人也来说："主人，我知道你是严厉的人，没有种的地方要收割，没有散的地方要聚敛。我就害怕，去把你的一千两银子埋藏在地里。请看，你的原银在这里。"

主人回答说："你这又恶又懒的仆人，你既知道我没有种的地方要收割，没有散的地方要聚敛，就当把我的银子放给兑换银钱的人，到我来的时候，可以连本带利收回。"

于是主人夺过他的银两，给了那个有一万两银子的仆人。"

美国科学史研究者罗伯特·莫顿将马太效应归纳为：任何个体、群体或地区，一旦在某一个方面（如金钱、名誉、地位等）获得成功和进步，就会产生一种积累优势，就会有更多的机会取得更大的成功和进步。通俗点说，就是强者愈强，弱者愈弱。

特别是在经济领域中，马太效应普遍存在。例如，在某个领域内，若一家公司树立品牌的知名度愈高甚至取得垄断地位，那它能获得的市场份额与利润也就愈高；反之，那些没有率先树立起知名度的小企业，就不得不在市场的夹缝中求生存，得到市场认可的难度也就更大。

当我们注意财富分配现象的时候，这一现象不难理解：因为富人能够投资于创建财富的新来源，因此，富人越富，他就赚得越多。这一过程将不停重复，富人将变得越来越富，没有什么力量可以阻止这一过程。这将是一个长期的过程。

对于一个开创事业的人来说，要使自己不被"马太效应"所抛弃，积累必要的资本是必不可少的步骤。

有个故事：

一个穷人，生活非常艰难。一个富人见他可怜，就起了善心，想帮他改变一下穷苦的现状。于是富人送给他一头牛，嘱咐他好好开荒，等春天来了撒上种子，秋天就可以脱掉"贫穷"这顶帽子了。

穷人很感激富人，于是满怀希望开始奋斗。可是没过几天，就发现这样一个事实：牛要吃草，人要吃饭，所以还得去买草料，这样的话日子比过去还难。穷人就想，不如把牛卖了，买几只羊，先杀一只吃，剩下的还可以生小羊，长大了拿去卖，可以赚更多的钱。

穷人就这样办了，只是吃了一只羊之后，小羊迟迟没有生下来，日子又艰难了，忍不住又吃了一只。穷人想：这样下去不得了，不如把羊卖了，换成鸡，鸡生蛋的速度要快一些，鸡蛋立刻可以赚钱，日子立刻可以好转。

穷人的计划又如愿以偿了，但是日子并没有改变，又艰难了，又忍不住杀鸡，终于杀到只剩一只鸡时，穷人的理想彻底崩溃。他想：致富是无望了，还不如把鸡卖了，打一壶酒，三杯下肚，万事不愁。

很快春天来了，发善心的富人兴致勃勃送种子来，竟然发现穷人正就着咸菜喝酒，牛早就没有了，房子里依然一贫如洗。

富人转身走了。穷人仍然一直穷着。

故事中的穷人只看到眼前的困难，而看不到长远的财富，花明天的钱来过今天的日子，所以永远也无法摆脱穷苦的命运。一个投资专家说，他的成功秘诀就是：没钱时，不管再困难，也不要动用投资和积蓄，因为这是你积累财富的基础。压力会使你找到赚钱的新方法，帮你还清账单。这是个好习惯。

马太效应的积极作用是：他能使成功的人获得越来越多的荣誉和越来越高的评价，会促使财富积累得越来越多，并且形成一种习惯；同时这对其他表现一般的人有巨大的吸引力，会激励他们去努力。

马太效应也会产生消极的作用：经济上容易造成贫富分化，在促进社会公平方面也是不利的。有人说，马太效应的出现，实质上是社会强势群体对弱势群体平等教育权的掠夺，必然会加速社会财富和权力之间的两极分化；另外，如果失败会让人灰心丧气，一个人遇到了挫折与失败之后，就会立刻感到周围人的疏远、轻视甚至责怪，这让他的信心荡然无存，甚至破罐子破摔，产生一种恶性循环，那他离成功也就愈来愈远了。

要想消除合作学习中马太效应的消极作用，我们就要努力实现评价的社会公平感。马太效应导致人们心理不平衡的一个主要原因，是人们只在乎努力究竟有没有给其带来财富，而不注意努力的过程。所以，在判断一个人是否成功时，我们不仅要关注他有多少资产，更要关注他奋斗的过程，对发展条件和奋斗程度的不同要有不同的要求和评价。同时，更应该关注处于"弱势"地位的群体。

● ● ● ● 心理学家提醒你 ● ● ● ●

只有当我们在财富积累到一定程度时，才会享受马太效应所带来的"倍增效应"，取得更大的成就；当遇到暂时的经济困难时，我们自己也要坚持努力。唯有成功才是取得更大成功的基石，这是马太效应带给我们的最大启示。

毛毛虫效应：培养获得财富的思维

法国科学家约翰·法伯进行过一个著名的毛毛虫实验：

约翰·法伯在一只花盆的边缘摆放了一些毛毛虫，让它们首尾相接，围成一圈；与此同时，在离花盆几英寸以外的地方放了一些它们最爱吃的松针。由于毛毛虫天生就有跟随的习性，因此它们一只跟着一只，盲目地跟随着前面的毛毛虫，绕着花盆一圈圈地爬行。这群毛毛虫就这样一小时、一天、两天地兜圈子，连续七天七夜后，终于筋疲力尽而死。

法伯在自己的实验总结中写道：在那么多毛毛虫中，如果有一只与众不同，那么它就能改变命运。

这其实也反映了生活中的一条规律：如果你墨守成规，只会亦步亦趋地跟在别人后边，你的命运就会跟那些毛毛虫一样，一直做无用功，直到彻底的失败；相反，如果你稍微动一下脑筋，跳出惯常的思维习惯，从反面或侧面想问题，则往往能得出一些创新性的设想，你的命运往往就此而发生改变。

人人都有赚钱的欲望，却很少有人能做出致富的行动。当一个人只会按部就班地在自己的一亩三分地上耕耘，很难做出超出自己能力的成就。想致富，就要想他人之未曾想，做他人没有做过的事。如果有一个敢于创新的思维，获得财富就不用整天白日做梦。

看看一个善于创新的思维是怎样给一个苹果经销商带来财富的：

有一年，根据市场预测，该年度的苹果将供大于求。这让众多的苹果供应商和营销商暗暗叫苦，他们都认定损失已经不可避免。就在大家为即将到来的损失唉声叹气时，吴新却没有抱怨这个事实，而是暗暗地想解决的办法。后来他灵机一动，想到可以在苹果上做做文章。

当苹果还长在树上时，吴新就把提前剪好的纸样贴在苹果朝阳的一面，如"喜"、"福"、"吉"、"寿"等。由于贴了纸的地方阳光照不到，苹果上也就留下了痕迹——比如贴的是"福"，苹果上也就有了清晰的"福"字！因为这样的苹果的确少见，人们觉得新奇，纷纷掏腰包。靠着他这市场上独一无二的苹果，在该年度的苹果大战中独领风骚，赚了一大笔钱。

转眼到了第二年，其他的苹果经销商都纷纷效仿。吴新又想出了新点子，这次在苹果的包装上下了工夫。他按照各种节日的需要，分别设计出了不同的特色，与节日的气氛相融合。这样一来，吴新的苹果更加吸引人们的眼球，人们纷纷选购他的苹果作为礼品送人。而原本效仿他的经销商的苹

果，因为人们见得太平常了，纷纷掉价。

吴新之所以能够在激烈的市场竞争中胜出，这与他创新的思维是分不开的。成功的人都有一个共同的特点：他们总是被别人模仿。失败的人则总是在模仿别人。

巴菲特定律告诉人们一个事实：到别人都投资的地方去投资，肯定是不会发财的。想要获得财富，我们不能再像毛毛虫那样做毫无意义的努力，而应该转变思路，要善于另辟蹊径，以便更有技巧、更有效率地工作，从而达到事半功倍的效果。

曾经有人说，在发展的道路上，我们遇到的每一个问题都是新的，我们必须时时有创新，所以说早创新早发展，晚创新就会埋下危机，不创新就意味着死亡。在这样一个时代，人们要么变得富有，要么穷苦没落，甭想过舒服日子。所以说，要把创新作为头等战略大事来抓，要把创新的意识渗透到我们所做的每一件小事上来，让创新成为一种习惯，你才能成功。

◎◎◎◎心理学家提醒你◎◎◎◎

在社会上，人和人之间，既有合作，也有竞争。竞争优势的秘密是创新，这在现在比历史上的任何时候都更是如此。创造力对于创新是必要的，做事的时候，积极发挥我们的创造力，然后将其转变成创新，这种创新将导致竞争的成功，进而转化为财富。

你不理财，财不理你

从学校毕业后，小陆在某公司担任文职类工作，月收入不到2 800元。小陆的朋友、同学多，经常要和朋友们聚聚会、旅游、逛街，"今朝有酒今朝醉"，花钱从不精打细算。

认识了女朋友后更是如此，在外面下趟馆子、看场电影、再逛逛街，一个礼拜动辄就是几百元的开支。不知不觉，钱就流走了，于是小陆成了一名名副其实的"月光族"。

前年，小陆的父母催促着小陆赶紧结婚。在父母的压力下，小陆下定决心要和女友在近两年完婚。虽然父母已经为小陆结婚买了一套房子，但是以后还要装修，买车，当然还计划要孩子。如此一算，倍感压力。无论是朋友还是家里人都开始催促小陆省点钱，理理财。

小陆开始培养记账的习惯，他发现这一点非常有助于控制自己的开支，能防止钱"不知不觉流走"。当然喜欢玩乐的他也不愿意对自己太过苛刻，于是先给自己制定了一个简单的目标：每月至少争取节约出800元至1 000元。

接着，小陆就开始为自己安排了一项人生储蓄计划，他去银行专门开了账户，每个月工资发下来的第一件事情就是先存入500元。为了防止以后有突发事件发生，又将存款分成了三个月期、六个月期和一年期三种，这样就可以保证在有意外需求出现时，随时有到期的资金可以供他支取。

一年后，小陆已经有了不少的存款。他越来越体会到，穷人照样要理财，且应该提早省钱；越早做，日后收益也越大。

现实中有很多人可能会有这样的想法：理财是有钱人的事，挣钱不多，也就不用理财了。其实，无论赚钱多少，学会理财，都可以使你的财富得到积累。所以，不论是赚钱还是理财，都是积蓄财富的重要手段；不论是穷人还是富人，都应该会理财。

会赚钱的人多，但是如果不懂得理财，财富也会流走。拳王泰森的职业生涯享有极高的荣誉，这些荣誉给他带来财富。但是，他不懂得理财，到手的钱如同手中的沙子一样止不住地流走，后来不得不投身演艺界混饭吃。

只会赚钱不会理财的人，往往一生受穷。常言道：吃不穷，穿不穷，算计不到就受穷。这个俗语蕴涵着最基本的理财观念：算计，就是对金钱的计

算、打理。打理不好金钱，便会受穷。

钟女士在人们眼里是一个奇怪的女人。她脾气古怪，节俭成癖。

当年在大学的时候钟女士学的是会计，毕业后一直在一个国企工作了十多年。在单位，一直表现得规规矩矩，既没有出过很大的差错，也没有因为得到上级的赏识而受到提拔。

又过了几年，钟女士到了退休的时候。这时候月薪不过3 000块钱出头。

看到其他部门年终不菲的收益，钟女士面对着自己可怜的工资，变得很不甘心。她总是听人说，现实中到处都有发财的机会，最稳当的途径就是投资股票和基金。于是她以5 000元为起点，把工资之余的钱用来投资到股票和基金里。

钟女士的钱少，所以买的股票也不多，但她一旦认定这是个好公司，其股票值得买之后，就一直拿着，从不轻易卖出，即使股市惨跌，她也无动于衷。钟女士买股票凭直觉，她只买自己熟悉、日常生活中接触过的名牌公司的股票，比如她所吃的药、所用东西的公司。

钟女士一边继续投资，一边抽时间去上理财的补习班。过了几年时间，她所有股票的市值已经翻倍猛涨，钟女士也因此成了一个百万富翁。

钟女士作为一个普通的会计，拿的工资并不比别人高多少，可是她懂得钱能生钱的道理，知道如何合理地打理自己的财富。最终依靠恰当的投资，成了一个百万富翁。由这个事例可以看出，决定你是否成功的关键，不在于你挣多少钱，而与你如何理财有很大关系。

"人有两只脚，但钱有四只脚。""钱永远跑得比人快，人追钱赶不上钱的速度，但却可以充分利用'钱追钱'。""你不理财，财不理你。"这些话充分地说明了理财的重要性。

大学毕业后，我们都要学会自强自立，没有人会莫名其妙给我们一分钱，口袋里的每一分钱都需要我们自己通过努力而获取。要想把钱用好，并用得恰到好处，能给我们带来收益，给我们安全感、保障感，生活变得轻松，心里变得舒坦，那么，就去学会理财投资吧。

不要拼命地为了赚钱去工作，要学会让金钱拼命地为了你去赚钱。科学合理的消费就等于收入的增加。

不一定要按照自己拥有的实际现金去决定投资规模，而要在认定安全稳健的前提下，需要投资多少钱就想办法去借多少钱。

生活中的清单与账单

菲菲特别喜欢购物。结婚后，经常和同事们一块议论，哪里的衣服打折了，哪里最近在搞活动啦。一到周末，她就邀朋聚友，大家一起去商场或各种店铺购买打折的物品。回到家，菲菲对丈夫夸自己聪明，会购物。她一直认为自己属于那种会理财、会持家的智慧女人。

但是慢慢地，菲菲发现，她买的东西越来越多，有很多却是用不着的。比如内衣，有些没有试穿就直接买下，仅仅是因为便宜、打折，后来又觉得不适合，要么太紧，要么太松。扔了吧，觉得可惜；处理吧，她不知道内衣能如何处理；卖了吧，可是谁会来买"二手"内衣呢？

还有不少衣服，当时图便宜、有折扣，一时冲动买了下来，甚至连标牌都没剪就闲置在衣柜里。

家里的碗已经有不少了，可是因为打折，她又买了好些；本来也不缺锅，可是一次看到打折，有个平底锅特别优惠，她忍不住买了下来，结果买回来放进橱柜，从来没有用过。

菲菲还常常会为了得到某些商家的微不足道或是自己根本用不上的赠品或礼物，浪费自己的金钱去购买那些不必要的东西。

类似这样的消费行为太多了，菲菲开始对自己的"省"钱方式产生了怀疑。

很多人在结婚后，就开始为生活精打细算起来。比如，衣服要买打折的，日常用品要买促销的。当我们原以为自己占了便宜，省了钱，却忽略了一个事实：只要你在购买，在付钱，你就不可能"省"得住钱，因为金钱在向外流，而不是向内流，钱又怎么"省"得下来？于是钱就这样流走了。

还有，每到逢年过节或周末，我们经常会看到很多商场都会打出减价促销的招牌。看似很实惠，很多人都会围着抢购。促销的结果，是给商场创造了更多的财富，我们则心甘情愿地掏出腰包，减少了银行卡的存款。商家正是利用了消费者贪图便宜的心理，让消费者在不知不觉中"犯错"。

所以，消费者在购买时要有足够的理性，克制住冲动购物的心理，对于自己不需要的东西，价格再低廉也不要被诱惑。虽然说，省钱不一定能致富，但浪费绝对是财富积累上的无底洞。

小雪终于在北京安家了。去年七月，她和老公买了房子。然而，在这个温暖的小窝没有幸福多久，压力也随之而来。首付有一部分是借朋友的，每个月要还房贷；孩子快要出生了，马上又要添加一项开支。有这么多需要用钱的地方，小雪决定要想办法"节流"。

小雪的购物次数越来越多，每次趁着商场打折的时候，买一些日用品，哪里有打折就跟朋友一起去淘衣服。到了当月还房贷的时候，查了一下银行卡，上面只剩下不到一千块钱。

丈夫对钱莫名其妙的"失踪"很生气，在家不住地责备小雪，连钱都管不住。小雪也很委屈，心里头抱怨：这到底怎么回事？

夫妻俩于是一点一点地计算起平日的开销，结果让他们大吃一惊：小雪平时这些不起眼的花销竟然达到工资的一半！小雪很困惑：我省钱难道省错了吗？

像小雪这样的家庭主妇，都会走入一个误区：本着省钱的考虑，却做出花钱的行动，把钱不停地花在"省钱"的圈套里。促销不一定都是坏事，但是自己要有一个正确的消费观念，要把钱用在该用的地方，而不能只图便宜，买一些平时根本用不到的东西。

另外，在消费时，应该给自己设立一个账本，记录下平时的花销，这样就可以对自己的财务状况一目了然。有了这个账本，或许就可能帮助你改变一些不良的消费习惯，就能让你的钱慢慢地省下来。

●●●●心理学家提醒你●●●●

有句话讲：积少成多。花钱和赚钱都是一样的道理，一分钱也是钱，不要因为钱少不起眼就可以随便浪费。回头计算一下我们不起眼的花费，结果会让你大吃一惊。

穷也要站在富人堆里

看过电影《当幸福来敲门》的人，对其中一个场景应该记忆深刻：

克里斯·加德纳（威尔·史密斯饰演）在一个股票经纪公司实习。实习生共有20人，他们必须无薪工作六个月，最后只能有一个人被录用，这对克里斯·加德纳来说实在是一个极大的挑战。

实习期间，克里斯接受了一项任务——推销股票。有一个机会，他去拜访一个成功的客户。这个客户住在高档的别墅里，有花园、游泳池，当然他还有自己的不小的产业，俨然一位成功人士。克里斯看看自己：只是一个穷小子，租不起房，且只有一件穿得出去的衣服。面对这个有钱人，克里斯并没有自惭形秽，而是像一个老朋友一样，打招呼问候，并和他一起去包间看橄榄球比赛。这些生活对克里斯来说，曾经是做梦也无法达到的。克里斯与这些成功人士一起，推杯换盏，谈笑自若，毫不拘束。后来，这个客户又给

克里斯介绍了很多生意。

最终，克里斯凭借自己的努力完成了任务，脱颖而出，获得了股票经纪人的工作，并且随后创办了自己的公司。

世界上最会赚钱的犹太人信奉这样一条格言：穷也要站在富人堆里。故事中的克里斯做到了。

也许很多人无法理解——与富人站在一起，只能显出自己是一个失败者，徒增自己的悲哀；有的人可能想得更为积极一些——与富人在一起，会激发自己成功的决心。

要想成为富人，我们应该牢记这样一个事实，即"富人永远不会变穷"。富人是在贫富不均的基础上产生的，所以富人永远属于富人的群体，穷人则永远脱离不了穷人的圈子。只有和富人在一起才会让别人也认为你是一个成功者，你身边的富人会在无形中增加你的人际影响力。

富人会以富人的方式思考问题，而即便排在穷人之首的穷人也永远无法摆脱穷人的思维方式。有时候，位列富人之尾比起做穷人之首可能更不像"富人"，但犹太人仍宁愿进富人之列。

犹太人中富人众多，实际上就是由于他们具有富人的思维方式。这不是什么实用技术，而是一种处世哲学。

魏刚在北京郊区长大，初中和高中读的都是当地的学校。有一天，收到高中同学聚会的名单，邀他去参加同学聚会。

在聚会上，魏刚和同学们聊起近年来各自的发展，魏刚发现，同学中大多数人都成了公司职员或者公务员，其中也有在某些方面算是飞黄腾达的人，可是在商业上取得成功、成为有钱人的却一个都没有。

魏刚心想："这是为什么？大家都没做出什么成就啊！"后来，对比发展得很好的自己哥哥的情况，魏刚终于明白了班里没有人成为有钱人的原因：

在大城市生活，总也避免不了买房的压力，此时，大多数人都会选择贷款。为了日后不被还款困扰，会留有余地地选房。

魏刚的哥哥却另有想法。在30岁之前，他贷款买了一套在当时来说十分豪华的公寓，在这个公寓里住有有名的演员，还有足球运动员。这对于一个还不到30岁的年轻的公司职员来说，实在是与其身份不相称。不过魏刚的哥哥说："只要努力工作的话，肯定就会变得相称了。"

在充分了解了偿还贷款的风险后，魏刚的哥哥拼命地工作，将这视为他成为有钱人路上的一个挑战。经过奋斗，很快，他还清了贷款。不仅如此，他还结识了许多社会名流，这给他日后的事业发展提供了很多帮助。

魏刚的同学中之所以没有有钱人，是因为他们所具有的只是穷人的思维，他们的生活、投资、买房往往有太多的考虑。而魏刚的哥哥向人们显示了成为有钱人的意志。当别人把他当成一个成功者，他就真正地成了一名成功者。

穷到富的转变是大多数人憧憬的，但没有致富的思想和手段，富有殷实只是聊以自慰的幻想。穷人不能只是慨叹命运不济。穷人只有站在富人堆里，汲取他们致富的思想，激发自己成功的斗志，比肩他们成功的状态，才能真正实现致富的目标。

◎◎◎◎ 心理学家提醒你 ◎◎◎◎

生活中，每个人都有成为富人的可能。就算你身为一个不折不扣的穷人，只要你不放弃希望和梦想，按照一定的规则去行动，改变自己命运的日子就不远了。

心理测试 >>>

几年之后你是穷人还是富人

如果你的身材有些胖，正在实施艰苦的减肥计划，你的朋友却要请你去饱吃一顿，你会怎么想呢？

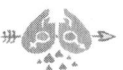

A. 只是巧合，没有什么特别的目的。

B. 舍不得让你受苦，关心你的健康。

C. 考验你减肥的意志力够不够坚强。

D. 故意取笑你的身材，以博取大家的开心。

E. 让你的心快乐起来，轻松减肥。

选择分析：

1. 选择A

你会默默地努力做自己该做的事，三年后的你会衣食无忧。这类型的人性格比较老实、比较单纯，因此会默默努力把自己分内的事情做好，在专业上也会努力地充实。虽然不会大富大贵，但还是会因自己的努力得到自己应得的东西。正所谓：种瓜得瓜，种豆得豆。

2. 选择B

你缺乏上进心，三年后的你，还是现在这个样子，不过你会品味你的人生，会选择自己喜欢的和感兴趣的事情去做，轻松地享受人生。

3. 选择C

你是个潜力无穷的理财高手，三年后的你虽不会大富大贵，至少可以轻松小康。这类型的人会细致地分析情况，因此很有机会成为绩优股。

4. 选择D

你太孩子气，总把事情看得很单纯，认为大家开心就好，不过这也是你可爱的地方。

5. 选择E

你是一个乐观的人，而且很可能成为富翁，会尽自己的努力去打拼，有着坚强的意志。

第九章
对自己狠一点，离成功近一点
——18岁后要懂点成功心理学

遇到挫折，你能做到及时转化吗

事例一：1992年，洛杉矶的弗兰克·柏金斯决心打破坐旗杆的世界纪录。但由于染上感冒，他在还差8小时就打破400天纪录的时候退下阵来；随后发现他的赞助人已经破产，女朋友早拂袖而去，而且他的电话和电都被停了。

事例二：一名妇女回到家中，看到丈夫在厨房里疯狂晃动着身体，似乎腰间有根电线直连电热壶。为了救他于危难之中，她就近从后门边上抄起一块厚木板朝他劈去，把他的胳膊劈骨折了，其实此前他一直快乐地听着随身听。

事例三：波恩的两名动物权利保护者正在抗议把猪送到屠宰场的残忍行径时，两千头猪突然从破篱笆中受惊跑出，撞倒并踩死了这两名倒霉的保护者。

事例四：一名叫凯·拉纳加的恐怖主义分子在寄邮件炸弹时没付足邮资，邮件被盖上"退返寄信人"的邮戳退回。而他忘了那是炸弹，于是在拆信时，被炸成了碎片。

事例五：阿拉斯加瓦尔迪兹发生过石油泄漏后，救援每只海豹的平均花费高达八万美元。在一个特别仪式上，有两只花巨款拯救回来的海豹在旁观者的欢呼与掌声中被放回大自然。但在一分钟后，人们亲眼目睹它们双双被一头杀人鲸吞入肚中。

……

这就是普遍存在的厄运。未知的厄运。

面临厄运之时，怨天尤人是一生，及时转化也是一生，你选择哪一个呢？

爱尔兰作家巴克莱在文章中写道：有位小学校长提到了一件他一生都难忘的事。

在学校的足球练习比赛中，一位男学生跌倒在地，把手臂跌断了，刚好是他的右臂。在等救护车把他送去医院的时候，他要同学给他笔和纸。同学问："这种时候，你还要纸笔干吗？"他回答："你们有所不知，我的右臂既然断了，我想，应该训练自己用左手写字。"

人的一生是由幸福和悲伤、成功和失败、欢乐和痛苦交织而成的。面对挫折，自暴自弃者有之，畏缩不前者有之。不过也有这样一些人，即使身体有残疾，仍然能够勤奋地做出一番自己的事业；即使生命进入暮年，依然能够再创辉煌。

人生百年，是一次远足的旅程。在漫长的旅途中，也许你拥有过阳光，拥有过鲜花和掌声，使你在别人眼中发出绮丽的色彩；也许你曾受到过无情的打击，曾经因挫折而暗淡过，或因某一次的失败而伤感过。甚至你会因自己的暗淡而自卑，因无名的伤感而失掉对工作或生活的信心。你觉得你的旅程荆棘丛生，你的天空阴霾蔽天。但是，在人的一生中，挫折只是暂时的，只有当你经受得住成功和失败的考验，才能展示你的真正价值。最能激励人的成功的，恰恰是超越挫折之后的成功。

　　一个商人在翻越一座山时，遭遇了一个拦路抢劫的山匪。商人立即逃跑，但山匪穷追不舍。走投无路时，商人看到前面有一个山洞，立刻钻了进去，山匪也紧随其后。

　　洞的深处一片漆黑，商人的脚步慢了下来，接着被山匪逮住了，遭到一顿毒打，身上所有钱财，包括一个准备为夜间照明用的火把，都被山匪掳去了。

　　幸好山匪并没有要他的命，之后，两个人各自寻找着洞的出口。这山洞极深极黑，且洞中有洞，纵横交错。两个人置身洞里，像置身于一个地下迷宫。

　　山匪庆幸自己从商人那里抢来了火把，于是他将火把点着，借着火把的亮光在洞中行走。火把给他的行走带来了方便，他能探清脚下的石块，能看清周围的石壁，因而他不会碰壁，不会被石块绊倒。但是，他走来走去，就是走不出这个洞。最终，他力竭而死。

　　商人失去了火把，没有照明，他在黑暗中摸索行走得十分艰辛，他不时碰壁，不时被石块绊倒，跌得鼻青脸肿。但是，正因为他置身于一片黑暗之中，所以他的眼睛能够敏锐地感受到洞口透进来的微光，他迎着这缕微光摸索爬行，最终逃离了山洞。

　　身处黑暗的人，磕磕绊绊，却最终走向了成功；眼前光明一片，却让人迷失了前进的方向，终生与成功无缘。所以关键不在是否拥有火把，而在于面对困难，你是否还能保持一种理智的心态，保证你的思维在关键的时候还能保持清醒。

　　古人说"天将降大任于斯人也，必先苦其心志，劳其筋骨，饿其体肤，空乏其身，行拂乱其所为"，这样的结果就是"动心忍性，曾益其所不能"。看看古今中外有所成就的人，他们无一例外都是在不利与艰难的遭遇里学会百折不挠，变得更加强大。挫折是磨炼意志，增强能力的好机会。人要学会走路，也要学会摔跤；而且只有经过摔跤，才能学会走路。

　　人生中，让你疲惫的不是一座山，而是鞋中的一粒沙。拥有积极心态，我们就能轻松地到达自己的高峰。超越挫折，真的没有我们想象中的那么难。让挫折成为我们前进路上的加油站，我们的前途一定光明无限。

● ● ● ● 心·理·学·家·提·醒·你 ● ● ● ●

偶然的意外是生活的组成部分，人的一生中每一个人都会遇到。虽然我们不欢迎它，不喜欢它，但又总是躲避不开它。当它发生了，最重要的就是调整好心态，积极地面对，不幸也许就会转化成某种幸运。

病由心生：消极心态严重损害健康

第二次世界大战时期，德国的纳粹分子经常进行一些别出心裁而又残忍的实验。有一次，他们声称将以一种特殊的方式来处死人，这种方式就是割破人的手腕，让人流干血而死。实验的时候，他们从集中营挑选来一个人，纳粹士兵将这个人捆绑在床上，用黑布蒙住双眼，然后用一块冰划过他的手腕，紧接着打开一旁的水龙头，让水龙头发出"滴答滴答"的滴水声，并不时地告诉他："现在，你已经流了多少升血了，你很快就会死了。"

结果，这个人的面部不断抽搐，脸色变得惨白，渐渐地在惊恐万状中死去。

看似是一种"咒语"要了这个人的命。其实，导致这个人死亡的直接原因不是别的，而是这个人内心的恐惧。

日本的医学博士春山茂雄说："心灵所思考的内容会物质化，作用于身体。"

消极心态，想生气的事、想烦恼的事、情绪压抑、无端的恐惧等，会促使体内产生有害物质，即有毒有害的脑内吗啡，如去甲肾上腺素、肾上腺素等，抑制内分泌，从而破坏人的免疫力。据西班牙心理医生研究，每3名去医院就诊的病人中就有1名患有"想象病"，他们的病症表现在生理上，但问题的实质出在心理上。在每天看病的大约100万人中，就有33万人被告知，他们的病是因为精神紧张引起的。

越来越多的事实证明，人们的疾病大部分与自己的情绪有关，恶劣的情绪对健康的损害甚至比病毒还厉害。据有关资料显示，原发性高血压、冠心病、支气管哮喘、胃溃疡、溃疡性结肠炎等，均与心理因素有重要关系。

美国斯坦福大学学者搞了一个呵气实验，方法就是用一根试管，装上一半水，分别找"发火发怒者"、"心情悲观者"和"心平气和者"三种类型的受试者，让他们对着试管呵气，5分钟后把试管封闭，然后将试管中的物质加以提炼发现：发火发怒者的呵气浓缩液是紫色的；心情悲观者的呵气浓缩液是白色的；心平气和者的呵气浓缩液是无色的。将紫色液注入实验用的小白鼠体内，小白鼠几分钟后就死去了。

我们一般人比较注意"病从口入"，但常常忽略"病由心生"，这个"心"主要指心理、情绪。癌症等疾病，其中一个重要原因，就是长期埋藏在内心深处的怨恨、焦虑得不到化解，要消除癌症关键是要学会宽容、化解，宽容别人，化解矛盾，就是爱护自己。

人们的消极心态对身心健康具有很大的杀伤力，它往往会成为成功道路上的绊脚石。

一个石油公司的老板最近遇到了烦心事。这个老板手底下的一些运货员偷偷扣下了给客户的油量而卖给他人。老板当时并不知情。有一天，政府的一个稽查员找到这个老板，告诉他自己掌握了他的员工贩卖不法石油的证据，要检举他们；但是，这个稽查员又说，如果给他一点钱，贿赂贿赂他，他就放过他们。

老板很不喜欢这个稽查员的行为和态度，但又担心案子上了法庭，自己的名声就会受到影响，甚至毁掉自己的生意。老板焦虑极了，开始生病，三天三夜无法睡觉，不知道怎么办才好。

由于老板在工作上分心，很多客户对老板公司的服务态度渐渐产生不满，生意逐渐受到了影响。老板决定要找律师商量一下。

律师介绍老板去见了地方的检察官。听完老板的苦恼后，检察官告诉老板，他知道这个自称政府稽查员的人，其实是一个通缉犯。老板心中的大石头终于落下来了，当天晚上睡了个好觉。

老板的消极心态使他的身体、心理各方面都受到影响。心理学家说，人之所以会产生消极心态，是因为潜意识中我们都希望自由自在，万事顺利。当出现消极的状况时，不自信使得我们的思想、行为、情绪发生混乱，各种不利的消息也都随之而来。

当我们不得意的时候，要学会泰然处之。"人生不如意十常八九"，要以一颗宽容、平和的心去看待种种不如意事，以积极的心态去寻找解决问题的办法。积极思考问题的态度，就是正确的选择；正确的选择注定取得成功。

●●●●心理学家提醒你●●●●

人生要"拿得起，放得下，想得开"。在大的挫折或大的灾害面前，一定要站得高一些，看得远一些，学会自己释放自己，这是一种肚量，更是一种境界。

小折磨，大毁灭：不要太计较琐事

在科罗拉多州长山的山坡上，躺着一棵大树的残躯。自然学家说，它有400多年的历史。它初发芽时，哥伦布刚在美洲登陆；它长到成年的一半时，第一批移民刚刚到美国。400多年来，它无数次地被狂风暴雨袭击过，被闪电击中过，但它战胜了它们，存活了下来。不幸的是，它最后被一小队甲虫击倒了。那些甲虫从它的根部开始咬，在这种持续不断的攻击下，这个森林中的巨人终于倒下了。岁月不曾使它枯萎，闪电不曾将它击倒，狂风暴雨也不曾使它动摇，但小甲虫却使它倾倒了。

与大树相比，甲虫显得微不足道；但是正是这渺小的甲虫，使大树400年积累的功业毁于一旦。

一些人在面临大事时能稳住阵脚，但在面对一些琐事时却慌了手脚，不知道该如何处置，他们可以经受住生死的考验，却被琐事烦扰。

也有些人在大事上能够潇洒地放手，却对一些琐事牵肠挂肚、念念不忘。

这些人浪费了许多宝贵的时间在小事情上，而不是用这些时间去做一些有价值的事，去想一些应该思考的问题。生活有时正是因为我们太看重小事，从而过得很累。想要自己过得惬意一点，就不要揪住小事不放手。

约瑟夫·沙巴士是芝加哥的一名法官，他仲裁过四万多件不愉快的婚姻案件。他曾感叹地说："大部分婚姻不美满的原因，通常都是一些小事情。"当地的一名检察官也说道："在我们的刑事案件中，有很多都是起因于一些很小的事情。比如，在酒吧里说话侮辱别人，行为粗鲁不讲礼貌，最后才导致伤害的。许多犯了错的人，都是因为自尊心受到了小小的伤害，就控制不住自己，结果酿成了伤心事。"

明宣宗时的尚书夏原吉，是湖南湘阴人，为人宽厚，有君子之风。

有一次夏原吉巡视淮阴，在野外休息的时候，不料马突然跑了，随从去追了好久，都不见回来。夏原吉不免有点担心，适逢有人路过，便问道："请问你看见前面有人在追马吗？"话刚说完，没想到那人却怒目对他答道："谁管你追马追牛？走开！我还要赶路。我看你真像一头笨牛！"这时随从正好追马回来，一听这话，立刻抓住那人，厉声呵斥，要他跪着向尚书赔礼。可是夏原吉阻止道："算了吧！他也许是赶路辛苦了，所以才急不择言。"便笑着把他放了。

有一天，一个老仆人弄脏了皇帝赐给他的金缕衣，吓得准备逃跑。夏原吉知道了，便对他说："衣服弄脏了，可以清洗，怕什么？"又有一次，侍婢不小心打破了他心爱的砚台，躲着不敢见他，他便派人安慰她说："任何东西都有损坏的时候，我并不在意这件事呀！"因此他家中不论上下，都很和睦地相处在一起。

当他告老还乡的时候，中途寄宿旅馆，一只袜子湿了，命伙计去烘干。伙计不慎，袜子被火烧坏，伙计却不敢报告，过了好久，才托人请罪。他笑着说："怎么不早告诉我呢？"就把剩下的一只袜子也丢了。他回到家乡以后，每天和农人、樵夫一起谈天说笑，显得非常亲切，不知道的人，谁也看不出他是曾经做过朝廷尚书的人。

成大事者有大胸怀，成大事的人不会整日计较于鸡毛蒜皮的小事，整天着眼于蝇头小利，枉费了许多时间和精力。一个人有了宽广的胸怀，他在生活中便多了份理解，多了份宽容，多了份温和，多了宠辱不惊的气度。他也更能体会到宁静和幸福。

要想克服被小事困扰的毛病，只要把自己的看法和重点改变一下就可以了。让自己注意一些可以令自己开心的东西，做一些能令自己变得更好的事情。这样在短促的一生中，我们才不会因自己浪费了不必要的时间而伤心后悔。就如吉布林所说："生命是这样的短促，不能再顾及小事。"

通常说来，在我们的生活中，约有90%的事情是好的，10%的事情是不好的。如果你想过得快乐，就应该把精力放在这90%的好事上面；除非你想担忧、操劳，才会把精力集中在那10%的坏事情上面。

◎◎◎心理学家提醒你◎◎◎

　　人生活在社会群体之中，受多种因素的影响，矛盾、竞争是客观存在的。善于处理，则心情舒畅，乐观自如；不善于处理就会激化矛盾，影响健康。如果你能对一些小事耸耸肩，说明你已经变得成熟。只有当一个人的思想不再顾虑身边发生的一些小过失时，他才有了轻松过生活的资本。

做自己的主宰：我是独一无二的人

一个衙门的差役，奉命解送一个犯了罪的和尚。临行前，他怕自己忘带东西，就编了个顺口溜："包袱雨伞枷，文书和尚我。"在路上，他一边走，一边念叨这两句话，总是怕在哪儿不小心把东西弄丢一件，回去交不了差。和尚看他有些呆，就在停下来吃饭时，用酒把他灌醉了，然后给他剃了个光头，又把自己脖子上的枷锁拿过来套在他的身上，自己溜之大吉了。差役酒醒后，总感到少了点什么，可包袱、雨伞、文书都在，摸摸自己脖子，枷锁也在，又摸摸自己的头，是个光头，说明和尚也没丢，可他还是觉得少了点啥，念着顺口溜一对，他大惊失色："我哪里去了，怎么没有我了？"

这则笑话，透露出一个人生哲理：人生的历程曲折回环，丰富多彩，千万不要在其中迷失自我。

你就是你，世上不会有第二个你。只要你够坦然地说："我就是这样的人。"这就够好了。然后掌握好自己，发挥好自己，做自己的主宰。

许多人会主动改善自己所处的环境，却没有想到要完善自我，于是他们的环境仍然没有改变。那些勇于接受命运考验的人，总是做自己思想和行动的主宰，从而实现自己心中的目标，这个道理放之四海而皆准。

生活中有的人不能主宰自己，有的人把自己交付给了金钱，成了金钱的奴隶；有的人为了权力，成了权力的俘虏；有的人经不住生活中各种挫折与困难的考验，把自己交给了上帝。

做自己的主人，就不能成为金钱的奴隶，不能成为权力的俘虏……就不能迷失自我，要在各种诱惑面前保持自己的本色。过分热衷于追求外物者，最终可能会如愿以偿，却要拿自己作为交换的代价。

居里夫人曾两度获得诺贝尔奖，这给她带来了极大的荣誉。她一生获得各种奖金10次，各种奖章16枚，各种名誉头衔117个。但是，她并没有将这些荣誉转化为财富，她对这些荣誉并不十分在意。

有一天，居里夫人的一个朋友来她家做客，忽然看到她的小女儿正在玩英国皇家学会刚刚颁发给她的金质奖章，于是这个朋友惊讶地说："居里夫人，得到这样一枚英国皇家学会的奖章，是极高的荣誉，你怎么能给孩子随便玩呢？"

居里夫人笑了笑说："我只是想让孩子从小就知道，荣誉就像玩具，只能玩玩而已，绝不能看得太重，否则就将一事无成。"

让人迷失自己的有时是荣誉。居里夫人并没有被荣誉所压倒，而是淡泊处世，将这一切都看作华而不实的摆设。将身外之物看轻了，在物欲横流的社会中，就不会迷失自我。

我们有权力决定生活中该做什么，不能由别人来代作决定，更不能让别人来左右我们的意志。事实上，最了解你的人只能是你自己，别人并不会比你高明多少，更不会比你更了解你的实力，只有你自己的决定才是最好的。

之所以要做命运的主人，就是不能任由命运摆布自己。当我们面对生活中不可避免的挫折、困难、病痛时，如果被打败，让这些生活的绊脚石主宰了自己，整天专注于病痛的折磨上，使自己的日子只有痛苦而没有快乐，那便是丧失了自我。真正的命运主宰者，是绝不会轻易向命运屈服的，他们会积极向命运发出挑战，最终战胜命运，成为自己的主人，成为命运的主宰。

●●●心理学家提醒你●●●

挪威大戏剧家易卜生有一句名言："人的第一天职是什么？答案很简单：做自己。"做人要做自己，首先要认清自己，把握自己的命运，实现自己的人生价值，只有这样，才真正算是自己的主人。要么你去驾驭生命，要么是生命驾驭你。你的心态决定谁是坐骑，谁是骑师。

何谓宿命：弱者安慰自己的借口

晓涛是去年毕业的。与很多大学生一样，他对自己的求职前景也很担忧，毕竟自己不是名牌大学毕业的，在心理上多少有点儿自卑。招聘会上，经过几番对比，他最终有目的地投了十份简历。

有位经理对他的印象很深。第三天，经理就通知晓涛去面试。晓涛感觉经理面试时的神情是给予了肯定。又过了三天，没有任何消息。晓涛于是打了个电话给经理，经理说还没有那么快，让他耐心等待。

一周后他又拨通电话，人事主管很婉转地告诉晓涛已经有了合适的人选，希望他能找到更满意的工作。放下电话，晓涛很失落，甚至开始埋怨公司为什么这么晚才通知他，以至于失去了别的机会。最终晓涛冷静了下来，他觉得自己不能就这样放弃，至少要问清楚自己的差距在哪里。

晓涛再次拨通了电话。在电话里他表达了三点内容：一是公司不用提供住宿、用餐、实习工资等任何待遇；二是考察他在公司实习的情况，再决定是否适合在公司工作；三是他专业对口、且有工作热情和创新意识。听完晓涛的话，对方有所动摇，表示公司从未有先例让未确定工作意向的人实习，不过他愿意向领导请示一下。

第二天人事主管高兴地告诉他，公司批准晓涛先实习的请求。就这样，晓涛得到了一个机会。之后实习期的优秀表现，又让他顺利通过测试，成为该公司的一名正式员工。

晓涛很幸运，不单单因为他得到了工作，而且还在于他没有因为自己被淘汰而灰心丧气，而是选择了坚持，最终获得了回报。

在现实中，有达数百万的人会自以为是"注定"要贫穷、落魄、失意的，因为他们相信有某种奇特的力量超乎他们的掌握。他们是创造自己"不幸"的人，因为这一观念的负面思想，让潜意识给接收，转化为实质的对应事物了。

研究者发现，在一种被称为梭鱼的鱼类中也存在着类似的倾向。通常情况下，梭鱼会就近攻击在它范围内游泳的鲦鱼。作为一个实验，研究者们把一个装有几条鲦鱼的无底玻璃罐放入一条梭鱼的水箱中。这条梭鱼立刻向罐子里的鲦鱼发动起了攻击，结果它敏感的鼻子狠狠地撞到了玻璃壁上。几次惨痛的尝试之后，梭鱼最终放弃，并完全忽视了鲦鱼的存在。玻璃罐被拿走后，鲦鱼们可以自由自在地在水中四处游荡，即使当它们游过梭鱼鼻子底下的时候，梭鱼也继续忽视它们。由于一个建立在错误信念基础之上的死结，使这条梭鱼会不顾周围丰富的食物而把自己饿死。

心理学家认为，人类的思维过程其实就是自己为自己下套，当人们钻进了自己禁锢自己的思维定势，人类的思想就再也无法自由了。

在每个人的内心深处，失败的种子永远存在着，除非介入其间将它砸毁。一个人体验到空虚之后，空虚就会成为避免努力、避免工作、避免责任的方法，也因此成为随波逐流生活的理由与借口了。

有些人认为自己"注定"是要倒霉的，也确实一直生活在"倒霉"中。那是因为，潜意识把破坏性或负面的思考动力，转化成了实质的对应事物。正是这种心理导致了上百万人进入了"不幸"或"倒霉"的恶性循环之中。

雷·克洛克出生在美国西部淘金热刚刚结束的年代，一个本来可以发大财的时代与他擦肩而过。后来，雷·克洛克想要通过发奋苦读来达到自己的最终理想，谁知又遇上了1931年的美国经济大萧条，由于家庭的贫困，使他最终与大学无缘。无奈之余，他不得不早早辍学，步入了社会。他渴望在房地产方面有所作为，经过不懈的努力，好不容易打开了局面，艰难的生意略有起色。不料，第二次世界大战的烽烟让他的梦想化为泡影，一时间房价急转直下，结果不得不接受"竹篮打水一场空"的现实。就这样，几十年来低谷、逆境和不幸一直伴随着雷·克洛克，命运无情地捉弄着他，可人们在坚强的雷·克洛克的字典里始终翻不到那个叫作"放弃"的词。

雷·克洛克56岁时，命运出现了转机。那年，失意无比的他来到加利福尼亚州的圣伯纳地诺城，看到牛肉馅饼和炸薯条备受青睐，于是不顾自己已年过半百，竟然跑到一家餐厅当学徒，学做这种食品。尽管年龄上的劣势让他吃了不少的苦头，可是他用比常人多得多的汗水证明了自己的非比寻常。

后来，这家餐馆转让。雷·克洛克做出了一个让常人不可思议的决定，用自己所有的家当——失业保险金接过了店面，并且将餐馆的招牌改为"麦当劳"。最终，这场赌博式的收购让他成功了。经过数十年的发展，麦当劳已成为全球闻名遐迩的超大型企业，在世界上大约有三万家分店，2009年收入高达227亿美元。

五十多年光阴里的无数次失败并未让他气馁，雷·克洛克最终靠自己的努力换回了一次成功。雷·克洛克真是一个时运不济的人，可他没有怨天尤人，而是坚持不懈，执著追求。时运不济并非没有时运，而是时候未到，成功的大路总是为那些审时度势、自强不息的人铺就的。所以，失败并不可怕，可怕的是无休止的抱怨，放弃坚持的努力。

●●●心理学家提醒你●●●

很多人走不出思维定势，所以他们走不出宿命般的可悲结局；而一旦走出了思维定势，也许可以看到许多别样的人生风景，甚至可以创造新的奇迹。

因此，从舞剑悟出书法之道，从飞鸟想到造飞机，从蝙蝠联想到电波，从苹果落地悟出万有引力……换个位置，换个角度，换个思路，也许我们面前是一番新天地。

我是强者：成功就是要战胜自己

从前，有一位锄头贤人。他原本是个农夫，出家之后，觉得很不习惯，又还俗回去使用他的锄头种田。但是种田实在辛苦，觉得还是当和尚没烦恼，就又出家去了。但是当和尚他又无法适应每天早晚的精勤修行，于是又再度还俗。如此出家、还俗，出家、还俗，反反复复。

有一次，他当了一段时间的和尚，这段时间没有动过还俗的念头。偶然间他看到从前用过的锄头，心念一动，觉得都是这把锄头，害得自己在佛道里进进出出，来来去去。于是就荷着锄头，来到江边，望着滔滔的江水，下定决心把锄头往江中丢去，让这把锄头不再给自己添烦恼。只见锄头迅速地沉没，泛起阵阵涟漪，所有的挣扎后悔也随之消失，顿然有种解脱的感觉，心想自己以后再也不必挣扎了。

这个时候，恰巧国王平定边界叛乱回来，骑着大象经过江边，看见了锄头贤人，便派人前去询问。

锄头贤人禀报国王："大王，纵使打了一万个胜仗，如果不能战胜烦恼，还不能算是真正的胜利。我，锄头贤人，今天终于战胜了天下最顽强的敌人——自己，我丢掉了锄头，放下了我的执著，战胜了我心里的烦恼，我才是真正的胜利者啊！"

每个人都渴望成功，虽然我们对成功的定义不尽相同。在通往成功的大道上，一个人最难做到的就是战胜自己。在这种意义上，锄头贤人成功战胜了自己的烦恼，其意义和价值就高于国王战胜自己的敌人。

我们无法避免在追求成功道路上所遇到的荆棘与挫折，如果你的内心将这些挫折当作痛苦去对待，疲劳将始终纠缠着你，失望的情绪会将你笼罩，除非我们的内心更加坚强，强大到可以战胜自己的一切弱点——而这时，成功也就离你不远了。

心理学家将我们日常所经历过的种种痛苦、烦恼仔细分析了一下，发现这些痛苦的来源有一大部分都是自己战胜不了自己。

当我们需要勇敢的时候，先要战胜自己的软弱；

需要洒脱的时候，先要战胜自己的执迷；

需要改变的时候，先要战胜自己的固执；

需要冷静的时候，先要战胜自己的冲动；

需要勤奋的时候，先要战胜自己的懒惰；

需要宽宏大量的时候，先要战胜自己的浅狭；

需要廉洁的时候，先要战胜自己的贪欲；

需要公正的时候，先要战胜自己的偏私；

……

这些矛盾的名词——勇敢、软弱，洒脱、执迷，勤奋、懒惰，宽大、浅狭，廉洁、贪欲，公正、偏私……几乎经常可以同时用来描绘我们的内心。

世上没有绝对完美理想的人，当然也很少有绝对不可救药的人，每一个人的性格中都或多或少地存在着上述的矛盾。这些矛盾，在你遇到一件事情，需要你采取行动去应付的时候，就往往会同时出现。而当它们同时出现的时候，也就是你开始彷徨困惑、痛苦不堪的时候。你怎样决定，完全看这两种矛盾的力量是哪一边战胜。如果是积极和光明的一边战胜，你就走向成功。如果是消极和黑暗的一边战胜，你就走向失败。

罗伯特·菲力浦是美国从事个性分析的专家。有一次，他在办公室接待了一个因企业倒闭而负债累累的流浪者。

罗伯特从头到脚打量眼前的人：茫然的眼神、沮丧的心态、十来天未刮的胡须以及紧张的神态。面对这样一个失魂落魄的人，罗伯特想了想，说："虽然我没有办法帮助你，但如果你愿意的话，我可以介绍你去见本大楼的一个人，他可以帮助你赚回你所损失的钱，并且协助你东山再起。"

罗伯特刚说完，他立刻跳了起来，抓住罗伯特的手，说道："看在老天爷的份上，请带我去见这个人。"

罗伯特带他站在一块挂在门口的窗帘前面，然后把窗帘布拉开，露出一面高大的镜子，他可以从镜子里看到他的全身。罗伯特指着镜子说："就是这个人。在这世界上，只有这个人能够使你东山再起，你觉得你失败了，是

因为输给了外部环境或者别人了吗？不，你只是输给了自己。"

流浪者朝着镜子走了几步，用手摸摸他长满胡须的脸孔，对着镜子里的人从头到脚打量了几分钟，然后后退几步，低下头，哭泣起来。

几天后，罗伯特在街上碰到了这个人，他不再是一个流浪汉形象，而是西装革履，步伐轻快有力，头抬得高高的，原来那种衰老、不安、紧张的姿态已经消失不见。

后来，那个人真的东山再起，成为芝加哥一个有名的富翁。

就像故事中的主人公一样，人生在世，要战胜自己很不简单。一般人成功时得意忘形，失意时自暴自弃；人家看得起时觉得自己很成功，落魄时觉得没有人比他更倒霉。唯有不受成败得失的左右、不受生死存亡等有形无形的情况所影响，纵然身不自在，却能心得自在，才算战胜自己。凡是能够肯定自己、征服自己、控制自己、创造自己、超越自己的人，就具备了足够的力量战胜事业和生活中的一切艰难、一切挫折、一切不幸。

●●●●心理学家提醒你●●●●

　　大多数时候，每个人都知道，自己怎样做才是正确的决定。但是，还是很少有人能够不经过交战而采取正确的行动，甚至交战的结果，也往往是消极与黑暗的一面战胜。战胜自己从来不是一件容易的事，它需要很大的勇气与坚定的信念。想一想，你战胜自己的次数多吗？你时常姑息自己吗？

面对生活：以积极主动的态度

事例一：两个人到非洲去推销皮鞋。

第一个推销员看到非洲人都是赤脚走来走去，觉得很失望。于是就给公司打报告说："这里的居民都是赤脚，皮鞋销售没什么希望。"于是放弃努力，失败而归；另一个推销员看到非洲人都打赤脚，给公司打报告说："这些人都没有皮鞋穿，皮鞋市场大得很呢！"于是想方设法，向当地人宣传穿鞋的好处，引导非洲人购买皮鞋，最后发大财而归。

事例二：有个叫塞尔玛的女士陪丈夫驻扎在一个沙漠的陆军基地里。丈夫因为每天要训练，要执行任务，只能把她一个人留在陆军的小铁房子里。沙漠里白天天气炎热，小铁屋里面像一个蒸笼。另外，当地的土著居民也不懂英语，没人跟她聊天。塞尔玛非常难过，于是写信给父亲，说要丢开一切回家去。她父亲的回信只有两行，却完全改变了她的生活：

两个人从牢房的铁窗望出去：

一个看到泥土，一个却看到了星星。

塞尔玛看着这封信，感到非常惭愧，决定要在沙漠中寻找星星。她开始尝试和当地人交流，和他们交朋友。她对当地人的纺织、陶器表示兴趣，他们就把他们最喜欢但舍不得卖给观光客人的纺织品和陶器送给了她。在那里她研究那些引人入迷的仙人掌和各种沙漠植物，观看沙漠日出，研究海螺壳，发现这些海螺壳是十几万年前、这沙漠还是海洋时留下来的……原来难以忍受的环境变成了令人兴奋、流连忘返的奇景。

拿破仑·希尔认为：成功人士的首要标志，在于他的心态。一个人如果心态积极，乐观地面对人生，乐观地接受挑战和应付麻烦事，那他就成功了一半。同样是一片未开发的市场，两个推销员两种不同的心态，就有了两种不同的结果。

积极主动是人的本性之一，虽然积极主动的精神可能处于沉睡状态，但是这种精神存在于我们每个人的身心之中。当我们唤醒它，它就能给我们的生活带来积极的改变。塞尔玛以积极的心态应对恶劣的环境，快乐的生活也就向她敞开了大门。

残酷的现实告诉我们，成功的关键并不只是"辛勤工作"，你可能也发现了，有些人和你一样辛勤工作——甚至比你更努力——却没有成功。教育也不是关键性的因素，比尔·盖茨没有大学毕业，但是他赚的钱、创的业，比很多念过哈佛大学的人都要多、都要大。

伟大的成就，源于对积极心态的了解和运用，无论你做什么事，你的心态都会给你一定的力量。抱着积极心态，意味着你的行为和思想有助于目标的达成；而抱着消极心态，则意味你的行为和思想不断地抵消你所付出的努力。

一般来讲，我们遇到的问题不超出以下三个领域：

能直接控制的（涉及我们自己的行为的问题）；

能间接控制的（涉及别人的行为的问题）；

不能控制的（我们无能为力的问题，例如我们的过去或环境决定的现实）。

积极主动的方法是首先在我们目前的影响圈内解决所有这三种问题。能直接控制的问题通过改变我们的习惯来解决，它们显然在我们的影响圈内。

在每天的日常生活和工作活动中，我们应发展自己积极主动的能力，去处理那些不平常的生活压力。比如我们如何做出承诺并信守承诺，我们如何处理交通堵塞，我们如何对待一个发火的顾客或生气的女友。

有一个笑话：

有一个人想挂一幅画。他有钉子，但没有锤子。于是他决定到邻居那儿去借一把锤子。

就在这时候他有点犹豫：要是邻居不愿意把锤子借我，那怎么办？昨天他对我只是漫不经心地打招呼，也许他匆匆忙忙，也许这种匆忙是他装出来的，其实他内心对我是非常不满的。什么事不满呢？我又没有做对不起他的事，是他自己在多心罢了。要是有人向我借工具，我立刻就借给他。而他为什么会不借呢？怎么能拒绝帮别人这么点儿忙呢？而他还自以为我依赖他，仅仅因为他有一个锤子！我受够了。

戏剧性的一幕发生了，他神情紧张，带着怒气，走到邻居门口，按响了门铃。邻居开门了，还没来得及说声"早安"，这个人就冲着他喊道："留着你的锤子给自己用吧，你这个恶棍！"

这是一个因为消极心态作祟而产生的笑话，因为这个人把别人想象得太坏了，有点"以小人之心度君子之腹"。其实，在生活中，我们担心的事发生的概率是很小的。即使发生了，也并不意味着世界末日。我们应用积极的态度去应对，毕竟"办法总比困难多"。

你可以在一段时期内坚持试验一下积极主动的原则。就是试一试，看看会发生什么情况：做出小小的承诺并信守这些承诺；去尽力解决问题，而不是成为问题的一部分。

在你的生活中试一试：不为别人的缺点争辩；不为自己争辩；在犯错之后，立即承认、改正，并从错误中吸取教训；不染上怪罪别人、指责别人的习气；在你能控制的事情上做出努力；对自己取得的效果负责；对自己的幸福负责；对身边的环境负责。

◎◎◎◎心理学家提醒你◎◎◎◎

人们面对困境、情绪懊丧时，不妨从相反方向思考问题，这能使人的心理和情绪发生良性变化，得出完全相反的结论，使人战胜沮丧，从不良情绪中解脱出来。

从前，有个老太太整天愁眉苦脸：天不下雨，她就挂念卖雨伞的大儿子没生意做；天下雨了，她又忧心开染房的二儿子不能晒布。后来，有个邻居对她说："你怎么就不反过来想想呢？如果下雨了，大儿子的生意一定好；如果不下雨，二儿子就可晒布。"老太太一听恍然大悟，从此不再愁眉不展。这个故事就是对反向心理的极好诠释。

厚积薄发：耐心等待下一个春天

诺贝尔奖象征着在文学、医学、物理等方面所能达到的最高成就。这个奖项的知名度如此之高，让所有人都趋之若鹜。这也象征着他的创始人——诺贝尔的荣誉。

诺贝尔1833年出生于瑞典首都斯德哥尔摩。很小的时候，一场大火烧毁了他们家的全部家当，家里生活完全陷入穷困潦倒的境地，要靠借债度日。父亲为躲避债主离家出走。由于生活艰难，诺贝尔一出世就体弱多病，这也养成了他孤僻、内向的性格。

诺贝尔从小就对化学感兴趣。长大后，他经常和父亲一起去实验室研究炸药。

有一次，进行炸药实验过程中发生了意外爆炸，实验室被炸毁，5个助手全部牺牲，包括诺贝尔的弟弟，诺贝尔本身也受了重伤。这次惊人的爆炸事故，使诺贝尔的父亲受到了十分沉重的打击，没有多久就去世了。他的邻居们出于恐惧，也纷纷向政府控告诺贝尔。

失去亲人的打击，邻居们的投诉，并没有打击诺贝尔的信心。相反，诺贝尔总结这次惨痛的经验，更加细心、勤奋地将时间用在了炸药研究上，最终功夫不负有心人，研究取得了成功。

之后，炸药被广泛地用于生产制造上，这也给诺贝尔带来了巨大的财富和荣誉。

诺贝尔把他的毕生心血都献给了科学事业，但是长期紧张的工作，使他积劳成疾，但在生命的垂危之际，他仍念念不忘对新型炸药的研究。1896年12月10日，这位科学家由于心脏病突然发作而逝世。

从诺贝尔的经历中我们可以看到，逆境会让我们焦虑不堪，让我们神经紧张，让我们悲观失望。但是有的时候，逆境能够让我们冷静下来，重新考虑自己所处的位置，思考自己面临的问题，也许就在这个时候，事情就有了

转机，你走上了通往成功的一条捷径。

当你遇到挫折时，切勿浪费时间去算你遭受了多少损失；相反地，你应该算算看你从挫折当中，可以得到多少收获和资产。你将会发现你所得到的，会比你所失去的要多得多。

长期的疾病通常会使我们不再看，也不再听。我们应该学习去了解发自内心深处的轻声细语，并分析出导致我们遭到挫折，甚至失败的原因。

爱默生的看法是："发烧、肢体残障、冷酷无情的失望、失去财富、失去朋友，都像是一种无法弥补的损失。但是平静的岁月，却展现出潜藏在所有事实之下的治疗力量。朋友、配偶、兄弟、爱人的死亡，所带来的似乎是痛苦，但这些痛苦将扮演着导引者的角色，因为它会操纵你生活方式的重大改变，终结幼稚和不成熟，打破一成不变的工作、家族或生活形态，并允许建立对人格成长有所助益的新事物。"

海伦·凯勒是美国盲聋哑女作家、教育家、慈善家、社会活动家。她在19个月大的时候被猩红热夺去了视力和听力。不久，她又丧失了语言表达能力。这给她以后的生活蒙上了一层阴影。

在这个黑暗而又寂寞的世界里，她并没有放弃，而是自强不息，并在她的导师安妮·莎莉文的努力下，海伦用顽强的毅力克服生理缺陷所造成的精神痛苦。她热爱生活，努力学习知识，学会了读书和说话，并开始和其他人沟通，而且以优异的成绩毕业于美国拉德克利夫学院，成为一个学识渊博的人。后来，她成为掌握英、法、德、拉丁、希腊五种文字的著名作家和教育家。她走遍美国和世界各地，为盲人学校募集资金，把自己的一生献给了盲人福利和教育事业。她赢得了世界各国人民的赞扬，并得到许多国家政府的嘉奖。

曾经一段时间，海伦·凯勒的故事出现在课本中、励志书中，不知激励过多少人摆脱苦难。挫折、打击并没有让她颓废，而是转化成了催人奋进的力量。海伦·凯勒让人们看到了在艰苦的磨难中，究竟能够迸发出多大的能量。

当然，从某种意义上来说，时间对于保存这颗隐藏在挫折当中的等值利益种子，是非常冷酷无情的，而找寻隐藏在新挫折中的那颗种子的最佳时机，往往就是现在。你也可以再检查一下过去的挫折，并找寻其中的种子。有的时候，我们会因为挫折感太过强烈，而无法马上着手去找这颗种子。但是，现在你已有了更高的智慧和更多的经验，足以使你轻易地从任何挫折中，学习它能教给你的东西。

●●●●心理学家提醒你●●●●

　　生活中遭遇逆境是不能避免的。凡成功者，都在逆境中经过磨炼。逆境能够提高我们的自我认识水平，发现自己的优缺点，培养我们坚强的意志，增长知识和才干，积累丰富的生活经验。正如列别捷夫所说："平静的湖水练不出精悍的水手，安逸的环境造不出时代的伟人。"

思维惯性：背负已久的沉重包袱

英国一家报纸举办一项具有高额奖金的有奖征答活动：

在一个的热气球上，载着三位关系人类兴亡的科学家，热气球后来燃料不足，即将坠毁，必须丢出一个人减轻重量。三个人中，一位是环保专家，他的研究可拯救无数生命因环境污染而身陷死亡的噩运；一位是原子专家，他有能力防止全球性的原子战争，使地球免遭毁灭；另一位是粮食专家，他能够使不毛之地长出谷物，让数以亿计的人们脱离饥饿。问题是：应该把谁丢出去？

奖金丰厚，应答信件众说不一。巨额奖金的得主是一个小男孩，小男孩的答案是——把最胖的科学家丢出去。

复杂的不是问题，而是看问题的眼睛。这个小孩因为思维单纯，所以能

够回答正确。人们在考虑问题的同时，往往把自己生平积累的所有经验和知识加了进去，殊不知，这不只是一个人的思维惯性，而且是人的包袱。

人是惯性的动物，抗拒改变是自然反应，也是必然的过程。不是每一个人都能立即全心全意地接受改变，接受新事物意味着放弃旧东西，意味着改变旧有生活模式。人类天生是拒绝改变的，所以抗拒改变出于人的本能。我们今天用惯了电话，没有电话已经无法正常地工作和生活，要知道贝尔刚发明电话时，人们嘲笑说人是不可能对着一个装满电线的匣子说话的。

如果你只想保持眼前舒适顺畅的生活而毫不思变，很可能是因为习惯了，或害怕失败，反对任何新的尝试。"大家都是这样做的"、"我做这一行以来，从没听说过这种事"……一旦自我设限，只会墨守既有规则时，有趣的新组合以及打破规则的创新就永无出头的机会。不管怎样，抗拒改变的心态会牵绊你前进的脚步。

有一家效益相当好的大公司，为扩大经营规模，决定高薪招聘营销主管。

面对众多应聘者，经过层层选拔，最后只剩下三个应聘者：甲、乙和丙。招聘工作的负责人说："为了能选拔出高素质的人才，我们出一道实践性的试题：想办法把木梳尽量多地卖给和尚。以十日为限，届时向我汇报销售成果。"

十天很快到了。负责人问甲："卖出多少把木梳？"答："一把。""怎么卖的？"甲于是讲述了历经的辛苦：他是如何游说和尚让他们买木梳，但无效果，还惨遭和尚的责骂。好在下山途中遇到一个小和尚一边晒太阳，一边使劲挠着头皮。甲灵机一动，递上木梳，小和尚用后满心欢喜，于是买下一把。

负责人问乙："卖出多少把木梳？"答："十把。""怎么卖的？"乙说他去了一座名山古寺，由于山高风大，进香者的头发都被吹乱了，他找到寺院的住持说："蓬头垢面是对佛的不敬。应在每座庙的香案前放把木梳，供善男信女梳理鬓发。"住持采纳了他的建议。那座山上有十座庙，于是住持买下了十把木梳。

负责人问丙："卖出多少把木梳？"答："一千把。"负责人惊问："怎么卖的？"丙说他到一个颇具盛名、香火极旺的深山宝刹，朝圣者、施主络绎不绝。丙对住持说："凡来进香参观者，多有一颗虔诚之心，宝刹应有所回赠，以做纪念，保佑其平安吉祥，鼓励其多做善事。我有一批木梳，您的书法超群，可刻上'积善梳'三个字，便可做赠品。"住持大喜。立即买下一千把木梳。得到"积善梳"的施主与香客也很高兴，一传十、十传百，朝圣者更多，香火更旺。

把梳子卖给和尚，听起来好像天方夜谭。如果按照惯常的思维，费劲口舌也无法完成任务。但如果转换一下思维，在不可能的条件下也能创造出奇迹。

没有一成不变的事物，也没有放之四海而皆准的真理，必须变化地去看事物。抱着旧观念、旧框框去看待新情况，必然是行不通的。在取舍之间很容易形成"定而不移"之势。唯一可行的解除定势的办法，就是极大地开阔我们的视野，改变我们既有的思维方式，时刻警惕陷入"经验"中去。

●●●●心理学家提醒你●●●●

自然界里最后能生存下来的物种，并不是那些最强壮的物种，也不是那些最聪明的物种，而是那些最能适应环境变化的物种。人类生活的世界也是这样：如果你墨守成规，等待你的只有失败；相反，如果你稍微动一下脑筋，对传统的思维方式进行一番创新，就能获得成功。

正面暗示术：我一定会成功

世界著名的游泳健将弗洛伦斯·查德威克，有一次挑战从卡得林那岛游向加利福尼亚海湾。她在冰冷的海水中泡了16小时，看见前面大雾茫茫，顿时浑身困乏，感到再也游不动了。于是她被拉上小艇。这次挑战就这样失败了。众人都为她感到可惜，因为她距离终点只有一英里了，她失去了一次创造纪录的机会。

弗洛伦斯·查德威克并不这样认为。茫茫大雾使她看不到目标，失去了信心。

过了两个多月，弗洛伦斯·查德威克又一次重游加利福尼亚海湾，快到终点的时候，她又一次感到筋疲力尽，身边不远处的救生艇对她的意志也是一种诱惑。弗洛伦斯·查德威克不停地对自己说："离目标越来越近了！"潜意识里发出了"我这次一定要成功"的声音。凭着这种信念和意志，最后弗洛伦斯·查德威克终于挑战成功。

人们惯于听别人的鼓励，而很难做到自我激励。积极健康的自我暗示，能把人带入天堂；消极有害的自我暗示，能把人带入地狱。

信心是一种心理状态，它来自自我和他人的激励。可以用正面暗示、自我激励的方法把它"诱导"出来。积极的自我暗示是在意识与潜意识之间架起一座沟通的桥梁，是建立信心最佳、最直接的方法。拥有成功的信念，比拥有才能更重要。

暗示是指在无对抗态度的条件下，用含蓄、间接的方法对人的心理和行为产生影响的心理学方法。暗示多采用语言的形式，也可以用手势、表情或其他暗号来进行。暗示可分为自我暗示和他人暗示。

自我暗示，就是通过词语的作用来调节大脑的兴奋水平，进而调节人体内的生理、心理机制，以对人的心理状态产生积极迅速的影响过程。自我暗示对人的潜能开发和成才有着重要影响。

约翰尼·卡许从小就经常下地劳动。高中毕业后，他参军离开了家乡。有一次，在一家商店里，他买到了自己有生以来的第一把吉他。因为当他在家从父亲买的收音机里第一次听到音乐时就产生了这样的梦想：他想当个歌手。

卡许开始自学弹吉他，并练习唱歌，甚至还创作了一些歌曲。服役期满后，他开始努力工作以实现当一名歌手的夙愿。虽然没能马上成功，但他仍对自己坚信不疑。他经常对自己说："卡许，你是大歌星；卡许，你是大歌星……"当时没人请他唱歌，就连电台唱片音乐节目广播员的职位也没能得到。他只得靠挨家挨户推销各种生活用品维持生计，不过他还是坚持练唱。最后，他终于灌制出了一张极为成功的唱片，吸引了两万名以上的歌迷。金钱、荣誉、在全国电视屏幕上露面——所有这一切都属于他了。

然而，经过几年的巡回演出，他被那些狂热的歌迷拖垮了，晚上必须服安眠药才能入睡，而且还要吃"兴奋剂"来维持第二天的精神状态。他开始沾染上了酗酒和吸毒的恶习，最终对自己失去了控制能力。这使他渐渐失去了观众。最后，他不是出现在舞台上，而是更多地出现在监狱里了。

一天早晨，当卡许从佐治亚州的一所监狱刑满出狱时，他决定要戒除毒瘾，重新回到音乐的道路。

卡许开始了他的第二次奋斗。忍受了巨大的痛苦，卡许不止一次地对自己说："卡许，一定要证明自己！你可以的！"九个星期以后，他又恢复到原来的样子，并重返舞台，终于又一次成为超级歌星。

约翰尼·卡许成功地戒除了毒瘾，在歌坛上再次绽放才能，这与他的意志力是分不开的。他的意志力，源于他的信念。卡许在困难时刻不断给自己以积极的心理暗示，使他坚定了信心，将自己的潜能最大限度地激发出来，最终也就达到了目标。

当我们在前进的道路上畏缩不前时，可以通过以下方法进行自我正面暗示：

简短：默念简短有力的句子，如"我很健康"、"我很能干"、"我很漂亮"、"我很快乐"、"我很幸福"、"我越来越富有"；

积极：用积极肯定的语言来表达，不要模棱两可，如"我一定能成功"，不要说"我要争取成功"；

正面：要正面地说，不要反面说，如"我很苗条"，不要说"我不要发胖"；"我很年轻"，不要说"我不要衰老"；

想象：要在脑海中形成清晰的图像，想象自己成为理想中的那个人；

感情：要注入快乐、幸福、健康的情感；

信念：要相信"可行性"。你的句子有可行性，才不会在你心里产生矛盾与抗拒；

肢体：要配合好肢体语言，如"我很健康"，你的肢体语言要健康，不能像病人的肢体语言；

警语：写出鼓励自己的警语，如"我在任何时候任何情况下，都要信心百倍"。

学会做自己的主人，最能证明这一点的就是你能够将自己的潜能激发出来。有句话说："你认为你自己有多笨，你就真的有多笨。"同样的道理，我们也可以说："你认为自己能成功，你就真的能成功。"这不是宣传主观唯心主义，而是说通过自我暗示的方法，你完全可以成为你自己所希望成为的样子，这是对人是自己生命主宰的最恰当、最深刻的说明。

●●●●心理学家提醒你●●●●

如果人们自觉地把积极的、所希望的东西通过自我暗示的方法注入潜意识里，那么，人们就会有无限的力量和智慧，人们的思维所转化的能量就会像火山一样爆发，喷涌而出。成功之门就会向你洞开。

自我形象技术：想象+体验=自我形象

有一个马术师的孩子，从小就跟着父亲东奔西跑。在他的印象中，生活就是一个马厩接着一个马厩，一个农场接着一个农场……

　　初中时，老师要全班同学写作文，题目是《长大后的志愿》。那晚，他洋洋洒洒写了三十七页。他写道："长大后，我将拥有自己的牧马农场，在农场中央建造一栋占地五千平方英尺的住宅。"第二天，作业交上去后，老师却给他打了个不及格。

　　"老师，为什么给我不及格？"他不解地问。

　　"你年纪小小的，却整天做不切实际的白日梦。你没钱没背景，怎么买牧马农场？怎么建五千平方英尺的住宅？如果你肯重写一次，写得实际点，我会考虑给你打高一些的分。"老师说。

　　男孩回家征求父亲的意见。父亲说："儿子，我认为人不该放弃自己的梦想。"

　　儿子把这句话记在心里。二十年后，这个男孩有了几片牧马农场，而且建了好几座占地五千平方英尺的住宅。这个男孩就是美国著名马术师杰克·亚当斯。

　　同杰克·亚当斯一样，我们小时候都会被问道："你长大了想做什么？"长大以后，小时候的梦想或者被忘记了，或者被当成小时候的一个回忆。但有一些人，一直将梦想作为行动的方向，按照梦想的要求打造自己的形象，梦想最终照进了现实。

　　自我形象技术，就是重塑自我形象，将失败者的自我形象改变为成功者的自我形象。自我积极形象是自我观想出来的"内心形象"。这是人生成功的一大秘诀。

　　自我观想会产生巨大的牵引作用。想想你小的时候立志要做一个医生，那么在脑海中便不断出现一个穿着白大褂的你，这个影像会造成一种驱动力，鼓励你努力读书——初中、高中到医科大学，毕业实习，直到医生梦完成为止，这就是观想的效应。人生成长就是不断地靠观想、梦想推动的。

　　一些著名专家研究表明：越来越多的现象表明，自我形象、个人心理和精神上的观念，或者他的自我"图像"，是左右个性和行为的真正关键。人们一旦明白了这个道理（自我形象技术），人生就会有很大的改变。那些做出伟大成绩的人，无视环境的限制，不断想象着所企望的结果，从而培养出坚定的把握感，终于发挥出最大的潜能。

请牢记：想象+体验=自我形象。

积极的自我形象，将引导你走向成功；消极的自我形象，将引导你走向失败。

有个叫布罗迪的英国教师，在整理阁楼的旧物时，发现了一叠五十年前的练习册。它们是皮特金幼儿园B（2）班三十一位孩子的春季作文，题目是《未来我是……》。

布罗迪随便翻了几本，很快被孩子们千奇百怪的自我设计迷住了。比如：有个叫彼得的家伙说，未来他是海军大臣，因为有一次他在海中游泳，喝了三升海水都没被淹死；还有一个说，自己将来必定是法国总统，因为他能背出二十五个法国城市的名字，而同班其他的同学最多只能背出七个；最让人称奇的，是一个叫戴维的小盲童。他认为，将来他必定是英国的一个内阁大臣，因为英国还没有一个盲人进入过内阁。

布罗迪读着这些作文，突然有一个冲动——何不把这些本子重新发到同学们手中，让他们看看现在是否实现了五十年前的梦想。

很快，布罗迪手上的本子都被索要走了，身边仅剩下一本练习册没人索要，是那个叫戴维的小盲童的。布罗迪想，戴维可能死了，毕竟五十年了，五十年间是什么事都会发生的。

就在布罗迪准备把这个本子放入私人收藏馆时，他收到了内阁教育大臣布伦克特的一封信。内阁大臣在信中说："那个叫戴维的就是我，感谢您还为我们保存着儿时的梦想。不过，我已经不需要那个本子了，因为从那时起，我的梦想就一直装在我的脑子里，我没有一天放弃过。五十年过去了，可以说我已经实现了那个梦想。今天，我还想通过这封信告诉其他三十位同学，只要不让年轻时的梦想随岁月飘逝，成功总有一天会出现在你面前。"

　　一个小盲童，怀揣着内阁大臣的梦想，在自我观想的牵引下，实现了梦想。所以说，不在于你以前有多失败，先天的条件多么劣势，通过自我形象技术，一样可以取得伟大的成绩。

　　如果你现在很消极，就请你看看自我形象技术给你的几条建议：

　　热爱自己。任何人都有优势、劣势，要把着眼点放在自己的优势上，要看自己的长项，张飞何必与西施比美？

　　天天照镜子，欣赏自己。看着镜子中的自己说："你很漂亮，我爱你。""你很棒，我很喜欢你。"欣赏是建立自信的一个重要方法。

　　注意仪表。仪表不仅是对别人的尊重，也是一个人内心的外在表现。

　　学会微笑，要笑口常开。

　　结交积极向上的人。

　　写出自我激励的警语。

　　你要成功，你要致富，一定要改变自我形象，利用观想的科学，将你的神经系统变成一台"成功的电脑"。改变自我形象的三个步骤：在内心深处输入"胜利感"—在行动上产生"胜利的行动"—逐渐成为一个"胜利者"。

◉◉◉◉心理学家提醒你◉◉◉◉

　　美国电影《出水芙蓉》中的女校长告诉女生一句话，即女人每天要对自己说："我有个秘密，我长得很美，人人都爱我。"心理学家认为，无论如何，热爱自己的人都会比不在乎自己的人幸福很多。从此刻开始，学会欣赏自己吧。

勇于挑战：变自卑为自信的方法

　　美国有位叫凯丝·戴莱的女士，她有一副好嗓子，一心想当歌星，遗憾的是嘴巴太大，还有暴牙。她初次上台演唱时，努力用上嘴唇掩盖暴牙，自以为那是很有魅力的表情，殊不知却给别人留下滑稽可笑的感觉。有位男听众很直率地告诉她："暴齿不必掩藏，你应该尽情地张开嘴巴，观众看到你真实大方的表情，相信一定会喜欢你的。也许你所介意的暴牙，会为你带来好运呢！"

一个歌唱演员在大庭广众之下暴露自己的缺陷，首先是要有勇气打败自己的自卑心理。凯丝·戴莱知道，自己如果尽情地张嘴，肯定会破坏自己的整体形象；但是，这个男听众也许可以代表部分听众的想法。

凯丝·戴莱接受了这位男听众的忠告，不再为暴齿而烦恼，她尽情地张开嘴巴，发挥自己的潜能特长，受到了更多听众的欢迎，成为美国的大明星，她的暴牙反而成了她的金字招牌。

你会为你有天生的缺陷而自卑吗？你会因为一些天生的因素而畏缩不前吗？心理学家经过长时间的调查发现，严重影响人们自信主动、勇于进取的障碍主要有五个因素：

自卑。过分的自我批判，常常表现为过分的自我挑剔，因而导致在心志上的"自杀"，失去进取心。

胆怯。胆怯的心理必然会磨灭自己的梦想、想象力和独创精神，因为总是害怕出问题而失去许多机遇。

懒惰、倦怠。由于不肯努力学习，勤奋工作，使自己变得平庸无能，也使某些原本有才华的人失去了进取和创造的精神。

性格的片面性和狭隘性。一个人的个性是一个特别重要和积极的因素，但它必须是健全和完整的，片面和狭隘的个性会阻碍创造才能的发挥，也会对人际关系产生消极的影响。

动机与兴趣的浮躁与庸俗。这个不利因素会使人从众流俗，忽冷忽热，浮躁地追求某种时髦，实际上还是不确定自己到底要什么，因而也就浅尝辄止或有始无终。

很明显，这五大障碍归根到底都是心理态度的消极，缺乏自信主动的意识。这些心理往往都是在个人成长过程中不知不觉养成的。

人人都羡慕那些取得成功的人。其实那些创造了奇迹的人与我们最大的区别就在于，他们都有坚强的自信意识。如果把一个人的成功比做土地上的果实，那么，自信就是取得成功果实的种子。有了种子不等于就会有果实，还要精耕细作，努力工作。但如果没有种子是绝对不可能长出果实来的，一个人不相信自己有能力、有价值并且可以成功，哪里还会自觉地强化自信意识，树立成功心理呢？

阿里是美国拳坛的一个神话。在无数的拳击比赛中，阿里始终把自己看做是最强大的，他曾经说过，只要他相信自己会胜利，那么，没有人会击败他。这种信念，在他12岁的时候已经形成。在阿里的自述中有这样一段：

我在12岁的时候是个爱说大话的人，让父母感到很头痛。我穿着"金手套"夹克乱逛，趾高气扬，说大话，进行拳击攻防练习。

我在对假想的对手练习拳击的时候总爱说："我将成为最出色的拳击手。"在我的每一场业余拳击比赛中，我总是机动防守、猛击对方并最后获胜。我拍着胸脯，吹嘘自己多么出色。

有一位教师认为我是个说大话的人。她看不起我们，好像很讨厌我们这些自信心十足的拳击手。她根本不相信我们的潜力。有一天我们正在走廊里比划着拳击姿势，她走过来，眼睛直盯着我说："你永远不会有出息的。"

17岁的时候，我在路易斯维尔戴上了金手套。第二年，我在1960年罗马奥运会上夺得金牌。我成了全世界最出色的拳击手！回家后我做的第一件事情是走进那位教师上课的教室。我问她："还记得你说我永远不会有出息的话吗？"

她看着我，一副吃惊的样子。

"我是世界上最出色的拳击手。"我一边说一边抓着系金牌的绸带在她面前晃动。说完就把金牌放进口袋，然后头也不回地走出那间教室。那个怀疑我潜力的教师使我发誓要成为最出色的拳击手。我在12岁时就知道我会成为最出色的拳击手。

阿里曾经说：

"我决不会失败，除非我确信自己已经失败了。我遇见一些强壮粗野的人，他们声称他们已经打败了我。这些人的狂妄之言后来被公之于众，发表在杂志上。我就以这种方式被打败了，在所有人的眼中失败了，可能就输在十几行不同的报纸消息上。可是我知道，一直知道，我绝没有输给别人，甚至都未曾打过那场比赛。当我的时刻到来之时，我一定会奋起迎战，并且击败对手。"这是对胜利精神的最好诠释。

阿里可以代表很多成功人士的看法：如果你有足够的信心，你就不会惧怕任何挑战和失败。每个人都应该意识到这一点，成就的大小，永远不会超出自信心的大小。

●●●● **心理学家提醒你** ●●●●

美国成功学的代表人物拿破仑·希尔认为，自信是生命和力量，自信是创业之本，信心是奇迹。勇于挑战，意味着拥有一股相信自己的不服输精神。世界上的大多数奇迹就是这样产生的。

面对竞争：从折磨你的人那里获得好运气

一位动物学家对生活在非洲大草原奥兰治河两岸的羚羊群进行过跟踪研究。他发现奥兰治河东岸羚羊群的繁殖能力比西岸的强得多，奔跑速度也要比西岸的羚羊每分钟快13米。但这些羚羊的生存环境和属类都是相同的，饲料来源也一样。

问题出在哪里呢？于是，这位动物学家在东、西两岸各捉了10只羚羊，分别把它们送往对岸。一年后，运到东岸的10只羚羊一年后繁殖到14只；运到西岸的10只则变得懒惰安逸、体弱多病，最后只剩下了3只。动物学家经过深入调查，终于发现了其中的奥秘：东岸的羚羊之所以强健，是因为在它们附近生活着一个狼群；西岸的羚羊之所以弱小，正是因为缺少狼群这样的"天敌"。

狼的存在有助于羊群更好地生存。这个故事看似不可理解，其实反映了大自然的生存法则，这个法则就是：适者生存。这条法则促使羊群不断提高生存本领。在社会上也存在着类似的竞争。

也许你正在诅咒你的"死敌"，他让你丢了一大单生意，他到处散布你的一些不为人知的商业秘密，他甚至把你告到法院……总之，你总觉得他在想方设法地折磨你，让你没有开心的日子过。

如果你将精力和时间耗费在对"冤家对头"的愤怒和诅咒之中，那么，这种持续的恶劣情绪会摧毁你的身心健康。殊不知，这正中了竞争对手的诡计，说不定，他正在为你的沮丧而庆幸不已呢？

真正的强者不会给对手庆幸的机会，他所能做的唯一一件事是：和对方争一口气，将对方压倒！

如果你能这样看问题，你会马上将对"对头"的愤恨不平和诅咒转化为感激之情，感谢正是因为他对你的"折磨"，才使你不断提升自己各方面的素质、不断变得强大。在感激的同时，你也会暗暗憋足一股劲，誓与对方一争雄雌，最终脱颖而出的正是你自己！

生物界存在着这样一个"悖论"：没有天敌的动物往往最先灭绝，而有天敌的动物反而会不断繁衍壮大。

大自然中的这一现象在人类社会也同样存在：竞争对手的存在会激发一个人发挥出巨大的潜能，创造出惊人的业绩。

A、B两个电器公司是竞争对手，两个公司在产品市场上经常上演激烈的价格战。

一次偶然机会，A公司因为产品的质量不合格而引起一桩恶性事故，造成了严重损失和恶劣影响。B电器公司的销售部主任觉得很高兴，因为出现事故说明对方的质量、管理及销售方面出现了纰漏，而这正好能显示出B公司产品的优势。于是他对公司老总建议："必须与A公司划清界限，然后抓住这次难得的机会，稳定原有电器产量的同时，加大力度，大面积地宣传自己的品牌，然后将生产与销售提高一个台阶！"

然而老总摇摇头，对主任的建议很不以为然，说道："一个优秀的企业，必须眼光长远，目光短浅、只顾及眼前的一点利益乃是经营大忌。对竞争对手宽容、关怀一点才是明智之举。当企业的某一竞争品牌发生有损名誉的事件时，如果对方不迅速解决，将会波及至整个产业。另外，最主要的是，一个对手的存在，会促使我们对自己的产品要求更加严格，不能出一点差错。这对我们也是一种鞭策！"

主任这才恍然大悟，没有做出落井下石之举。

生活中蕴含着同样的道理，如果我们把对手的折磨转化成对自己的磨炼，让自己变得更强大，我们还有什么可怕的呢？

我们每个人都应该感谢竞争，感谢竞争对手对自己的挑战，而不是没完没了地诅咒。

无论过去、现在还是未来，真正的成功人士都是通过竞争逐渐脱颖而出的，正是强大的竞争对手的不断挑战和折磨，才赋予他们超乎寻常的坚韧和毅力，迫使他们奋力拼搏，不断进取。

心理学家提醒你

如果你正在因为竞争对手的挑战和阻挠而愤愤不平，那么，请换一个角度看待问题：因为有一个强劲的对手的存在，和他对你的"折磨"，才使你不断提升自己各方面的素质、不断变得强大。

心理测试 >>>

你是否掌握了成功的秘诀

有人说成功的真正秘诀，在于没有秘诀。这种说法不无道理。因为成功的秘诀不止一条，对于不同的人，有不同的因素决定着他们的成功。要想知道自己是否掌握了成功的秘诀，做做下面的测试就知道了。

对于下面的每道题，从1~5个数字中选择一个数字，表示你对该陈述的认同度或者适合你的程度。一共35道题，每条陈述只选择一个数字。选5表示你最认同或是最适合于你，顺序递减到1表示你最不认同或是最不适合于你。

1. 我是实干家，不是空想家。

2. 我努力工作是因为被自己内心的信仰和追求所驱动，而不仅仅是为了酬劳。

3. 在生活中，我总是自己创造机会，无论好坏。

4. 我总是觉得下班时间太早。

5. 我是那种总有很多工作要做的人。

6. 我是一个特别自信的人。

7. 我从不放弃好的计划。

8. 为了得到想要的东西，我有时会很无情。

9. 无论其社会地位如何，我总让人们感觉在我的公司工作是一段有意义的经历。

10. 完美是不可能的理想。

11. 尽力做好每一件事十分重要。

12. 人生的成功远远不限于实现自己设定的目标。

13. 尽管我深深地爱着我的业余爱好，但我还是会准备放弃它，如果这样做对我而言意味着事业成功的话。

14. 我很喜欢刨根问底。

15. 我认为应当抓住人生的每一个机会，哪怕有时要冒一定的风险。

16. 我很容易对某一件事情长时间地集中注意力。

17. 我总是展望未来。

18. 我不是万金油式的三脚猫。

19. 我可以毫不费力地向别人表达自己的想法和感受。

20. 每一天我都感觉自己更加自信。

21. 世界上没有所谓的好的失败者，尽管有些失败者的情形会略好一点。

22. 我不害怕成功，尽管这可能给我带来敌对者。

23. 做任何事我都永不放弃。

24. 如果不与其他人交往，就不可能获得成功。

25. 当我在别人的公司时，我感觉自己很重要并且很特别。

26. 每个人都可以克服社会隔阂。

27. 我强烈地认为，一旦开始工作，就要有始有终。

28. 我不喜欢听其他人吹嘘自己的成就。

29. 我比一般人的担忧要少得多。

30. 我从不采取折中的办法。

31. 在大批听众面前演讲时，我不会感到紧张。

32. 我不害怕失败。

33. 努力工作是成功之道。

34. 我很清楚五年后自己大概是什么样子。

35. 我是那种不断尝试的人。

分数分配：

你选择1～5个数字中的哪一个，就得几分，最后计算总分。

得分分析：

1. 126～175分

你的得分表明，如果你现在还没有成功，那么你的成功也是指日可待的；如果你已经获得了一定程度上的成功，那么你还将取得更大的成功。你几乎拥有成功所需要的所有品质，例如，性格、坚持、才能和想象力。当然还有最重要的雄心壮志，它激励着你努力实现你所能够达到的成就。需要警惕的是，你要注意不要成为完全的工作狂，不要以牺牲家庭或者最终的个人幸福为代价。如果你能够成功地维持两者之间的平衡，那么无论是在个人生活还是在事业生涯上，你都能够实现大部分目标。

2. 90～125分

你确实渴望成功，并且拥有许多成功所需要的品质，但是也许你工作应当再努力一些，并且向自己再灌输一些自信心，相信自己可以获得成功；也许你仅仅是在梦想成功，却没有指望能够实现。只有依靠自己，并且消除自我怀疑，才能够将这些梦想变成现实。许多成功者都为自己设计目标，然后从自己目前所处的位置向目标迈进。

3. 低于90分

如果希望在自己从事的领域中获得成功，你还需要付出大量的努力。对有些人而言，成功是拥有一份收入可观的稳定工作，并且能胜任这份工作；对另一些人来说，成功是在自己从事的行业中到达顶峰；还有一些人则认为成功不外乎名誉和财富。成功的大小不是关键，关键是给自己一个明确的定位。

附　录
心理学十大流派及代表著作

内容心理学派

19世纪60年代，内容心理学在德国产生。内容心理学派的代表人物主要有费希纳和冯特。

费希纳（1801~1887）受赫尔巴特的启发，认为心理是可测量的。经过许多实验和推导，他把感觉强度和刺激强度之间的关系概括为如下公式：$S= \times C \log (R / RO)$，其中S为感觉强度，C为适用于不同感觉中的每个感官的常数，R是刺激强度，RO则表示在阈限的刺激强度。

费希纳在心理物理学的研究中曾创造了三种心理测量的方法：最小可觉差法、正误法和均差法。他把物理学的数量化测量方法带到心理学中，提供了后来心理学实验研究的工具。

冯特（1832~1920）将内省实验法引入了心理学。他认为，心理研究应以意识内容（直接经验）为对象，心理学的任务就是要分析意识的结构和内容，心理学应该是一门研究意识内容的科学。因此，冯特的心理学体系被称为内容心理学。

冯特使心理学从哲学中独立出来，从此开辟了"科学的一个新领域"，

创立了新心理学——实验心理学。冯特的内容心理理论观点，后来被他的学生铁钦纳带到美国，并于19世纪末在美国发展形成了一个在主要的心理思想上与冯特观点相似但又有区别的较大学派——构造主义心理学派。

代表著作

费希纳：《心理物理学纲要》《心理物理学要义》。

冯特：《对感官知觉理论的贡献》《人类和动物心理学讲演录》（简称《讲演录》）《生理心理学原理》（简称《原理》）《民族心理学》。

意动心理学派

意动心理学派的产生与冯特的内容心理学息息相关，产生时间约在19世纪下半叶。布伦塔诺为这一学派的创始人，另一代表人物为他的学生施通普夫。

布伦塔诺认为任何心理动作都指向对象，没有无对象的动作，也无没有动作的对象，对象（内容）和动作不可分开，都要研究，但心理学主要研究意动。布伦塔诺和冯特都认为心理科学研究直接经验。

施通普夫将直接经验分为四类，每类属于不同学科的对象。其中色、声等感觉和映象是心理内容，属于现象学；知觉、理解、欲望和意志等心理功能属于心理学，功能和内容不可分地各自独立于经验中。如看见红色，看为心理功能，红色为内容（现象），它们独立存在又不可分割，心理学不能完全排除内容，但它主要研究功能。由此意动心理学又称为机能心理学。

在20世纪初，布伦塔诺和施通普夫的学生胡塞尔提出现象学哲学，支持了意动心理学。与此同时，英国高尔顿研究个别差异时，发现许多人，甚至有的大艺术家也缺乏视觉意象；而法国人比奈在为女儿做思维实验时，也发现类似的无意象思维。由此，这种出自哲学唯心论的意动心理学或机能心理学得到广泛传播，成为当时欧洲一种强有力的心理学思潮，格式塔心理学、弗洛伊德的精神分析都受其影响。

代表著作

布伦塔诺：《从经验的观点看心理学》。

构造主义心理学派

19世纪80年代在美国创立，由冯特的最忠诚的学生铁钦纳于内容心理学派形成近20年后在美国建立，是内容心理学思想的继承和进一步发展。代表人物主要有冯特和铁钦纳。

冯特用实验的方法来分析人的心理结构，冯特的心理学因此被称为"构造主义心理学"（Structuralism）。构造主义心理学派的形成更多地来自于铁钦纳的个人努力，并在他去世后衰退。

构造主义心理学研究的对象主要是意识经验，认为意识的内容可以被分解为基本的要素，把心理分解成这样的一些基本的要素后，再逐一找出他们的关系和规律，就可以达到了解心理实质的目的。这一学派强调内省方法，认为了解人们的直接经验，要靠被测试者自己对经验的观察和描述，也就是内省。这一学派将心理学看成一门纯科学，只研究心理内容本身，研究它的实际存在，不去讨论其意义和功用，所以极为狭隘。到20世纪20年代构造主义心理学的影响逐渐衰落。

代表著作

铁钦纳：《心理学纲要》《心理学入门》《实验心理学》。

机能主义心理学派

19世纪末20世纪初在美国产生，创始人是美国著名心理学家詹姆斯（William James，1842-1910），其代表人物还有杜威、安吉尔和卡尔等人。

机能主义心理学强调研究意识的功能，詹姆斯明确提出：心理学应该研究意识的功能和目的，而不是它的结构。也正因为如此，他的心理学思想被

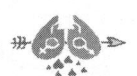

称为机能主义心理学。

詹姆斯认为意识是连续不断流动的，人的心理是作为不可分割的整体发挥作用的。他还持有实用主义观点，强调有效用的思想就是真理。因此，心理学应该把有效用的心理过程而不是静态的心理内容作为研究对象。詹姆斯认为心理学的研究工作不应该只局限在实验室内，还要考虑人是如何调整行为以适应环境不断提出的要求的。后来他的一些追随者走向了心理测量、儿童发展、教育实践的有效性等各种应用心理学方面的研究。

机能主义心理学和构造主义心理学两个学派争论的焦点在于探讨心理学作为一门新兴科学的定义及研究方向，然而基于唯心主义的思想基础，它们都未能很好地解决方法学问题。为此，在相持了几十年之后，当另一个新的学派——行为主义心理学派出现后，这两个学派就日渐衰落了下去。

代表著作

詹姆斯：《心理学原理》。

安吉尔：《心理学》。

行为主义心理学派

20世纪初产生于美国，它的创始人为美国心理学家华生。行为主义心理学派是对西方心理学影响最大的流派之一。代表人物有华生和托尔曼。

华生认为人类的行为都是后天习得的，环境决定了一个人的行为模式。无论是正常的行为还是病态的行为都是经过学习而获得的，也可以通过学习而更改、增加或消除。他认为查明了环境刺激与行为反应之间的规律性关系，就能根据刺激预知反应，或根据反应推断刺激，达到预测并控制动物和人的行为的目的。华生主张心理学应该摒弃意识、意象等太多主观的东西，只研究所观察到的并能客观地加以测量的刺激和反应，无须理会其中的中间环节，华生称之为"黑箱作业"。所谓行为就是有机体用以适应环境变化的各种身体反应的组合。这些反应不外是肌肉收缩和腺体分泌，它们有的表现在身体外部，有的隐藏在身体内部，强度有大有小。

1930年起出现了新行为主义理论，以托尔曼为代表的新行为主义者修正了华生的极端观点。他们指出在个体所受刺激与行为反应之间存在着中间变量，这个中间变量是指个体当时的生理和心理状态，它们是行为的实际决定因子，它们包括需求变量和认知变量。需求变量本质上就是动机，它们包括性、饥饿以及面临危险时对安全的要求。认知变量就是能力，它们包括对象知觉、运动技能等。

在新行为主义中另有一种激进的行为主义分支，它以斯金纳为代表。斯金纳认为科学必须在自然科学的范围内进行研究，其任务就是要建立实验者控制的刺激情境与继之而来的有机体反应之间的函数关系。当然他不仅考虑到一个刺激与一个反应之间的关系，也考虑到那些改变刺激与反应的关系的条件。

代表著作

华生：《行为：比较心理学导论》《行为主义观点的心理学》。

托尔曼：《动物与人的目的性行为》《战争的内驱力》。

格式塔心理学派

20世纪初在德国兴起。代表人物有魏特曼、考夫卡和苛勒。

1912年，M.魏特曼发表了论文《似动的实验研究》，标志着格式塔心理学派的兴起，也称完形心理学派。

格式塔心理学派强调整体并不等于部分的总和，整体乃是先于部分而存在并制约着部分的性质和意义。这一观点在一定范围内是符合客观事实的。格式塔心理学家们从这一观点出发，坚决反对对任何心理现象进行元素分析，这对于揭发心理学内的机械主义和元素主义观点的错误具有一定的作用。同时，他们在知觉领域里进行了大量的实验研究工作，并取得了很多具有科学价值的成果。

考夫卡的行为环境认为心理学的对象除行为外，还有所谓的心理物理场，含有自我和环境的两极性，而这两极的每一部分都各有它自己的结构。他又把环境分为地理环境和行为环境，地理环境就是现实的环境，行为环境是臆想中的环境。他认为行为产生于行为环境，受行为环境的影响。

苛勒的直接经验，以"经验"为意识的同义词。苛勒将心理学和物理学相比较，认为物理学家研究物理现象，心理学家研究心理现象，都离不开直接经验。研究行为要将客观经验和主观经验互相印证。

代表著作

魏特曼：《似动的实验研究》《创造性思维》。

考夫卡在：《心智的发展》《格式塔心理学》《格式塔心理学原理》。

苛勒：《格式塔心理学》《心理学中的动力学》。

精神分析心理学派

产生于19世纪末和20世纪初，是西方颇有影响的心理学主要流派之一，由奥地利医生西格蒙德·弗洛伊德创立。

代表人物包括弗洛伊德及他的学生荣格、阿德勒、安娜·弗洛伊德和克兰茵等。

作为20世纪最重要的社会思潮和学术流派之一，弗洛伊德的精神分析理论对心理学、教育学、哲学、人类学、文学艺术、伦理学等领域都产生了重大影响。弗洛伊德的精神分析不仅把心理学研究范围扩展到无意识领域，而且改变了传统心理学对人的心理结构的基本理解。他认为无意识不仅是一个心理过程，而且是一个具有自己的愿望冲动、表现方式、运作机制的精神领域，它像一双看不见的手操纵和支配着人的思想和行为，任何意识起作用的地方都暗自受到无意识的缠绕。

弗洛伊德将本能视为人类的基本心理动力。他认为性本能是诸本能中最重要也是最活跃因素，神经病和精神病的重要起因源于性冲动。

荣格提出意识、个体无意识、集体无意识、原型等精神系统的结果概念；主张在治疗中采取宣泄、分析、教育、个体化治疗阶段和广泛的创造性技术；他的贡献还有对心理类型学的发展工作。

而阿德勒发展的个体心理学在某种程度上可以说是脱离了精神分析学派的一些基本假设，因为他更多的理论是一种社会性的理论，他假设了优越情结、自卑情结、家庭次序等关系，并在社会心理学的意义上采取更接近教育的方式治疗。这使他和精神分析之间具有更大的区别。后期的精神分析学派最大的发展源于两位杰出的女性分析家，那就是安娜·弗洛伊德和克兰茵。

安娜·弗洛伊德和艾立克森发展出了精神分析自我学派，其中最经典的观点是艾立克森的自我同一性的阶段性理论。

而远在英国的分析家克兰茵则创造性地建立了客体关系心理学理论，客体关系心理学理论是当今精神分析学派中最强盛的理论之一。

1970年以后，曾任美国精神分析学会主席的科胡特在客体关系理论和对于自恋性人格障碍治疗的基础上，建立了精神分析的自体心理学派。这一学派从人格的自恋问题着手来治疗来访者的问题，其中最有特点的是对于自恋性人格障碍的治疗。

代表著作

西格蒙德·弗洛伊德：早期著作有《梦的解析》《性欲理论三讲》、《精神分析引论》；晚期主要著作有《群众心理学和自我的分析》《文明及其不满》《图腾和禁忌》《摩西和一神教》。

荣格：《力比多的转化和象征》《寻求灵魂的现代人》《集体无意识的原型》。

阿德勒：《神经症的性格》《器官缺陷及其心理补偿的研究》《自卑与超越》。

日内瓦学派

20世纪20年代之际在瑞士形成，为瑞士心理学家J.皮亚杰所创立，所以又称皮亚杰心理学派，主要活动于20世纪60~70年代。代表人物主要有皮亚杰和同事英海尔德、辛克莱、伦堡希、荷明斯卡等。

日内瓦学派的心理研究以皮亚杰的发生认识论为理论基础，从对儿童心理的发生、发展的研究，探索知识的发生、发展过程以及结构和它的心理起源。皮亚杰认为，智慧的本质就是适应，而适应依赖于有机体的同化和顺应两种机能的协调，从而使有机体与环境取得平衡。儿童心理发展经历了感知运动阶段、前运算阶段、具体运算阶段、形式运算阶段。他以儿童心智发展为基础，进而研究人类认识的发生和变化。

日内瓦学派认为，心理学研究不仅不能离开生物学而且不能离开逻辑学，皮亚杰用符号逻辑研究儿童智力的发展，在其认知心理学中引入了数理逻辑的概念，并把源于布尔代数的符号逻辑作为一种工具。主要有下列观点。

（1）认识结构及其动态过程，皮亚杰的几个基本概念是：图式（指人的一种心理机能结构）、同化（原生物学概念，指生物适应环境的一种过程，这里主要说明人类智力的发展也是生物的一种适应）、顺应（原有的图式不能适应客体时，通过调整原来的图式建立新的图式，使认识图式发生质的变化的过程）。

（2）儿童心理发展的研究，提出心理发展四要素：①机体的成熟因素；②个体对物体作出动作时的练习和习得经验的作用；③社会环境；④对心理起决定作用的平衡过程（平衡过程是指不断成熟的内部组织在与外界物理和社会环境相互作用中不断调整认识结果的过程，也就是心理不断发展的过程）。

代表著作

皮亚杰：《儿童的语言和思维》《儿童的道德判断》《发生认识论原理》。

人本主义心理学派

20世纪50～60年代兴起于美国，是美国当代心理学主要流派之一。

代表人物主要有马斯洛（Abraham Maslow，1908~1970）和罗杰斯（Carl Rogers，1902~1987）。

马斯洛认为人类行为的心理驱力不是性本能，而是人的需要。他将人的需要分为七个层次，好像一座金字塔。人在满足高一层次的需要之前，至少必须先部分满足低一层次的需要。同时他将人的需要分为两大类：第一类需要属于缺失需要，可产生匮乏性动机，为人与动物所共有，一旦得到满足，紧张消除，兴奋降低，便失去动机；第二类需要属于生长需要，可产生成长性动机，为人类所特有。它是一种超越了生存满足之后，发自内心的渴求发展和实现自身潜能的需要，满足了这种需要个体才能进入心理的自由状态，体现人的本质和价值，产生深刻的幸福感，马斯洛称之为"高峰体验"。

罗杰斯认为人本主义的实质就是让人领悟自己的本性，不再倚重外来的价值观念，让人重新信赖、依靠机体估价过程来处理经验，消除外界环境通过内化而强加给他的价值观，让人可以自由表达自己的思想和感情，由自己的意志来决定自己的行为，掌握自己的命运，修复被破坏的自我实现潜力，促进个性的健康发展。

人本主义心理学受现象学和存在主义哲学影响比较明显。人本主义注重人的独特性，主张人是一种自由的、有理性的生物，具有个人发展的潜能，与动物本质上完全不同。他们认为人的意识主要受自我意识的支配，要想充分了解人的行为，就必须考虑到人具有一种指向个人成长的基本需要。

总之，人本主义心理学强调人的社会性特点，给人的心理本质作出了新的描绘，为心理治疗领域孕育了一条创新的人本主义路线和方法。不过人本主义理论不能用实验来加以证明，它主要是理论上的推测，运用的是一种思辨的方法，风格与自然科学研究不同。

代表著作

马斯洛：《动机与人格》《存在心理学探索》《宗教、价值观和高峰体验》。

罗杰斯：《患者中心疗法》《论人的成长》。

认知心理学派

起始于20世纪50年代中期，20世纪60年代以后飞速发展，1967年正式形成。1967年美国心理学家奈瑟《认知心理学》一书的出版，标志着认知心理学已成为一个独立的流派。代表人物有费希霍夫和霍格斯。

该学派与冯特心理学有一脉相承的继承关系，受格式塔心理学思想影响，是行为主义的反作用。

现代认知心理学的基本观点就是把人看成信息传递器和信息加工系统，提出短时记忆中有三种编码：①听觉编码，即声码；②视觉编码，即形码；③语义编码，即意码。认为人是按事物的各种性状将其分成三种编码分别贮存在三个不同的位置，而后可以用声、形、意三种不同的途径来检索这一记忆。

认知心理学重视心理学研究中的综合观点，强调各种心理过程之间的相互联系、相互制约，认知心理学在具体问题的研究方面，在扩大心理学研究方法方面都有所贡献。认知心理学的研究成果对计算机科学的发展也有贡献。

代表著作

奈瑟：《认知心理学》。